首批国家级线上一流本科课程配套教材

ARTIFICIAL INTELLIGENCE
人工智能

Third Edition
General Course
通识教程

（第3版）

王万良　王铮　主编

清华大学出版社
北京

内 容 简 介

本书全面介绍人工智能的基本理论、技术及应用。全书共 12 章,主要内容包括人工智能概论、知识表示与知识图谱、模糊推理、搜索策略、遗传算法、群智能算法、人工神经网络、深度学习、大语言模型、AI 智能体、专家系统、自然语言理解、计算机视觉和智能机器人,附录给出了实用性很强的 12 个实验。本书强调人工智能知识的基础性、整体性、综合性和广博性,使学生掌握人工智能的主要思想和应用人工智能技术解决专业领域问题的基本思路,拓宽科学视野,培养创新精神。

本书的适用对象广泛,可作为高等学校各专业本科生"人工智能"通识课程的教材,以及应用型本科和高职高专相关专业的"人工智能导论"课程的教材,也可供对人工智能技术感兴趣的广大读者阅读。

图书在版编目(CIP)数据

人工智能通识教程 / 王万良,王铮主编. -- 3 版. -- 北京:清华大学
出版社,2025.6(2025.7重印). -- ISBN 978-7-302-69389-5

Ⅰ. TP18

中国国家版本馆 CIP 数据核字第 2025WA0805 号

责任编辑:龙启铭
封面设计:何凤霞
责任校对:王勤勤
责任印制:刘　菲

出版发行:清华大学出版社
　　　　网　　　址:https://www.tup.com.cn,https://www.wqxuetang.com
　　　　地　　　址:北京清华大学学研大厦 A 座　　　　邮　　编:100084
　　　　社 总 机:010-83470000　　　　邮　　购:010-62786544
　　　　投稿与读者服务:010-62776969,c-service@tup.tsinghua.edu.cn
　　　　质量反馈:010-62772015,zhiliang@tup.tsinghua.edu.cn
　　　　课件下载:https://www.tup.com.cn,010-83470236
印 装 者:大厂回族自治县彩虹印刷有限公司
经　　销:全国新华书店
开　　本:185mm×230mm　　　印　　张:21.25　　　字　　数:390 千字
版　　次:2020 年 9 月第 1 版　　2025 年 6 月第 3 版　　印　　次:2025 年 7 月第 3 次印刷
定　　价:59.80 元

产品编号:111581-01

第3版前言

人工智能在 Internet 时代获得了前所未有的发展机遇,已经成为目前发展最迅速、对社会影响最大的新兴学科。由于人工智能是模拟人类智能解决问题的方法,几乎在所有领域都具有非常广泛的应用,所以,目前绝大多数高校开设了大学生人工智能通识课程。

1. 开设人工智能通识课程的必要性

2017 年 7 月,国务院印发《新一代人工智能发展规划》,把人工智能作为国家发展战略。人工智能人才培养是实现国家人工智能发展战略的一个关键。2018 年,教育部制定了《高等学校人工智能创新行动计划》,从不同的专业角度对人工智能人才培养进行全面布局。在计算机、电子信息、自动化、机械等多个专业领域设置了智能科学与技术、人工智能、数据科学与大数据技术、机器人工程等人工智能类专业,还把人工智能技术引入传统专业,形成智能制造工程、智能车辆工程、智能电网信息工程、电气工程与智能控制、电机电器智能化、智能材料与结构、智能医学工程等专业。

人工智能是当前建设新工科、新医科、新农科、新文科的重要举措。将人工智能技术引进哲学、经济学、管理学、法学、教育学、文学、艺术学等人文社科类专业,开设人工智能通识课程,帮助学生广泛涉猎不同学科知识、不同学科思想方法,通过知识的基础性、整体性、综合性、广博性,使学生拓宽视野,提高综合素质和优化知识结构。

事实上,人工智能和其他专业的结合是培养人工智能人才一个非常重要的方面,是和人工智能专业人才培养相辅相成的。人工智能专业人员的优势是精通算法和编程实现,但其他专业领域人员的优势是熟悉本专业领域的人工智能技术需求,他们掌握了人工智能思想以后,能想到用人工智能解决他们专业领域的问题,提出应用人工智能技术解决问题的思路,然后由人工智能专业人员进行实现。许多时候想到比做到更重要。创新的源头更多的是来自应用领域人员。所以,开设人工智能通识课程是非常必要的,可以在较短的时间中让其他各领域专业人员掌握人工智能的基本思想与方法。

2. 本书的形成

本书作者从 1989 年开始从事人工智能及其应用方面的研究,从 1993 年开始从事人工智能方面的教学。为控制、计算机、机械等专业研究生讲授"人工智能原理与应用"课程,为计算机、自动化等类专业本科生讲授"人工智能导论"课程。在多年的教学实践中,深感需要编著一本内容比较基础、可读性好、适合讲授的人工智能教材。本书作者在自己多年来的讲稿基础上,于 2005 年编写出版人工智能教材,并不断跟踪人工智能的发展,形成了适合研究生、本科生不同层次的人工智能系列教材,被许多高校选用。其中,作者主讲的"人工智能导论"入选首批国家级线上一流本科课程,编著的《人工智能导论》(第 5 版)入选"十二五"普通高等教育本科国家级规划教材,特别是荣获首届国家级优秀教材二等奖。

随着人工智能技术的发展,越来越多专业的大学生需要学习人工智能课程。因此,作者从 2005 年开始为全校工学、理学、经济学、管理学、哲学、文学、法学等学科门类专业学生开设《人工智能及其应用》公选课。2017 年开始负责全校人工智能通识教育核心课程建设。在人工智能通识课程教学过程中,深感已有人工智能教材不适合作为通识课程教材,特别是不适合人文社科类大学生学习,因此,迫切需要编写面向全校各专业包括人文社科专业大学生人工智能通识课程的教材,满足全国高校开设大学生人工智能通识课程的迫切需要。因此,作者针对人文社科类大学生的知识结构和思维方式,突出人工智能解决复杂问题的创新思想,于 2019 年编写了本书第一版,被许多高校采用。本书第二版被评为浙江省"十四五"高等学校规划教材。这次第三版进一步修订全书内容,特别是跟踪人工智能最新的发展,增加了大语言模型、AI 智能体等前沿内容。

3. 主要内容

全书共 12 章。第 1 章除了介绍人工智能的基本概念、发展简史,着重介绍目前人工智能的主要研究内容与各种应用,以开阔读者的视野,引导读者进入人工智能各个研究领域,最后简要介绍人工智能伦理。第 2 章介绍知识表示的概念、产生式、框架等基本的知识表示方法,以及知识图谱的基本内容。第 3 章介绍模拟人类思维的模糊推理及其应用。第 4 章介绍应用非常广泛的搜索求解策略。第 5 章介绍模拟生物进化的遗传算法。第 6 章介绍模拟生物群体行为的粒子群算法、蚁群算法等为代表的适用于大规模优化的群智能算法。第 7 章介绍模拟生物神经系统的人工神经网络,为后面介绍深度学习奠定基础。第 8 章介绍深度学习与大语言模型,包括卷积神经网络、生成对抗网络等深度学习算法以及大模型及其广泛的应用、AI 智能体等人工智能前沿内容。第 9 章介绍专家系统的概念、工作原理以及建立方法。第 10 章介绍日益广泛应用的自然语言处理技术,包括机器翻译、语音识别等应用。第 11 章介绍应用非常广泛的计算机视觉,包括人脸识别、虹膜识别等应用。第 12 章简要介绍智能机器人及其在工业、农业、服务业、医疗、军事等领域的应用,最后简要介绍机器人伦理。

4. 编写特色

(1) 语言简明,可读性好。本书用于人工智能通识课程教学,尽量用通俗的文字语言深入浅出地讲解概念、理论和技术,特别是将人工智能技术与文学艺术、人们的日常生活、人类思维方法等相结合,使学生能够感受到人工智能的人文情怀,感受到人工智能就在自己身边,使学生能够有兴趣、有耐心、系统地阅读本书,掌握人工智能的基本思想与基本方法。人工智能通识课既不能把通识课当成专业课来讲,导致很多非计算机类专业的学生尤其是人文社科专业的学生理解不了,又不能空谈人工智能的概念,不讲具体的人工智能技术,导致学生以后不能把人工智能技术与所要解决的问题联系起来。

(2) 内容先进,注重应用。人工智能正处于迅速发展时期,内容非常丰富。本书覆盖了人工智能的主要应用领域,体系完整,精选了人工智能技术前沿热点。书中运用大量日常生活中的例子,跳出晦涩复杂的概率论、数理专业、算法理论,结合"人文"来讲人工智能,让这些"长满刺"的人工智能知识变得"平易近人"。以浅显易懂的方式诠释人工智能精髓,启迪算法理解,让人文社科类专业的学生也能听得懂原本深奥的人工智能技术。书中尽可能介绍了一些能够为本科生理解的应用实例,引导学生学习应用新理论解决实际问题的方法,在理论、技术和应用方面取得平衡。教材中设置了众多的课程思政教学元素。

(3) 精心编排,便于学习。每章开始设置了导读,使学生在学习该章之前就知道本章要讨论的主题和学习目标。每章最后扼要总结了该章的重要概念、公式、定理与方法。本书采用双色印刷,将重要的概念、公式、定理与方法用明显的颜色标注出来,引起学生注意。

(4) 结构合理,方便教学。本书各章内容相对独立,教师可以根据课程计划学时和专业需要自由选择和组合相关内容,仍可保持课程体系结构的完整性。采用本书作为教材,建议课堂教学时数 32 学时。本书中许多内容可以在教师指导下由学生自学,以减少课堂教学学时。

(5) 附有实验指导书,方便实验教学。围绕人工智能技术的主要教学内容,附录中设置了课程实验,方便教学。学生通过程序实现能够深入了解人工智能的算法,体会如何应用人工智能技术解决实际问题。对于人文社科专业学生可以作为演示实验。

(6) 配套 MOOC 课程,便于学生自学。在国家高等教育智慧教育平台、"学堂在线"

开设了"人工智能(通识)慕课。需要进一步学习人工智能技术的学生,可以选择作者在"中国大学 MOOC"网站上开设的"人工智能导论"国家级线上一流本科课程。

5. 人工智能通识课程的教学方法

一般来说,学习人工智能算法需要比较好的数学基础,实现人工智能系统需要比较强的编程能力。但不可能也不必要求人文社科类专业的学生像理工科学生一样学好数学和编程。那么,人工智能通识课程教学目标、教学重点、教学难点和课程思政教学内容是什么?

(1) 人工智能通识课程教学目标:遇到复杂问题想到用人工智能方法解决。这是人工智能通识课程教学最根本的目标。事实上,很多时候想到比做到更重要。正如卡内基·梅隆大学的一位教授所说:"人工智能教育不在于让学生从零开始学人工智能技术的开发和底层的编程技术,而在于让学生学会通过使用现有人工智能工具创造改善人类社会的新方案。"

(2) 人工智能通识课教学重点:算法的仿生背景和应用的思路。人工智能许多方法都是来源于社会、生物等的启示。首先着重讲清人工智能算法的生物、社会等背景。那些公式看上去复杂,如果把它的背景讲清楚了,这些公式自然而然就好理解了。事实上,人工智能中的公式绝大部分都不是推导出来的,而是根据一些人类或者生物解决问题的方法构造出来的。其次是讲清楚人工智能方法的应用思路,而具体怎么实现并不是教学重点。通过应用实例能够让学生举一反三,将人工智能技术应用于解决其他问题。

(3) 人工智能通识课教学难点:根据不同的对象选择不同的教学方法。这是对教师讲课的基本要求。其实,相同的内容可以用不同的讲法。就像讲三国故事,对小学生要选择连环画的形式,而对中学生和大学生要选择《三国演义》甚至《三国志》的原文。不管是史书、小说还是连环画讲的都是三国故事,让不同水平的人了解三国故事才是主要目的。对于人工智能通识课程要采用案例式教学。人工智能具有非常广泛的应用,不同的专业可以在其专业领域内选择一些人工智能应用案例进行教学。

(4) 人工智能课程思政教学:教之以事而喻诸德是课程思政教学重要方式。教师在教学过程中以"喻"为教,通过教材中大量的教学案例,使抽象的道理化为具体可感的形象,唤起学生思考。在人工智能课程学习过程中,以习近平总书记提出的"四个正确认识"作为课程思政主要内容:因此,人工智能课程教学中着重宣传国家战略,正确认识世界和中国发展大势;培养民族自信,正确认识中国特色和国际比较;弘扬中国文化,正确认识时代责任和历史使命;坚持不懈精神,正确认识远大抱负和脚踏实地。

6. 作者致谢

本书作者衷心感谢人工智能课程国家级虚拟教研室全体成员和作者一起对人工智能教学的不断探索！衷心感谢清华大学出版社龙启铭先生付出的辛勤劳动以及向作者提出的许多有益的修改建议。

7. 联系作者

本书是人工智能通识课程教学的探索成果。限于作者水平，书中一定会存在许多不足之处，欢迎广大读者提出宝贵意见。

作　者
2025 年 3 月

目　　录

第 **1** 章

人工智能概论

人工智能是一门在计算机科学、控制论、信息论、神经心理学、哲学、语言学等多个学科的研究成果基础上发展起来的综合性很强的交叉学科,是一门新思想、新观念、新理论、新技术不断出现的新兴学科以及正在迅速发展的前沿学科。自 1956 年著名的达特茅斯会议正式提出"人工智能"这个概念并把它作为一门新兴学科的名称以来,人工智能得到了迅速发展,并取得了惊人的成就,引起了人们的高度重视,受到了很高的评价。它与空间技术、原子能技术一起被誉为"20 世纪三大科学技术";有人称它为继三次工业革命后的又一次工业革命,认为前三次工业革命主要是扩展了人手的功能,把人类从繁重的体力劳动中解放出来,而人工智能则拓展了人脑的功能,实现了脑力劳动的自动化。

本章首先介绍人工智能的基本概念以及人工智能的发展简史;然后简要介绍当前人工智能的主要研究内容、三大学派及主要应用领域,以开阔读者的视野,使读者对人工智能极其广阔的研究与应用领域有总体的了解;最后简要介绍人工智能伦理。

1.1　你了解人类的智能吗

1.1.1　智能的概念

> 人类之所以能主宰地球,就是因为人类祖先早就有了比较高级的智能,但谁也不知道人类的智能是怎么产生的。因此,智能及智能的本质成为古今中外许多哲学家、脑科学家努力探索和研究的问题,但至今仍然没有完全得到答案。智能的产生与物质的本质、宇宙的起源、生命的本质一起被列为自然界的四大奥秘。

近年来,随着脑科学、神经心理学等研究的进展,人们对人脑的结构和功能有了初步认识,但对整个神经系统的内部结构和作用机制,特别是脑的功能原理还没有认识清楚,有待进一步探索。因此,我们还是不完全了解人类自己的智能,即使要给智能下一个确切的定义也是很难的。

目前,根据对人脑已有的认识,结合智能的外在表现,人们从不同的角度、不同的侧面、用不同的方法对智能进行研究,提出了不同的智能的定义,可以分为思维理论、知识阈值理论及进化理论等视角。

1. 思维理论

思维理论认为,智能的核心是思维,人的一切智能都来自大脑的思维活动,人类的一切知识都是人类思维的产物,因而通过对思维规律与方法的研究有望揭示智能的本质。

2. 知识阈值理论

知识阈值理论认为,智能行为取决于知识的数量及其一般化的程度,一个系统之所以有智能,是因为它具有可运用的知识。因此,知识阈值理论把智能定义为:智能就是在巨大的搜索空间中迅速找到一个满意解的能力。这一理论在人工智能的发展史中有着重要的影响,知识工程、专家系统等都是在这一理论的影响下发展起来的。

3. 进化理论

进化理论认为,人的本质能力是在动态环境中的行走能力、对外界事物的感知能力以及维持生命和繁衍生息的能力。正是这些能力为智能的发展提供了基础,因此智能是某种复杂系统所浮现的性质,是由许多部件交互作用产生的,智能仅仅由系统总的行为以及行为与环境的联系所决定,它可以在没有明显的、可操作的内部表达的情况下产生,也可以在没有明显的推理系统出现的情况下产生。该理论的核心是用控制取代表示,从而取消概念、模型及显式表示的知识,否定抽象对于智能及智能模拟的必要性,强调分层结构对于智能进化的可能性与必要性。该理论是由美国麻省理工学院的布鲁克(R. A. Brook)教授提出来的。1991年,他提出了"没有表达的智能";1992年,他又提出了"没有推理的智能",这是他根据对人造机器动物的研究和实践提出的与众不同的观点,因而引起了人工智能界的注意。

综合上述各种观点,下面给出一个比较直观的定义:智能是知识与智力的总和。其中,知识是一切智能行为的基础,而智力是获取知识并应用知识求解问题的能力。

1.1.2　智能的特征

智能具有如下显著的特征。

1. 具有感知能力

感知能力是指通过视觉、听觉、触觉、嗅觉、味觉等感觉感知外部世界的能力。

感知是人类获取外部信息的基本途径,人类的大部分知识都是通过感知获取,然后经过大脑加工获得的。如果没有感知,人们就不可能获得知识,也不可能引发各种智能活动。因此,感知是产生智能活动的前提。

根据有关研究,视觉与听觉在人类感知中占有主导地位,80％以上的外界信息是通过视觉得到的,10％是通过听觉得到的。因此,在人工智能的机器感知研究领域,主要的研究方向是机器视觉及机器听觉。

2. 具有记忆与思维能力

记忆与思维是人脑最重要的功能,是人有智能的根本原因。记忆用于存储由感知器官所感知的外部信息以及由思维所产生的知识;思维用于对记忆的信息进行处理,即利用已有的知识对信息进行分析、计算、比较、判断、推理、联想及决策等。思维是一个动态过程,是获取知识以及运用知识求解问题的根本途径。

思维可分为逻辑思维、形象思维以及顿悟思维等。

1) 逻辑思维

逻辑思维又称为抽象思维,是一种根据逻辑规则对信息进行处理的理性思维方式。人们首先通过感觉器官获得对外部事物的感性认识,将它们存储于大脑中,然后,通过匹配选出相应的逻辑规则,并且作用于已经表示成一定形式的已知信息,进行相应的逻辑推理。这种推理一般都比较复杂,通常不是用一条规则做一次推理就能够解决问题,而是要对上一次推出的结果再运用新的规则进行新的推理。推理能否成功取决于两个因素:一是用于推理的规则是否完备;二是已知的信息是否完善、可靠。如果推理规则是完备的,由感性认识获得的初始信息是完善的、可靠的,则通过逻辑思维可以得到合理的、可靠的结论。

逻辑思维具有如下特点。

- 依靠逻辑进行思维。
- 思维过程是串行的,表现为线性过程。
- 容易形式化,思维过程可以用符号串表达出来。
- 思维过程具有严密性、可靠性,能对事物未来的发展给出逻辑上合理的预测,可使人们对事物的认识不断深化。

2) 形象思维

形象思维又称为直感思维,是一种以客观现象为思维对象、以感性形象认识为思维材料、以意象为主要思维工具、以指导创造物化形象的实践为主要目的的思维活动。

思维过程有以下两次飞跃。

第一次飞跃是从感性形象认识到理性形象认识的飞跃,即把对事物的感觉组合起来,形成反映事物多方面属性的整体性认识(即知觉),再在知觉的基础上形成具有一定概括性的感觉反映形式(即表象),然后经形象分析、形象比较、形象概括及组合形成对事物的理性形象认识。

第二次飞跃是从理性形象认识到实践的飞跃,即对理性形象认识进行联想、想象等加工,在大脑中形成新的意象,然后回到实践中,接受实践的检验。

这个过程不断循环,就构成了形象思维从低级到高级的运动发展。

形象思维具有如下特点。

- 主要依据直觉,即感觉形象进行思维。
- 思维过程是并行协同式的,表现为非线性过程。
- 形式化困难,没有统一的形象联系规则。对象不同,场合不同,形象的联系规则也不相同,不能直接套用。
- 在信息变形或缺失的情况下仍有可能得到比较满意的结果。

由于逻辑思维与形象思维具有不同的特点,因而可以用于不同的场合。当要求迅速作出决策而不要求十分精确时,可用形象思维;但当要求进行严格的论证时,就必须用逻辑思维。当要对一个问题进行假设、猜想时,可用形象思维;而当要对这些假设或猜想进行论证时,则要用逻辑思维。人们在求解问题时,通常把这两种思维方式结合起来,首先用形象思维给出假设,然后用逻辑思维进行论证。

3) 顿悟思维

相传两千多年前,当希腊希洛王取得王位后,决定在一座教堂里向永垂不朽的神献上金制的皇冠。于是,他给了工匠制作皇冠所需要的金子,工匠按规定的期限做好了皇冠。但有人怀疑皇冠里掺进了铜。希洛王让阿基米德鉴别皇冠是否为纯金制成的,但不能破坏皇冠。在那个时代,只能根据比重识别金属。皇冠的重量是容易得到的,但体积难以得到。阿基米德冥思苦想,不得其解。有一天,他泡入盛满水的澡盆中洗澡时,发现水从澡盆中溢了出来，而自己的身体却感觉轻了许多。他突然想到：盆里溢出来的水的体积不就是自己的身体浸入水里的那一部分的体积吗？阿基米德由此揭开了皇冠之谜，断定皇冠是掺了假的。同时，他发现了著名的浮力定律，开创了船舶浮沉理论。阿基米德这种思维方法就是顿悟思维。

顿悟思维又称为灵感思维，是一种显意识与潜意识相互作用的思维方式。其实，当人们遇到一个无法解决的问题时，会冥思苦想，这时，大脑处于一种极为活跃的思维状态，会从不同的角度寻求解决问题的方法。有时一个想法突然从脑中涌现，使人茅塞顿开，问题便迎刃而解。像这样用于沟通有关知识或信息的想法通常被称为灵感。灵感也是一种信息，可能是一个与问题直接有关的重要信息，也可能是一个与问题并不直接相关而且不起眼的信息，只是由于它的到来使解决问题的思路被触动了。顿悟思维比形象思维更复杂，至今人们还不能确切地描述顿悟思维的机理，所以目前还不能用计算机实现顿悟思维。

顿悟思维具有如下特点。

- 具有不定期的突发性。
- 具有非线性的独创性及模糊性。
- 它穿插于形象思维与逻辑思维之中，起着突破、创新及升华的作用。

应该指出，人的记忆与思维是不可分的，总是相随相伴的。它们的物质基础都是由神经元组成的大脑、通过相关神经元此起彼伏的兴奋与抑制实现记忆与思维活动的。

在科学发现史上也有很多"灵感"故事。例如，1830 年，奥斯特在指导学生实验时，看见电流能使磁针偏转，从而发现了电磁关系。虽然这个发现来得很偶然，却是他 10 年探索的结果。又如，1928 年 8 月 2 日，哈罗德·布莱特(Harold Black，1898—1983)在上班途中，在哈德逊河的渡船上灵光一现，发明了在当今控制理论中占核心地位的负反馈放大器。由于手头没有纸，他就将其发明记在了一份《纽约时报》上。现在，这份报纸已成为一件珍贵的文物，珍藏在 AT&T 公司的档案馆中。

3. 具有学习能力

学习是人的本能,是人类智慧最重要的方面。人人都在通过与环境的相互作用不断地学习,从而积累知识,适应环境的变化。学习既可能是自觉的、有意识的,也可能是不自觉的、无意识的;既可以是在教师指导下进行的,也可以是通过自己实践进行的。

4. 具有行为能力

人们通常用语言或者表情、眼神及肢体动作对外界的刺激做出反应,传达某个信息。这些称为行为能力或表达能力。如果把人们的感知能力看作信息输入能力,那么行为能力就可以看作信息输出能力,它们都受到神经系统的控制。

1.2 人工智能的孕育和诞生

1.2.1 人工智能的孕育期

人工智能的起步是从什么时候开始的? 准确的时间谁也说不清。其实,自古以来人们就一直试图用各种机器代替人的部分脑力劳动,以提高人类征服自然的能力。人类社会早在两千多年前就出现了人工智能的萌芽。伟大的哲学家和思想家亚里士多德(Aristotle)就在他的名著《工具论》中提出了形式逻辑的一些主要定律,他提出的三段论至今仍是演绎推理的基本依据。

图 1.1 亚里士多德雕像

亚里士多德(图 1.1)是古希腊哲学家、柏拉图的学生、亚历山大大帝的老师。

亚里士多德的著作是西方哲学的第一个影响广泛的系统成果。他的著作涉及许多学科,包括物理学、形而上学、诗歌和戏剧、音乐、生物学、经济学、动物学、逻辑学、政治学、政府管理学以及伦理学。

亚里士多德和柏拉图、苏格拉底一起被誉为西方哲学的奠基者。

近代对人工智能的产生、发展有重大影响的主要研究成果如下。

(1) 英国哲学家培根(F. Bacon)系统地提出了归纳法,还提出了"知识就是力量"的观点。这对于研究人类的思维过程以及自 20 世纪 70 年代人工智能转向以知识为中心的研究都产生了重要影响。

(2) 德国数学家和哲学家莱布尼茨(G. W. Leibnitz)提出了万能符号和推理计算的思想。他认为,可以建立一种通用的符号语言以及在此符号语言上进行推理的演算方法。这一思想不仅为数理逻辑的产生和发展奠定了基础,而且是现代机器思维设计思想的萌芽。

(3) 英国逻辑学家布尔(G. Boole)致力于使思维规律形式化和机械化,并为此创立了布尔代数。他在《思维法则》一书中首次用符号语言描述了思维活动的基本推理法则。

(4) 英国数学家图灵(A. M. Turing)在 1936 年提出了一种理想计算机的数学模型,即图灵机,为后来电子数字计算机的问世奠定了理论基础。

(5) 美国神经生理学家麦克洛奇(W. McCulloch)与皮茨(W. Pitts)在 1943 年建立了第一个神经网络模型(M-P 模型),开创了微观人工智能的研究领域,为后来人工神经网络的研究奠定了基础。

(6) 美国爱达荷州立大学的阿塔纳索夫(J. V. Atanasoff)教授和他的研究生贝瑞(C.Berry)在1937—1941 年开发的世界上第一台电子计算机——阿塔纳索夫-贝瑞计算机(Atanasoff-Berry Computer,ABC),为人工智能的研究奠定了物质基础。需要说明的是:世界上第一台计算机不是 1946 年制成的 ENIAC,这是美国历史上一桩著名的公案。

由上面的发展过程可以看出,人工智能的诞生绝不是偶然的,它是科学技术发展的必然产物,特别是计算机技术的发展对人工智能起到了重要的支撑作用。

1.2.2　人工智能的诞生——达特茅斯会议

达特茅斯会议是人工智能发展史上的里程碑,它标志着人工智能的诞生。

1. 达特茅斯会议的组织者

1956 年夏季,由麦卡锡(J. McCarthy)、明斯基(M. L. Minsky)、洛切斯特(N. Rochester)和香农(C. E. Shannon)共同发起,邀请莫尔(T. Moore)、塞缪尔(A. L. Samuel)、塞尔夫里奇(O. Selfridge)、索罗莫夫(R. Solomonff)、纽厄尔(A. Newell)、西蒙(H. A. Simon)等年轻学者,在美国达特茅斯学院召开了一次为期两个月的"人工智能夏季研讨会"(Summer Research Project on Artificial Intelligence),讨论关于机器智能的问题。这次

会议被称为达特茅斯会议。

2. 达特茅斯会议的预期目标

1955 年 8 月,麦卡锡等在提交给洛克菲勒基金会的资助申请书《关于举办达特茅斯人工智能的夏季研究讨论会的提议》中给出了人工智能的预期目标:"制造一台机器,该机器可以模拟学习或者智能的任何其他方面,只要这些方面可以从原理上精确描述。"(Every aspect of learning or any other feature of intelligence can in principle be so precisely described that a machine can be made to simulate it.)

40 年后,麦卡锡以他特有的直率否定了自己当时的愿景和期望。他认为这次会议设定的目标完全不切实际,经过一个夏天的讨论就能搞定整个项目是不可能的。实际上,这次会议和那种以研究国防为名义的军事夏令营没什么区别。创造一台真正具有智能的机器是一个极为困难的过程。

3. 术语"人工智能"的诞生

在达特茅斯会议上,经麦卡锡提议,正式提出了 Artificial Intelligence(人工智能)这一术语。在此之前,即使有相关的名词术语,也不是大家对人工智能学科的共识命名。例如,图灵曾经提出的"Machine Intelligence"(机器智能)如今已经很少使用。但随着近期人工智能的蓬勃发展,有些专家认为"机器智能"这个术语更加确切。

4. 达特茅斯会议的意义

尽管达特茅斯会议并未解决任何具体问题,但它确立了一些目标和技术方法,使人工智能获得了计算机科学界的重视,成为一个独立的而且充满活力的新兴研究领域,极大地推动了人工智能的研究。这是一次具有历史意义的重要会议,它标志着人工智能作为一门新兴学科正式诞生了,人工智能迎来了它的第一个春天。麦卡锡因而被称为"人工智能之父"。

1.2.3 人工智能的定义与图灵测试

所谓人工智能(Artificial Intelligence,AI),就是用人工的方法在机器(计算机)上实现的智能,也称为机器智能(Machine Intelligence,MI)。

简单地说,人工智能的目标是用机器实现人类的部分智能。显然,人工智能和人类智能的产生机理是大相径庭的。那么,人工智能是智能吗?早在"人工智能"这个术语被正式提出之前,这方面的争论就非常激烈。

正方：图灵测试。

为了回答这个问题,英国数学家图灵(图 1.2)在 1950 年发表了题为《计算机与智能》(*Computing Machinery and Intelligence*)的论文。该论文以"机器能思维吗?"开始论述,并提出了著名的图灵测试(Turing Test),形象地描绘了什么是人工智能以及机器应该达到的智能标准。图灵在这篇论文中指出,不要问机器是否能思维,而是要看它能否通过如下测试:人与机器分别在两个房间里,可以对话,但彼此都看不到对方。如果通过对话,作为人的一方不能分辨对方是人还是机器,

图 1.2　图灵

那么就可以认为那台机器达到了人类智能的水平。为了进行这个测试,图灵还设计了一个很有趣且智能性很强的对话内容,称为"图灵的梦想"。现在许多人仍把图灵测试作为衡量机器智能的准则。

2011 年,IBM 公司的沃森超级计算机在美国的电视智力竞赛节目中击败人类,成为图灵测试里程碑式的证明,标志着人工智能的历史性飞跃。2014 年,英国雷丁大学宣称居住在美国的俄罗斯人弗拉基米尔·维塞洛夫(Vladimir Veselov)创立的软件尤金·古斯特曼(Eugene Goostman)通过了图灵测试。该软件让 33% 的测试者相信它是人类。

几十年来,许多人尝试真正实现图灵测试,但每当有人宣称自己开发的人工智能系统通过了图灵测试时,就会遭到许多人的质疑。有许多人认为图灵测试仅仅反映了结果,没有涉及思维过程。他们认为,即使机器通过了图灵测试,也不能说机器就有智能。这一观点最著名的论据是美国哲学家约翰·塞尔勒(John Searle)在 1980 年设计的"中文屋"(Chinese Room)思想实验。

反方:"中文屋"思想实验。

在"中文屋"思想实验中,一个完全不懂中文的人在一间密闭的屋子里,他有一本中文处理规则的书。他不必理解中文就可以使用这些规则。屋外的测试者不断通过门缝给他写一些有中文语句的纸条。他在书中查找处理这些中文语句的规则,根据规则将一些中文字符抄在纸条上作为对

> 相应语句的回答,并将纸条递出房间。这样,从屋外的测试者看来,仿佛屋里的人是一个以中文为母语的人,但这个人实际上并不理解他所处理的中文,也不会在此过程中提高自己对中文的理解水平。用计算机模拟这个系统,可以通过图灵测试。这说明一个按照规则执行的计算机程序不能真正理解其输入输出的意义。许多人对塞尔勒的"中文屋"思想实验进行了反驳,但还没有人能够彻底驳倒它。

实际上,要使机器达到人类智能的水平是非常困难的。但是,人工智能的研究正朝着这个方向前进,图灵的梦想总有一天会变成现实。特别是在专业领域,人工智能能够充分利用计算机的特点,具有显著的优越性。

人工智能是一门研究如何构造智能机器(智能计算机)或智能系统,使它能模拟、延伸、扩展人类智能的学科。通俗地说,人工智能研究如何使机器具有能听、能说、能看、能写、能思维、能学习、能适应环境变化、能解决人类面临的各种实际问题等功能。

1.3　人工智能的发展

1.3.1　人工智能的形成期

达特茅斯会议之后,美国形成了多个人工智能研究组织,如纽厄尔和西蒙创办的卡内基-兰德协作组、明斯基和麦卡锡创办的 MIT 研究组、塞缪尔创办的 IBM 工程研究组等。因为当时计算机只能进行数值计算,研究者主要着眼于一些特定的问题。例如,格伦特尔(Herbert Gelernter)开发了一个几何定理证明器,可以证明一些学生感到棘手的几何定理;塞缪尔编写了西洋跳棋程序,能达到业余高手水平;斯莱格尔(James Slagle)的 SAINT 程序能求解大学一年级的闭合式微积分问题;还有结合了多项技术的"积木世界"系统,它可以使用一只每次能拿起一块积木的机械手按照某种方式调整这些积木。这些早期的人工智能系统稍微做一点看起来有智能的事情,人们都惊讶不已。

自达特茅斯会议之后的 10 多年间称为人工智能的形成期。人工智能在机器学习、定理证明、模式识别、问题求解、专家系统及人工智能语言等方面都取得了许多引人瞩目的成就。

(1)在机器学习方面,1957 年,罗森勃拉特(F. Rosenblatt)研制成功了感知器。这是一种将神经元用于识别的系统,它的学习功能引起了人工智能学者广泛的兴趣,推动了连接机制的研究。但人们很快发现了感知器的局限性。

(2) 在定理证明方面,美籍华裔数理逻辑学家王浩于 1958 年在 IBM-704 计算机上用 3～5min 证明了罗素的《数学原理》中有关命题演算的全部定理(220 条),并且证明了该书中有关谓词演算的 150 条定理中的 85%;1965 年鲁滨逊(J. A. Robinson)提出了归结原理,为定理的机器证明做出了突破性的贡献。

(3) 在模式识别方面,1959 年,塞尔夫里奇推出了一个模式识别程序;1965 年,罗伯茨(F. Roberts)编制了可分辨积木构造的程序。

(4) 在问题求解方面,1960 年,纽厄尔等通过心理学实验总结了人们求解问题的思维规律,编制了通用问题求解程序 GPS,可以用来求解 11 种不同类型的问题。

(5) 在专家系统方面,美国斯坦福大学的费根鲍姆(E. A. Feigenbaum)领导的研究小组自 1965 年开始了专家系统 DENDRAL 的研制,1968 年该专家系统完成并投入使用。该专家系统能根据质谱仪的实验,通过分析推理确定化合物的分子结构,其分析能力已接近甚至超过一些化学专家的水平,在美、英等国得到了实际应用。它不仅是一个实用的专家系统,而且对知识表示、存储、获取、推理及利用等技术进行了一次非常有益的探索,为以后专家系统的建造树立了榜样,对人工智能的发展产生了深刻的影响,其意义远远超过了该专家系统本身的价值。

(6) 在人工智能语言方面,1960 年,麦卡锡研制的人工智能语言 LISP 成为建造智能系统的重要工具。

1969 年成立的国际人工智能联合会议(International Joint Conferences on Artificial Intelligence,IJCAI)是人工智能发展史上重要的里程碑,它标志着人工智能这门新兴学科已经得到了世界的肯定和公认。1970 年创办的国际性期刊《人工智能》(*Artificial Intelligence*)对推动人工智能的发展、促进研究者的交流起到了重要的作用。

我国自 1978 年开始把"智能模拟"作为国家科技发展规划的主要研究课题之一,并在 1981 年成立了中国人工智能学会(Chinese Association for Artificial Intelligence,CAAI),目前在专家系统、模式识别、机器人学及汉语的机器理解等方面都取得了很多研究成果。

1.3.2 几起几落的曲折发展期

虽然这些早期的人工智能项目承载着研究者巨大的热情和期望,但是由于方法的局限性,人工智能领域的研究者越来越意识到他们所遇到的瓶颈和困难。特别是对于人们寄予厚望的机器翻译,给程序一个句子,程序能够实现的方法只是进行句法分割,然后对分割后的成分进行词典翻译,很容易产生歧义。许多项目的失败导致经费资助的停止,使人工智能研究陷入低潮。

但是,和其他新兴学科的发展一样,人工智能的发展道路也不是平坦的。例如,机器翻译的研究没有像人们最初想象的那么顺利。当时人们总以为,只要一部双向词典及一些词法知识,就可以实现两种语言文字间的互译。人们后来发现机器翻译远非这么简单。实际上,由机器翻译出来的文字有时会出现十分荒谬的错误。例如,当把汉语俗语"眼不见,心不烦"翻译成英语"Out of sight,out of mind",再翻译成俄语后,意思就变成了"又瞎又疯";当把汉语俗语"心有余而力不足"翻译成英语"The spirit is willing but the flesh is weak",再翻译成俄语,最后再翻译为英语时竟变成了"The wine is good but the meat is spoiled",即"酒是好的,但肉变质了"。当把汉语成语"光阴似箭"翻译成英语"Time flies like an arrow",再翻译成日语,最后再翻译为汉语的时候,竟变成了"苍蝇喜欢箭"。

由于机器翻译出现了许多问题,1960 年,美国政府顾问委员会的一份报告作出以下结论:"还不存在通用的科学文本机器翻译,也没有很近的实现前景。"因此,英国、美国当时中断了对大部分机器翻译项目的资助。在其他方面,如问题求解、神经网络、机器学习等,也都遇到了困难,使人工智能的研究一时陷入了困境。

人工智能的曲折发展期主要是指 1974—2010 年。

进入 20 世纪 70 年代,许多国家都开展了人工智能研究,涌现了大量的研究成果。例如,1972 年,法国马赛大学的科麦瑞尔(A. Comerauer)提出并实现了逻辑程序设计语言 PROLOG;斯坦福大学的肖特利夫(E. H. Shortliffe)等从 1972 年开始研制用于诊断和治疗感染性疾病的专家系统 MYCIN。

人工智能研究的先驱者认真反思,总结前一段研究的经验和教训。1977 年,费根鲍姆在第五届国际人工智能联合会议上提出了"知识工程"的概念,对以知识为基础的智能系统的研究与建造起到了重要的作用。大多数人接受了费根鲍姆关于以知识为中心展开人工智能研究的观点。从此,人工智能的研究又迎来了以知识为中心的蓬勃发展的新时期。这个时期也称为知识应用时期。

在这个时期,专家系统的研究在多个领域取得了重大突破,各种不同功能、不同类型的专家系统如雨后春笋般地建立起来,产生了巨大的经济效益及社会效益。例如,地矿勘探专家系统 PROSPECTOR 拥有 15 种矿藏知识,能根据岩石标本及地质勘探数据对矿藏资源进行估计和预测,能对矿床分布、储藏量、品位及开采价值进行推断,制订合理的开采方案。应用该系统成功地找到了价值超过 1 亿美元的钼矿。专家系统 MYCIN 能识别 51 种病菌,正确地处理 23 种抗生素,可协助医生诊断、治疗细菌感染性血液病,为患者提供最佳处方。该系统成功地处理了数百个病例,显示出较高的医疗水平。美国 DEC 公司的专家系统 XCON 能根据用户要求确定计算机的配置,由人类专家做这项工作一般需要 3h,而该系统只需要 0.5min。DEC 公司还建立了其他一些专家系统,由此每年产生的净收益超过 4000 万美元。信用卡认证辅助决策专家系统 American Express 每年可节省大约 2700 万美元的运营开支。

专家系统的成功使人们越来越清楚地认识到知识是智能的基础,对人工智能的研究必须以知识为中心进行。由于对知识的表示、利用及获取等的研究取得了较大的进展,特别是对不确定性知识的表示与推理取得了突破,建立了主观贝叶斯理论、确定性理论、证据理论等,对人工智能中的模式识别、自然语言理解等领域的发展提供了支持,解决了许多理论及技术上的问题。

1986—2011 年也称为集成发展时期。计算机智能(Computer Intelligence,CI)弥补了人工智能在数学理论和计算上的不足,更新和丰富了人工智能理论框架,使人工智能进入了一个新的发展时期。

1.3.3　大数据驱动的飞速发展期

大数据驱动的飞速发展期主要是指 2011 年以后的人工智能研究阶段。随着大数据、云计算、物联网等信息技术的发展以及深度学习的提出,人工智能在算法、算力和算料(数据)方面取得了重要突破,直接为图像分类、语音识别、知识问答、人机对弈、无人驾驶等人工智能的复杂应用提供了支撑。目前人工智能进入了以深度学习为代表的大数据驱动的飞速发展期。

2006 年,针对 BP 学习算法训练过程存在严重的梯度扩散现象、局部最优和计算量大等问题,辛顿(G. Hinton)等根据生物学的重要发现,提出了著名的深度学习方法。深度学习迅速取得重大进展,解决了人工智能界努力了很多年仍没有取得突破的问题。它能够应用于科学、商业和政府等领域,目前已经在博弈、主题分类、图像识别、人脸识别、机器翻译、语音识别、自动问答、情感分析等领域取得了突出的成果。

深度学习理论本身也不断取得重大进展。针对广泛应用的卷积神经网络训练数据需求大、环境适应能力弱、可解释性差、数据分享难等不足,2017 年 10 月,辛顿等进一步提出了胶囊网络。其工作机理比卷积神经网络更接近人脑的工作方式,能够发现高维数据中的复杂结构。2019 年,牛津大学博士生科西奥雷克(Adam R. Kosiorek)等提出了堆叠胶囊自动编码器(Stacked Capsule Auto-Encoder,SCAE)。深度学习创始人、图灵奖得主辛顿称赞它是一种非常好的胶囊网络新版本。

1.3.4　现代人工智能的发展趋势

人工智能大体可分为专用人工智能和通用人工智能。目前的人工智能主要是面向特定任务(如下围棋)的专用人工智能,处理的任务需求明确,应用边界清晰,领域知识丰富,在局部智能水平的单项测试中往往能够超越人类智能。例如,阿尔法狗(AlphaGo)在围棋比赛中战胜人类世界冠军,人工智能程序在大规模图像识别和人脸识别中已经超越人类的水平,人工智能系统识别医学图片等已达到专业医生水平。

相对于专用人工智能的发展,通用人工智能尚处于起步阶段。事实上,人的大脑是一个通用的智能系统,可处理视觉、听觉、判断、推理、学习、思考、规划、设计等各类问题。人工智能的发展方向应该是从专用智能走向通用智能。

目前,全球产业界充分认识到人工智能技术引领新一轮产业变革的重大意义,把人工智能技术作为许多高技术产品的引擎,占领人工智能产业发展的战略高地。大量的人工智能应用促进了人工智能理论的深入研究。

1.4　从两场标志性人机博弈看人工智能的发展

1.4.1　人工智能研究中的"小白鼠"

明斯基说:"选择下棋和数学问题作为人工智能的研究对象,不是因为它们简单明确,而是因为它们在一个很小的初始结构中蕴含了极其复杂的问题,从而能够在程序设计中以相对较小的转换获得真正形式化的表达。"因此,机器博弈(如下棋、打牌等)是人工智能研究中最好的试验场,类似于用于医学研究的小白鼠。其原因有以下两个。

一是博弈问题非常复杂,能够让人工智能大显身手。对于可能有的棋局数来说,一字棋是 $9! \approx 3.6 \times 10^5$,西洋跳棋是 10^{78},国际象棋是 10^{120},围棋是 10^{761}。在人们的想象中,计算机为了保证最后的胜利,可以将所有可能的走法都试一遍,然后选择最佳走法;但实际上这是不可能做到的,因为计算机所付出的时空代价十分惊人。假设每步可以搜索一个棋局,用极限并行速度(10^{-104} 年/步)来处理,搜索一遍国际象棋的全部棋局也得 10^{16} 年,即 1 亿亿年才可以算完,而已知的宇宙寿命才 100 亿年! 由此看来,必须研究模拟人类智能的启发式方法求解。

二是人工智能算法在博弈问题中容易实现，特别是人工智能算法在出现错误时不会产生重大损失。例如，2016 年 3 月，阿尔法狗在与李世石的对弈中连胜 3 场，当时人们普遍认为接下来的两场比赛李世石必输无疑。但在第四场比赛中，李世石却在第 78 手以打入黑子内部的"神来一手"点中了阿尔法狗的"死穴"，导致其方寸大乱，不得不中盘认输，李世石就此扳回一局。事后分析表明，阿尔法狗犯了一个小学生都不应该犯的错误。但即使阿尔法狗犯了错误，也只是输了一场比赛；而如果是人工智能应用在工程中特别是在航空航天中发生了错误，将造成巨大的损失。

1.4.2　"深蓝"战胜国际象棋棋王卡斯帕罗夫

人工智能在博弈中的成功应用举世瞩目。人们对博弈的研究一直抱有极大的兴趣。早在 1956 年，人工智能刚刚作为一门学科问世时，塞缪尔就研制出跳棋程序。这个程序能从棋谱中学习，也能从下棋实践中提高棋艺，也就是机器学习的雏形。1959 年，它击败了塞缪尔本人，1962 年夏天，它又击败了美国一个州的冠军、盲人天才棋手罗伯特·尼雷。1991 年 8 月在悉尼举行的第 12 届国际人工智能联合会议上，美国 IBM 公司的"深思"(DeepThought)与澳大利亚国际象棋冠军约翰森(D. Johansen)举行了一场人机对抗赛，结果以 1：1 平局告终。1957 年，西蒙曾预测 10 年内计算机可以击败人类的世界冠军。虽然这一预测在 10 年内没有实现，但 40 年后"深蓝"计算机击败了国际象棋棋王卡斯帕罗夫(G. Kasparov)，仅仅比预测推迟了 30 年。

> 1996 年 2 月 10—17 日，为纪念世界第一台电子计算机诞生 50 周年，IBM 公司出巨资邀请国际象棋棋王卡斯帕罗夫与 IBM 公司的"深蓝"计算机进行了 6 局的人机大战。这场比赛被人们称为"人脑与计算机的世界决战"，因为参赛双方分别代表了人脑和计算机的世界最高水平。当时的"深蓝"是一台运算速度达每秒 1 亿次的超级计算机。第一局，"深蓝"给卡斯帕罗夫一个下马威，赢了这位世界冠军，震动了世界棋坛。但卡斯帕罗夫总结经验，稳扎稳打，在剩下的 5 场中赢了 3 场，平了两场，最后以总比分 4：2 获胜。1997 年 5 月 3—11 日，"深蓝"再次挑战卡斯帕罗夫。这时，"深蓝"是一台拥有 32 个处理器和强大的并行计算能力的 RS/6000 SP/2

超级计算机,运算速度达每秒 2 亿次。该计算机存储了百余年来世界顶尖棋手的棋局。5 月 3 日,棋王卡斯帕罗夫首战击败"深蓝";5 月 4 日,"深蓝"扳回一局;之后双方平了 3 局。双方的决胜局于 5 月 11 日拉开了帷幕,卡斯帕罗夫仅走了 19 步便认输。这样,"深蓝"最终以 3.5∶2.5 的总比分赢得了这场世人瞩目的人机大战的胜利(图 1.3)。

图 1.3 "深蓝"击败国际象棋棋王卡斯帕罗夫

"深蓝"的胜利表明了人工智能所取得的成就。尽管它的棋路还远非对人类思维方式真正的模拟,但它已经向世人表明,计算机能够以人类远远不能企及的速度和准确性实现属于人类思维的大量任务。"深蓝"精湛的残局战略使观战的国际象棋专家大为惊讶。卡斯帕罗夫也表示:"这场比赛中有许多新的发现,其中之一就是计算机有时也可以走出人性化的棋步。在一定程度上,我不能不赞扬这台机器,因为它对盘势因素有着深刻的理解,我认为这是一项杰出的科学成就。"因为这场胜利,IBM 公司的股票升值 180 亿美元。

此后的 10 年里,人类与计算机在国际象棋比赛中互有胜负。2006 年,棋王克拉姆尼克(V. Kramnik)被国际象棋软件"深弗里茨"(Deep Fritz)击败,自此以后,在国际象棋人机大战中,人类再也没有击败过计算机。

1.4.3 阿尔法狗无师自通横扫世界围棋大师

阿尔法狗是第一个击败人类职业围棋选手、第一个战胜围棋世界冠军的人工智能机器人,由谷歌(Google)公司旗下 DeepMind 公司戴密斯·哈萨比斯(Demis Hassabis)领衔的团队开发,其主要工作原理是深度学习。

2015 年 12 月,阿尔法狗 5∶0 打败欧洲围棋冠军樊麾(Fan Hui),这是 AI 首次击败人类职业围棋选手。

2016 年 3 月,阿尔法狗与围棋世界冠军、职业九段棋手李世石(Lee Sedol)进行了围棋人机大战,以 4∶1 的总比分获胜。

2016 年年末至 2017 年年初,阿尔法狗在中国棋类网站上以"大师"(Master)为注册账号与中、日、韩数十位围棋高手进行快棋对决,连续 60 局无一败绩。

2017 年 5 月,在中国乌镇围棋峰会上,阿尔法狗与排名世界第一的世界围棋冠军柯洁对战(图 1.4),以 3∶0 的总比分获胜。围棋界公认阿尔法狗的棋力已经超过人类职业围棋顶尖选手水平,在 GoRatings 网站公布的世界职业围棋排名中,其等级分曾超过排名人类第一的棋手柯洁。

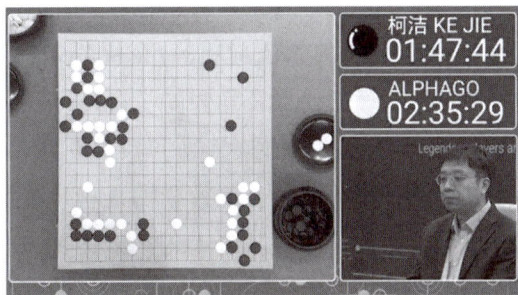

图 1.4　柯洁与阿尔法狗大战

2017 年 5 月 27 日,在柯洁与阿尔法狗的人机大战之后,阿尔法狗团队宣布阿尔法狗将不再参加围棋比赛。

2017 年 10 月 18 日,DeepMind 公司的阿尔法狗团队公布了最强版阿尔法狗,代号 AlphaGo Zero。

阿尔法狗的主要工作原理是深度学习。美国 Facebook 公司(现更名为 Meta 公司)"黑暗森林"围棋软件的开发者田渊栋在网上发表分析文章说,阿尔法狗系统主要由几部分组成:①策略网络(policy network),给定当前局面,预测并采样下一步的走法;②快速走子(fast rollout),目标和策略网络一样,但在适当牺牲走棋质量的条件下,速度是策略网络的 1000 倍;③价值网络(value network),给定当前局面,估计是白胜概率大还是黑胜概率大;④蒙特卡洛树搜索(Monte Carlo Tree Search,MCTS),把以上 3 部分连起来,形成一个完整的系统。

阿尔法狗通过落子选择器（Move Picker）、棋局评估器（Position Evaluator）这两个不同神经网络"大脑"合作来改进下棋。这两个"大脑"是多层神经网络。阿尔法狗将这两个神经网络整合进基于概率的蒙特卡洛树搜索中，实现了它真正的优势。在新的阿尔法狗版本中，这两个神经网络合二为一，从而让阿尔法狗能得到更高效的训练和评估，用高质量的神经网络评估下棋的局势。

最强版阿尔法狗开始学习围棋 3 天后便以 100：0 横扫了第二版的阿尔法狗，学习40 天后又战胜了在人类高手看来不可企及的第三版"大师"。

阿尔法狗与"深蓝"等此前的所有类似软件相比，最本质的不同是阿尔法狗不需要"师傅"，它能够根据以往的经验不断优化算法，梳理决策模式，吸取比赛经验，并通过与自己下棋来强化学习。2017 年 1 月，DeepMind 公司 CEO 戴密斯·哈萨比斯在德国慕尼黑 DLD（Digital-Life-Design，数字-生活-设计）创新大会上宣布推出真正 2.0 版本的阿尔法狗。其特点是摈弃了人类棋谱，只靠深度学习的方式成长起来，以挑战围棋的极限。

在柯洁与阿尔法狗的围棋人机大战三番棋结束后，阿尔法狗团队宣布阿尔法狗将不再参加围棋比赛。哈萨比斯宣布要将阿尔法狗和医疗、机器人等结合。例如，哈萨比斯于 2016 年初在英国的初创公司——巴比伦公司投资了 2500 万美元。巴比伦正在开发一款人工智能 App，医生或患者说出症状后，该 App 可以在互联网上搜索医疗信息，寻找诊断和处方。阿尔法狗和巴比伦公司结合，会使诊断的准确度大为提高，利用人工智能技术攻克现代医学中的种种难题。在医疗领域，人工智能的深度学习已经展现出潜力，可以为医生提供辅助诊断和治疗工具。

戴密斯·哈萨比斯，人工智能领域的企业家，DeepMind 公司创始人，人称"阿尔法狗之父"。他 4 岁开始下国际象棋，8 岁自学编程，13 岁获得国际象棋大师称号。他 17 岁进入剑桥大学攻读计算机科学专业。在大学里，他开始学习围棋。2005 年，他进入伦敦大学学院攻读神经科学博士，选择大脑中的海马体作为研究对象。两年后，他证明了 5 位因为海马体受损而患上健忘症的患者在畅想未来时也会面临障碍，并凭这项研究入选《科学》杂志的年度突破奖。2011 年，他创办 DeepMind 公司，以"解决智能"为公司的终极目标。

大卫·席尔瓦（DavidSilver），剑桥大学计算机科学学士、硕士，加拿

> 大阿尔伯塔大学计算机科学博士,伦敦大学学院讲师,DeepMind 公司研究员,阿尔法狗主要设计者之一。

1.5　人工智能研究的基本内容

1. 知识表示

世界上的每一个国家或民族都有自己的语言和文字。语言和文字是人们表达思想、交流信息的工具,促进了人类社会文明的进步。语言和文字是人类知识表示的最优秀、最通用的方法,但人类语言和文字的知识表示方法并不适合用计算机处理。

人工智能研究的目的是建立一个能模拟人类智能行为的系统,而知识是一切智能行为的基础,因此首先要研究知识表示方法。只有这样才能把知识存储到计算机中,供求解问题使用。

对知识表示方法的研究离不开对知识的研究与认识。由于目前学术界对人类知识的结构及机制还没有完全搞清楚,因此关于知识表示的理论及规范尚未建立起来。尽管如此,人们在研究及建立智能系统的过程中,还是结合具体研究提出了一些知识表示方法。

知识表示方法可分为两大类:符号表示法和连接机制表示法。

符号表示法是用各种包含具体含义的符号以各种不同的方式和顺序组合起来表示知识的一类方法。它主要用来表示逻辑性知识,第 2 章讨论的各种知识表示方法都属于这一类。目前用得较多的知识表示方法有一阶谓词逻辑表示法、产生式表示法、框架表示法、语义网络表示法、状态空间表示法、神经网络表示法、脚本表示法、过程表示法、Petri 网络表示法及面向对象表示法等。

连接机制表示法是用神经网络表示知识的一种方法。它把各种物理对象以不同的方式及顺序连接起来,并在其间互相传递及加工各种包含具体意义的信息,以此表示相关的概念及知识。相对于符号表示法而言,连接机制表示法是一种隐式的知识表示方法。在这里,知识并不像在产生式系统中那样表示为若干规则,而是将某个问题的若干知识在同一个网络中表示出来,这就如同人们脑子里存储了许多知识一样。因此,该方法特别适用于表示各种形象性的知识。

2. 机器感知

人的感知是产生智能活动的前提。所谓机器感知,就是使机器(计算机)具有类似于人的感知能力,其中以机器视觉与机器听觉为主。 机器视觉是让机器能够识别并理解文字、图像、实景等,机器听觉是让机器能识别并理解语言、声音等。

机器感知是机器获取外部信息的基本途径,是使机器智能化不可缺少的组成部分。正如人的智能离不开感知一样,为了使机器具有感知能力,就需要为它配置能"听"、会"看"的感觉器官。为此,人工智能中已经形成了两个专门的研究领域,即模式识别与自然语言理解。

3. 机器思维

所谓机器思维,是指对通过感知得来的外部信息及机器内部的各种工作信息进行有目的的处理。 正如人的智能来自大脑的思维活动一样,机器智能也主要是通过机器思维实现的。因此,机器思维是人工智能研究中最重要、最关键的部分。它使机器能模拟人类的思维活动,既可以进行逻辑思维,又可以进行形象思维。

4. 机器学习

知识是智能的基础,要使计算机有智能,就必须使它有知识。人们可以把有关知识归纳、整理在一起,并用计算机可接收、可处理的方式输入计算机,使计算机具有知识。显然,这种方法不能及时地更新知识,特别是计算机不能适应环境的变化。为了使计算机具有真正的智能,必须使计算机像人类那样,具有获得新知识、学习新技巧并在实践中不断完善、改进的能力,实现自我完善。

机器学习研究如何使计算机具有类似于人的学习能力,使它能通过学习自动地获取知识。 计算机可以直接向书本学习,通过与人谈话学习,通过对环境的观察学习,并在实践中实现自我完善。

机器学习是一个难度较大的研究领域,它与脑科学、神经心理学、机器视觉、机器听觉等都有密切联系,依赖于这些学科的共同发展。近年来,机器学习研究虽然已经取得了很大的进展,提出了很多学习方法,特别是深度学习的研究取得了长足的进步,但还没有从根本上解决问题。

5. 机器行为

与人的行为能力相对应,机器行为主要是指计算机的表达能力,即"说""写""画"等能力。 智能机器人还应具有人的四肢的功能,即能走路、能取物、能操作等。

1.6　人工智能的三大学派

　　在人工智能发展的长河中,不同背景的科学家对人工智能有着不同的认识和理解,在研究工作中采用了不同的方法,逐步形成了人工智能的三大学派:符号主义学派、连接主义学派和行为主义学派。

1.6.1　符号主义

　　符号主义是人工智能最早的主流学派,从模拟人的心智入手,强调知识的表示和推理,经历了从启发式算法到专家系统,再到知识工程,为人工智能的发展做出了重要贡献,特别是专家系统的成功应用,对人工智能从理论走向工程应用做出了重要贡献。

　　符号主义起源于数理逻辑,是一种基于逻辑推理的智能模拟方法,所以又称为逻辑主义、心理学派或计算机学派。逻辑学的源头,最早可追溯到公元前亚里士多德提出的三段论。数理逻辑从 19 世纪末得到迅速发展,20 世纪 30 年代开始用于描述智能行为。随着计算机的出现,很快就在计算机上实现了逻辑演绎系统,从而在计算机上研究人类的思维过程和智能活动。

　　符号主义的观点主要如下。

　　(1)　认知的基元是符号。

　　(2)　认知的过程就是符号运算。

　　(3)　智能的基础是知识,核心是知识表示与推理。

　　(4)　知识可用符号表示,也可用符号进行推理。

　　符号主义学派的开创性工作是自动定理证明。作为一种确定性推理方法,自动定理证明是将数学知识表示为谓词公式,然后通过逻辑运算进行推理。1954 年,美国逻辑学家马丁·戴维斯(Martin Davis)在普林斯顿大学的一台电子管计算机中,编写了人类历史上第一个定理自动证明的程序——实现了普利斯博格算术(Presburger)的判定过程,从此拉开了自动定理的序幕。

　　1958 年,美籍华人科学家、洛克菲勒大学教授王浩在 IBM 704 机器上设计的自动定理证明程序证明了《数学原理》中一阶逻辑全部定理 150 条定理和 200 条命题逻辑定理。1960 年,王浩在《IBM 研究与发展年报》发表了“迈向数学机械化”(Toward Mechanical Mathematics)。王浩是逻辑系列定理证明的先驱,曾经被国际人工智能联合会授予定理证明"里程碑奖"。我国科学家吴文俊院士在几何定理证明方面取得突出成果。他开创了几何系列定理证明的先河,其所创立的"吴文俊方法"在国际机器证明领域产生很大影响,当前国际流行的主要符号计算软件(如 Mathematica)都实现了"吴算法"。自动定理证明领域最具影响力的成果,是 1965 年提出的鲁滨逊归结原理,使机器定理证明进入实用阶段。但符号主义也存在一些缺陷,仅计算量就使当前的算力难以实现,定理证明的复杂度都是超指数级别的。即便对于简单的命题,机器证明过程都可能引发参数空间的指数爆炸。

符号主义认为人工智能是基于逻辑推理产生的。符号主义就是教 AI 道理,然后让它根据这些道理做事,它会的东西仅限于教它的东西。深蓝计算机就是这个流派最杰出的作品。目前,符号主义仍然是人工智能的主要研究领域之一,特别是进入 21 世纪,知识图谱的提出与广泛应用,使符号法又成为人工智能的热点前沿。

1.6.2 连接主义

连接主义学派,又称仿生学派或生理学派,是一种基于神经网络和网络间的连接机制与学习算法的智能模拟方法。

连接主义学派,从模拟人脑的结构入手,采用人工神经网络模拟人脑工作机理,取得突出成果。连接主义认为,大脑神经元机器连接机制是一切智能的基础。自 20 世纪 40 年代起,科学家们开展对大脑科学的研究。1943 年,神经生理学家沃伦·麦克洛克(McCulloch)和数学家沃尔特·皮茨(Pitts),发表了一篇开创性论文,提出了"M-P 神经元模型",其核心思想是通过模拟大脑皮层神经网络,来模拟大脑神经元的行为,他们的研究工作,开创了人工神经网络方法。

从感知器到 BP 学习算法,直到目前的深度学习,人工智能随着人工神经网络的发展不断掀起高潮。连接主义认为 AI 应该模拟人的大脑。这个流派需要极其强大的算力,所以,这个流派到 2012 年才展示其威力。AI 这次大爆发源自连接主义。目前,以深度学习为基础的大模型成为人工智能最富有成效的研究领域。

1.6.3 行为主义

行为主义(Actionism),又称进化主义(Evolutionism)或控制论学派,它是控制论向人工智能领域渗透的产物,是一种基于"感知‐行动"的行为智能模拟方法。

行为主义最早来源于 20 世纪初的一个心理学流派,认为行为是有机体用以适应环境变化的各种身体反应的组合,它的目标在于预测和控制行为。

行为主义的理论基础是控制论。1948 年,控制论之父维纳(Norbert Wiener)在其著作《控制论——关于在动物和机器中控制和通讯的科学》指出:"控制论是在自控理论、统计信息论和生物学的基础上发展起来的,机器的自适应、自组织、自学习功能是由系统的输入输出反馈行为决定的",从而将心理学的某些成果引入到控制理论中。控制论对人工智能的影响,形成了行为主义学派。

行为主义的试图把神经系统的工作原理与信息论联系在一起,着重研究模拟人在控制过程中的智能行为和作用。该学派认为:

(1) 传统人工智能所推崇的知识形式化表达和模型化方法是有问题的,它们反而可能是实现人工智能的重要障碍之一;

(2) 智能取决于感知和行为之间的映射规则,所以应直接利用机器对环境的作用,然后以环境对作用的影响作为获取智能的原动力;

(3) 智能只能通过与现实世界和周围环境的交互作用,才能体现出来;

(4) 人工智能可以像人类智能一样逐步得以进化(也就是进化主义名称的由来),分阶段发展和增强。

进化主义学派的观点简单说就是:感知周围环境,与现实进行交互的作用,通过进化算法适应环境。智能是基于行为以及由此引发的环境反馈和刺激产生的。智能机器人就是进化主义的典型代表。人形机器人中的具身智能是行为主义的延伸。

1.7　人工智能的主要应用领域

目前,随着智能科学与技术的发展和计算机网络技术的广泛应用,人工智能技术已经应用到越来越多的领域。下面简要介绍人工智能的主要应用领域。

1. 自动定理证明

自动定理证明是人工智能中最先得到研究并成功应用的一个研究领域,同时它也为人工智能的发展起到了重要的推动作用。实际上,除了数学定理证明以外,医疗诊断、信息检索、问题求解等许多非数学领域问题也都可以转化为定理证明问题。

定理证明的实质是证明由前提 P 得到结论 Q 的永真性。但是,要直接证明 $P \rightarrow Q$ 的永真性一般来说是很困难的,通常采用的方法是反证法。在这方面海伯伦(Herbrand)与鲁滨逊先后进行了卓有成效的研究,提出了相应的理论及方法,为自动定理证明奠定了理论基础。尤其是鲁滨逊提出的归结原理,使定理证明得以在计算机上实现,对机器推理做出了重要贡献。我国吴文俊院士发现中国古代数学中已蕴含了数学机械化的思想,提出并实现的几何定理机器证明方法——吴氏方法,是机器定理证明领域的一项标志性成果。

国家最高科技奖得主吴文俊院士

吴文俊,1919 年 5 月 12 日出生于上海,祖籍浙江嘉兴。1936 年,他被保送至交通大学数学系。1946 年 8 月,陈省身吸收他到数学所任助理研究员。1948 年 10 月,他到巴黎留学,在斯特拉斯堡大学跟随法国数学家埃雷斯曼(C. Ehresmann)学习。1949 年,他去苏黎世访问,完成博士学位论文《论球丛空间结构的示性类》,获法国斯特拉斯堡大学博士学位;同年秋天,应法国数学家嘉当(H. Cartan)邀请入巴黎法国国家科学研究中心工作。1950 年,与法国数学家托姆(R. Thom)合作发表关于流形上Stiefel-Whitney 示性类的论文,后通称为吴类与吴公式,至今仍被国际同行广泛引用。

1951 年 8 月,吴文俊回国,在北京大学数学系任教授。1952 年 10 月,吴文俊到新组建的中国科学院数学与系统科学研究所任研究员。1957年,吴文俊当选为中国科学院学部委员(院士)。他在北京无线电一厂(计算机厂)期间,开始对计算机感兴趣,研究机器证明。1977 年大年初一,吴文俊发现中国古代数学中已蕴含了数学机械化的思想,受中国数学史研究启发,取得了机器证明的突破,《初等几何判定问题与机器证明》同年在《中国科学》发表,把几何代数化,建立了一套机器证明方法,被称为吴方法,是机器定理证明领域的一项标志性成果。1979 年,吴文俊在中国科学院领导支持下申请到 2 万美元,去美国购买了一台计算机,用于实现吴方法。已经 60 岁的他开始学习编程,先是 BASIC,后来又学习 ALGOL 和FORTRAN,在这台计算机上不断取得新成果。

1991 年,他当选第三世界科学院院士;1997 年,他因在几何定理证明方面的杰出工作,获得第四届国际定理证明海伯伦奖,这是第二位在定理证明领域获奖的华人科学家;2001 年 2 月,他获得 2000 年度国家最高科学技术奖。2017 年 5 月 7 日,他在北京去世,享年 98 岁。2011 年,中国人工智能学会正式设立"吴文俊人工智能科学技术奖",作为中国智能科学技术的最高奖。

2. 博弈

诸如下棋、打牌等竞争性智能活动称为博弈(game playing)。下棋是一个斗智的过程,不仅要求下棋者具有超凡的记忆能力、丰富的下棋经验,而且要求有很强的思维能力,能对瞬息万变的随机情况迅速地作出反应,及时采取有效的措施。对于人类来说,博弈是一种智能性很强的竞争活动。

著名人工智能研究者、图灵奖获得者约翰·麦卡锡在 20 世纪 50 年代就开始从事计算机下棋方面的研究工作,并提出了著名的 α-β 剪枝算法。在很长时间内,该算法一直是计算机下棋程序的核心算法,著名的国际象棋程序"深蓝"采用的就是该算法的框架。

人工智能领域研究博弈的目的并不是让计算机与人玩下棋、打牌之类的游戏,而是通过对博弈的研究检验某些人工智能技术是否能实现对人类智慧的模拟,促进人工智能技术的深入研究。正如俄罗斯人工智能学者亚历山大·克隆罗德(Alexander Kronrod)所说的那样:"国际象棋是人工智能中的果蝇。"他将国际象棋在人工智能研究中的作用类比于果蝇在生物遗传研究中作为实验对象所起的作用。

3. 模式识别

模式识别(pattern recognition)是一门研究对象描述和分类方法的学科。分析和识别的模式可以是信号、图像或者普通数据。

模式是对一个物体或者某些其他感兴趣实体定量的或者结构化的描述,而模式类是指具有某些共同属性的模式集合。用机器进行模式识别的主要内容是研究一种自动技术,依靠这种技术,机器可以自动地或者尽可能少用人工干预地把模式划分到相应的模式类中。

传统的模式识别方法有统计模式识别与结构模式识别等。近年来迅速发展的模糊数学及人工神经网络技术已经应用到模式识别中,形成模糊模式识别、神经网络模式识别等方法,其应用领域包括手写体识别、指纹识别、虹膜识别、医学影像识别、语音识别、生物特征识别、人脸识别等,展示了巨大的发展潜力。特别是基于深度学习等人工智能技术的 X 光、核磁、CT、超声等医学影像多模态大数据的分析技术,能够提取二维或三维医学影像中隐含的病灶,辅助医生识别诊断。

4. 计算机视觉

计算机视觉(computer vision)或者机器视觉(machine vision)是用机器代替人眼进行测量和判断,是模式识别研究的一个重要方面。计算机视觉通常分为低层视觉与高层视觉两类。低层视觉主要执行预处理功能,如边缘检测、移动目标检测、纹理分析、立体造型、曲面色彩等,其主要目的是使得要识别的对象更突出,这时还不是理解阶段。高层视觉主要是理解对象,需要掌握与对象相关的知识。计算机视觉的前沿课题包括:实时图像的并行处理,实时图像的压缩、传输与复原,三维景物的建模识别,动态和时变视觉,等等。

计算机视觉系统通过图像摄取装置将被摄取的目标转换成图像信号,传送给专用的图像处理系统,根据像素分布和宽度、颜色等信息,将其转换成数字信号,再对这些信号进行各种运算,抽取目标的特征,进而根据判别的结果控制现场的设备动作。机器视觉的主要研究目标是使计算机具有通过二维图像认知三维环境信息的能力,能够感知与处理三维环境中物体的形状、位置、姿态、运动等几何信息。

计算机视觉与模式识别存在很大程度的交叉。两者的主要区别是:计算机视觉更注重三维视觉信息的处理,而模式识别仅仅关心模式的类别。此外,模式识别还包括听觉等非视觉信息。

目前,计算机视觉的应用相当普及,主要集中在半导体及电子、汽车、冶金、食品饮料、零部件装配及制造等行业。计算机视觉系统在质量检测的各方面已经得到广泛应用。在国内,由于近年来计算机视觉产品发展迅速,目前主要集中在制药、印刷、包装、食品饮料等行业。随着国内制造业的快速发展,对于产品检测和质量要求不断提高,各行各业对图像处理和计算机视觉技术的工业自动化需求将越来越大,这些技术在未来的制造业中将会有很大的发展空间。

5. 自然语言理解

目前人们在使用计算机时,大多用计算机的高级语言(如 C、Java 等)编制程序,告诉计算机"做什么"以及"怎么做"。这给计算机的利用带来了诸多不便,严重阻碍了计算机应用的进一步推广。如果能让计算机"听懂""看懂"人类语言(如汉语、英语等),那么将使计算机具有更广泛的用途,特别是将大大推进机器人技术的发展。自然语言理解(natural language understanding)研究如何让计算机理解人类自然语言,是人工智能中十分重要的研究领域。它研究能够实现人与计算机之间用自然语言进行通信的理论与方法。具体地说,它要达到如下 3 个目标。

(1) 计算机能正确理解人们用自然语言输入的信息,并能正确回答这些信息中的有关问题。

(2) 对输入的自然语言信息,计算机能够产生相应的摘要,能用不同词语复述输入信息的内容,也就是机器翻译。

(3) 计算机能把用某种自然语言表示的信息自动地翻译为用另一种自然语言表示的相同信息。

关于自然语言理解的研究可以追溯到 20 世纪 50 年代初期。当时由于通用计算机的出现,人们开始考虑用计算机把一种语言翻译成另一种语言的可能性。在此之后的 10 多年中,机器翻译一直是自然语言理解中的主要研究课题。起初,研究方向主要是进行"词对词"的翻译,当时人们认为,翻译工作只要查词典及进行简单的语法分析就可以了。即,对一篇要翻译的文章,首先通过查词典找出两种语言间的对应词,然后经过简单的语法分析调整词序,就可以实现翻译。出于这一认识,人们把主要精力用于在计算机内构造不同语言的词汇对照关系的词典上。但是这种方法并未达到预期的效果,甚至闹出了一些阴差阳错、颠三倒四的笑话,正像在前面列举的一些例子那样。

进入 20 世纪 70 年代后,一批采用语法-语义分析技术的自然语言理解系统脱颖而出,在语言分析的深度和广度方面都比早期的系统有了长足的进步。这期间,有代表性的系统主要有维诺格拉德(T. Winograd)于 1972 年研制的 SHRDLU、伍德(W. Woods)于 1972 年研制的 LUNAR、夏克(R. Schank)于 1973 年研制的 MARGIE 等。SHRDLU是一个在"积木世界"中进行英语对话的自然语言理解系统,该系统模拟一条能操作桌子上一些玩具积木的机器人手臂,用户通过与计算机对话命令机器人手臂操作积木,例如让它拿起或放下某个积木等。LUNAR 是一个用来协助地质学家查找、比较和评价阿波罗-11 飞船带回来的月球岩石和土壤标本化学分析数据的系统,是第一个实现了用普通英语与计算机对话的人机接口系统。MARGIE 是夏克根据概念依赖理论建成的一个心理学模型,目的是研究自然语言理解的过程。

进入 20 世纪 80 年代后,相关研究更强调知识在自然语言理解中的重要作用。1990 年8 月,在赫尔辛基召开的第 13 届国际计算机语言学大会首次提出了处理大规模真实文本的战略目标,并组织了"大型语料库在建造自然语言系统中的作用""词典知识的获取与表示"等专题讲座。语料库语言学(corpus linguistics)认为语言学知识来自语料,人们只有从大规模语料库中获取有助于理解语言的知识,才能真正实现对语言的理解。

2006 年以来,深度学习成为人工智能研究领域发展最为迅速、性能最为优秀的技术之一。应用深度学习方法构造的神经机器翻译系统与统计机器翻译系统相比,翻译速度与准确率均大幅度提高,机器翻译进入了神经机器翻译阶段。

6. 智能信息检索

数据库系统是存储大量信息的计算机软件系统。随着计算机应用的发展,存储在计算机中的信息量越来越庞大,研究智能信息检索系统具有重要的理论意义和实际应用价值。

智能信息检索系统应具有下述功能。

(1)能理解自然语言。允许用户使用自然语言提出检索要求和询问。

(2)具有推理能力。能根据数据库中存储的事实,通过推理产生用户要求的检索结果和询问的答案。

(3)系统拥有一定的常识性知识。系统根据这些常识性知识和专业知识能演绎推理出专业知识中没有包含的答案。例如,某单位的人事档案数据库中有下列事实:"张强是采购部工作人员""李明是采购部经理"。如果系统具有"部门经理是该部门工作人员的领导"这一常识性知识,就可以对询问"谁是张强的领导"演绎推理出答案"李明"。

站在智能信息检索研究最前沿的自然是各类商业搜索引擎,如百度、谷歌和必应等。随着知识图谱(knowledge graph/vault)相关技术的快速发展,近年来,学术界和产业界也开始对知识图谱在搜索引擎中的应用进行积极的探索。知识图谱旨在描述客观世界的概念、实体、事件及它们之间的关系,例如,谁是谁的父亲,中国有哪些省份,等等。

如果说知识是人类进步的阶梯,那么知识图谱可能就是人工智能进步的阶梯。知识图谱和传统搜索引擎中使用的数据有很大的不同。首先,知识图谱是图结构式的数据,而传统搜索引擎中使用的数据多为网页或文本;其次,知识图谱中的信息更加语义化。在智能信息检索中使用知识图谱,需要把知识图谱(即语义中的实体)和搜索引擎对接起来。

7. 数据挖掘与知识发现

随着计算机网络的飞速发展,计算机处理的信息量越来越大。数据库中包含的大量信息无法得到充分的利用,造成信息浪费,甚至变成大量的数据垃圾。因此,人们开始考虑以数据库作为新的知识源。数据挖掘(data mining)和知识发现(knowledge discovery)是 20 世纪 90 年代初期崛起的一个活跃的研究领域。

知识发现系统通过各种学习方法自动处理数据库中大量的原始数据,提炼出有用的知识,从而揭示出蕴含在这些数据中的内在联系和本质规律,实现知识的自动获取。知识发现是从数据库中发现知识的全过程,而数据挖掘则是这个过程中的一个特定的、关键的步骤。

数据挖掘的目的是从数据库中找出有意义的模式。这些模式可以是用规则、聚类、决策树、神经网络或其他方式表示的知识。一个典型的数据挖掘过程可以分成 4 个阶段,即数据预处理、建模、模型评估及模型应用。数据预处理主要包括数据的理解、属性选择、连续属性离散化、数据中的噪声及缺失值处理、实例选择等;建模包括学习算法的选择、算法参数的确定等;模型评估是进行模型训练和测试,对得到的模型进行评价;在得到满意的模型后,就可以运用此模型对新数据进行解释。

知识获取是人工智能的关键问题之一。因此,知识发现和数据挖掘成为当前人工智能的研究热点。

8. 专家系统

专家系统(expert system)是目前人工智能中最活跃、最有成效的一个研究领域。自费根鲍姆等研制出第一个专家系统 DENDRAL 以来,专家系统已获得了迅速的发展,广泛地应用于医疗诊断、地质勘探、石油化工、教学及军事等各方面,产生了巨大的社会效益和经济效益。

专家系统是一种智能的计算机程序,它运用知识和推理步骤来解决只有专家才能解决的困难问题。因此,可以这样来定义:专家系统是一种具有特定领域内大量知识与经验的程序系统,它应用人工智能技术,模拟人类专家求解问题的思维过程来求解特定领域内的各种问题,其水平可以达到甚至超过人类专家的水平。

在 1991 年的海湾危机中,美国军队将专家系统应用于自动的后勤规划和运输日程安排。这项工作同时涉及 50 000 个车辆、货物和人,而且必须考虑到起点、目的地、路径,还要解决所有参数之间的冲突。人工智能规划技术使得一个计划可以在几小时内产生,而用传统的方法需要花费几星期。

9. 自动程序设计

自动程序设计是将自然语言描述的程序自动转换成可执行程序的技术。自动程序设计与一般的编译程序不同,编译程序只能把用高级程序设计语言编写的源程序翻译成目标程序,而不能处理自然语言类的高级形式语言。

自动程序设计包括程序综合与程序正确性验证两方面的内容。程序综合用于实现自动编程,即用户只需要告诉计算机“做什么”,不需要说明“怎么做”,计算机就可自动实现程序的设计。程序正确性验证是运用一套验证理论和方法证明程序的正确性。目前常用的验证方法是用一组已知其结果的数据对程序进行测试,如果程序的运行结果与已知结果一致,就认为程序是正确的。这种方法对于简单程序来说未尝不可,但对于一个复杂系统来说就很难行得通。因为复杂程序总存在着纵横交错的复杂关系,形成难以计数的通路,用于测试的数据即使很多,也难以保证对每一条通路都能进行测试,这样就不能保证程序的正确性。程序正确性验证至今仍是一个比较困难的课题,有待进一步开展研究。自动程序设计是人工智能与软件工程相结合的课题。

近年来,AI 编程系统的开发取得了很大进展。2021 年,DeepMind 公司研制了会刷编程竞赛题的 AlphaCode,它使用基于 Transformer 的语言模型实现大规模的代码生成,并且将其编写为程序。AlphaCode 化名参加了著名网站 Codeforces 举行的 10 场编程比赛,成绩超过了一半人类。这个结果代表了人工智能解决问题能力的实质性飞跃,证明了深度学习模型在需要批判性思维的任务中的潜力。与以前 Codex 以及 GitHub Copilot 等编程工具不同,AlphaCode 采用的大规模语言模型展示了生成代码的惊人能力,能够完成简单的编程任务。但 AlphaCode 只相当于一个学生水平,生成的绝大多数程序都是错误的,正是使用示例测试进行过滤才使得 AlphaCode 实际解决了某些问题。AlphaCode 达到人类水平还需要几年时间。AI 编程系统还不成熟,但作为助手会慢慢融入程序员的工作中。

10. 智能机器人

机器人是指可模拟人类行为的机器。人工智能的所有技术几乎都可以在它身上得到应用,因此,它可作为人工智能理论、方法、技术的实验场地。反过来,对机器人的研究又可极大地推动人工智能研究的发展。

自 20 世纪 60 年代初研制出尤尼梅特(Unimate)和沃莎特兰(Versatran)这两种机器人以来,机器人研究的发展历程已经从低级到高级经历了程序控制机器人、自适应机器人、智能机器人 3 代。目前,机器人已经活跃在各种生产线上,涉及自动化、金属加工、食品和塑料等诸多行业。在亚马逊机器人物流系统中,机器人取代了仓库工人,从早到晚不断地抬起 150lb(1lb≈0.454kg)的重物,分好类,然后装上卡车。柯马(COMAU)公司开发的生产线上分布着 250 个机器人,没有一个工人。各个工位的机器人相互合作,对从生产线源头进入的汽车空壳进行焊接、上底板、上螺丝等操作。目前,该公司已经开始用机器人生产机器人。

自动驾驶(无人驾驶)作为轮式机器人的典型应用已经走向实用化。2012 年 3 月 1 日,美国内华达州立法机关允许自动驾驶车辆上路。2012 年 5 月 7 日,内华达州机动车辆管理局批准了美国首个自动驾驶车辆许可证。据专家预测,到 2026 年,无人驾驶汽车将占全美汽车总量的 10％;到 2050 年,大多数货车将实现无人驾驶。无人驾驶汽车拥有巨大潜力,可大幅提高安全性,减少温室气体排放,同时改变交通模式。

据专家预测,到 2026 年,首台人工智能机器人将作为决策工具加入公司董事会。人工智能可以吸取经验,并根据数据和经验进行科学决策。

11. 组合优化问题

有许多实际问题属于组合优化问题。例如,旅行商问题、生产计划与调度、通信路由调度等都属于这一类问题。

组合优化问题一般是 NP 完全问题(Nondeterministic Polynomial Complete Problem,多项式复杂程度的非确定性问题)。NP 完全问题是指:用目前知道的最好的方法求解,需要花费的时间(或称为问题求解的复杂程度)随问题规模的增大按指数关系增长的问题。至今还不知道对 NP 完全问题是否存在花费时间较少的求解方法,例如,可使求解时间随问题规模按多项式关系增长。

随着求解问题规模的增大,问题求解程序的复杂程度(用于求解程序运行所需的时间和空间或求解步数)可按线性关系、多项式关系或指数关系增长。大多数组合优化问题求解程序都面临着组合爆炸问题。因此,经典的优化方法难以求解大规模组合优化问题,需要研究人工智能求解方法。目前已经提出了许多有效的方法,特别是遗传算法、神经网络方法等。

组合优化问题的求解方法已经应用于生产计划与调度、通信路由调度、交通运输调度、列车编组、空中交通管制和军事指挥自动化等系统中。

12. 人工神经网络

人工神经网络是用大量简单处理单元经广泛连接而组成的人工网络,用来模拟人类大脑神经系统的结构和功能。早在 1943 年,神经和解剖学家麦克洛奇和数学家皮茨就提出了神经元的数学模型(M-P 模型),从此开创了神经科学理论研究的时代。1957 年,康奈尔大学心理学教授罗森勃拉特发明了感知器,这是第一个可以由人工算法精确描述的人工神经网络。20 世纪 60 年代至 70 年代,神经网络研究由于自身的局限性而陷入了低潮。特别是著名的人工智能学者明斯基等在 1969 年以批评的观点编写的很有影响的《感知器》一书,直接导致了神经网络研究进入萧条时期。具有讽刺意味的是布莱森(A. E. Bryson)和何(Y. C. Ho)实际上在 1969 年就已经提出了类似算法。到 20 世纪 80 年代,对神经网络的研究取得突破性进展,特别是鲁梅尔哈特(Rumelhart)等提出多层前向神经网络的 BP 学习算法,霍普菲尔德(J. J. Hopfield)提出霍普菲尔德神经网络模型,有力地推动了神经网络的研究,使人工神经网络的研究进入了新的发展时期,取得了许多研究成果。

2006 年,加拿大多伦多大学辛顿教授和他的学生在《科学》杂志上发表的文章掀起了深度学习的浪潮,在计算机视觉、自然语言处理等多个领域取得了突破性的进展。特别是随着云计算、大数据技术的发展,深度学习具有更加广阔的应用。

现在,人工神经网络已经成为人工智能中一个极其重要的研究领域。对人工神经网络模型、算法、理论分析和硬件实现的大量研究为神经计算机走向应用奠定了基础。人工神经网络已经在模式识别、图像处理、组合优化、自动控制、信息处理、机器人学等领域获得日益广泛的应用。

2012 年,斯坦福大学和谷歌公司秘密 X 实验室(Secret Google X Project)用 1000 台计算机构建了全球最大的电子模拟神经网络,该网络是拥有 10 亿个互相连接的人工神经元的人工神经网络——谷歌大脑(Google Brain)。实验人员向该人工神经网络展示了1000 万张从 YouTube 上随机提取的图像,最后,该人工神经网络在没有任何外界干预的情况下认识了猫并成功分辨出猫的照片,准确率超过 80%。这一事件为人工智能发展翻开崭新的一页,标志着以深度学习为代表的人工智能的发展即将进入应用阶段。

2019 年 7 月,英特尔公司展示了 Pohoiki Beach 芯片系统,其中包含了 1320 亿个晶体管,可模拟 800 多万个神经元、80 亿个突触,相当于某些小型啮齿动物的大脑。该芯片的速度是传统 CPU 的 1000 倍,能效可提高到 10 000 倍,极大地提升了图像识别、自动驾驶和智能机器人等的性能,预示着人类向"模拟大脑"这一目标迈出了一大步。

13. 分布式人工智能与多智能体

随着物联网技术的飞速发展,集中式智能架构已经不能满足大型复杂系统的协同工作需求,需要向分布式协同工作发展,形成分布式体系的智联网(internet of intelligence)。分布式人工智能(Distributed Artificial Intelligence,DAI)是分布式计算与人工智能结合的结果。分布式人工智能系统以鲁棒性作为控制系统质量的标准,并具有互操作性,即不同的异构系统在快速变化的环境中具有交换信息和协同工作的能力。

分布式人工智能的研究目标是创建一种描述自然系统和社会系统的模型。分布式人工智能中的智能并非独立存在,只能在团体协作中实现,因而其主要研究问题是各智能体(agent)之间的合作与对话,包括分布式问题求解和多智能体系统(Multi-Agent System,MAS)两个领域。分布式问题求解把一个要求解的具体问题划分为多个相互合作和知识共享的模块或者节点。多智能体系统则研究各智能体之间行为的协调。这两个研究领域都要研究知识、资源和控制的划分问题,但分布式问题求解往往含有一个全局的概念模型、问题和成功标准,而多智能体系统则含有多个局部的概念模型、问题和成功标准。多智能体系统更能够体现人类的社会智能,具有更大的灵活性和适应性,更适合开放和动态的世界环境,因此成为人工智能领域的研究热点。

14. 智能控制

智能控制就是把人工智能技术引入控制领域,建立智能控制系统。自从国际知名美籍华裔科学家傅京孙(K. S. Fu)在 1965 年首先提出把人工智能的启发式推理规则用于学习控制系统以来,国内外众多研究者纷纷投身于智能控制系统,并取得了一些成果。经过 20 年的努力,到 20 世纪 80 年代中叶,智能控制学科的形成条件已经逐渐成熟。1985 年 8 月,IEEE 在美国纽约召开了智能控制学术讨论会,集中讨论了智能控制原理和智能控制系统的结构。1987 年 1 月,在美国费城,由 IEEE 控制系统学会和计算机学会联合召开了智能控制国际学术讨论会。这次会议显示出智能控制的长足进展,也说明高新技术的发展要求重新考虑自动控制科学及其相关领域。这次会议表明,智能控制已作为一门新学科出现在国际科学舞台上。

智能控制具有以下两个显著的特点。

(1) 智能控制是同时具有知识表示的非数学广义世界模型和传统数学模型混合表示的控制过程,也往往是含有复杂性、不完全性、模糊性或不确定性以及不存在已知算法的过程,它以知识进行推理,以启发引导求解过程。

(2) 智能控制的核心在高层控制,即组织级控制,其任务在于对实际环境或过程进行组织,即决策与规划,以实现广义问题求解。

智能控制系统的智能可归纳为以下几方面。

(1) 先验性智能。有关控制对象及干扰的先验知识,可以从一开始就体现到控制系统的设计中。

(2) 反应性智能。在实时监控、辨识及诊断的基础上,对系统及环境变化的正确反应能力。

(3) 优化智能。包括对系统性能的先验性优化及反应性优化。

(4) 组织与协调智能。表现为对并行耦合任务或子系统之间的有效管理与协调。

对于智能控制的开发,目前认为有以下途径。

(1) 基于专家系统的专家智能控制。

(2) 基于模糊推理和计算的模糊控制。

（3）基于人工神经网络的神经网络控制。

（4）综合以上 3 种方法的综合型智能控制。

15. 智能仿真

智能仿真就是将人工智能技术引入仿真领域,建立智能仿真系统。仿真是对动态模型的实验,即行为产生器在规定的实验条件下驱动模型,从而产生模型行为。具体地说,仿真是在 3 种知识——描述性知识、目的性知识及处理知识的基础上产生另一种知识——结论性知识的过程,因此可以将仿真看作一个特殊的知识变换器。从这个意义上讲,人工智能与仿真有着密切的关系。

利用人工智能技术能对整个仿真过程(包括建模、实验运行及结果分析)进行指导,能改善仿真模型的描述能力。在仿真模型中引进知识表示,将为研究面向目标的建模语言打下基础,提高仿真工具面向用户、面向问题的能力。从另一方面讲,仿真与人工智能相结合,可使仿真更有效地用于决策,更好地用于分析、设计及评价知识库系统,从而推动人工智能技术的发展。正是基于这些认识,近年来,将人工智能特别是专家系统与仿真相结合,就成为仿真领域中十分重要的研究方向,引起了大批仿真专家的关注。

智能仿真系统有非常广泛的应用。例如,北京理工大学数字仿真实验室开发的全景式智能仿真系统承担了 2008 年北京奥运会、新中国成立 60 周年和 70 周年群众游行、2021 年春节联欢晚会、中国共产党成立 100 周年庆祝大会等系列重大活动的仿真设计、训练和指挥任务。

16. 智能 CAD

智能 CAD(Intelligent CAD,ICAD)就是把专家系统、人工神经网络等人工智能技术引入计算机辅助设计领域,建立在作业过程中具有一定程度人工智能的 CAD 系统。

事实上,人工智能几乎可以应用到 CAD 技术的各方面。从目前发展的趋势来看,至少有下述 4 方面。

（1）设计自动化。

（2）智能交互。

（3）智能图形学。

（4）自动数据采集。

17. 智能 CAI

智能 CAI(Intelligent CAI,ICAI)就是把人工智能技术引入计算机辅助教学领域,建立在教学过程中具有一定智能的 CAI 系统。近年来,教育领域依托人工智能、大数据、云计算、物联网、虚拟现实等新一代信息技术,获取教学与管理过程中的多源异构数据、信息和知识,解析学习行为和教学行为的认知过程,研究知识个性化推荐机制,打造以智能化、感知化为特点的智慧教育。ICAI 的特点是能因材施教地对学生进行指导。为此,ICAI 应具备下列智能特征。

（1）自动生成各种问题与练习。

（2）根据学生的水平和学习情况自动选择并调整教学内容和进度。

（3）在理解教学内容的基础上自动解决问题,生成解答。

（4）具有自然语言生成和理解能力。

（5）对教学内容有解答咨询能力。

（6）能诊断学生错误,分析原因并采取纠正措施。

（7）能评价学生的学习行为。

（8）能不断地在教学中改善教学策略。

为了实现上述 ICAI 系统,一般把整个系统分成专门知识、教导策略和学生模型 3 个基本模块和一个自然语言的智能接口。

总之,ICAI 已是人工智能的一个重要应用领域和研究方向,引起了人工智能界和教育界的极大关注和共同兴趣。特别是 20 世纪 80 年代以来,由于知识工程、专家系统技术的进展,使得 ICAI 与专家系统的关系日益密切。近几届美国与国际人工智能会议都把 ICAI 的研究列入议程,甚至还召集了专门的智能教学系统会议。

18. 智能管理与智能决策

智能管理是现代管理科学技术发展的新方向。智能管理是人工智能与管理科学、系统工程、计算机技术及通信技术等多学科、多技术互相结合、互相渗透而产生的一门新技术、新学科。

智能管理就是在管理信息系统、办公自动化系统、决策支持系统的功能集成和技术集成的基础上,把人工智能技术引入管理领域,建立智能管理系统。智能管理要研究如何提高计算机管理系统的智能水平,也要研究智能管理系统的设计理论、方法与实现技术。

智能决策就是把人工智能技术引入决策过程,建立智能决策支持系统。智能决策支持系统是在 20 世纪 80 年代初提出来的。它是决策支持系统(Decision Support System,DSS)与人工智能,特别是专家系统中知识及知识处理的特长,既可以进行定量分析,又可以进行定性分析,能有效地解决半结构化和非结构化的问题,从而扩大决策支持系统的范围,提高决策支持系统的能力。

19. 智能多媒体系统

多媒体技术是当前计算机技术应用方面最为热门的研究领域之一。多媒体计算机系统就是能综合处理文字、图形图像、视频和声音等多种媒体信息的计算机系统。智能多媒体就是将人工智能技术引入多媒体系统,使其功能和性能得到进一步发展和提高。事实上,多媒体技术与人工智能研究的机器感知、机器理解等技术也不谋而合,所以,智能多媒体实际上是人工智能与多媒体技术的有机结合。人工智能的计算机视觉/听觉、语音识别与理解、语音对译、信息智能压缩等技术运用于多媒体系统,将会使现在的多媒体系统产生质的飞跃。目前,基于视频的动画技术、对环境感知的动画生成、虚拟中文打字机等成为热点研究课题。

20. 人工生命

1987年,计算机科学家克里斯·兰顿(Christopher Langton)博士在美国洛斯阿拉莫斯国家实验室(Los Alamos National Laboratory)召开的生成以及模拟生命系统国际会议上首先提出人工生命(Artificial Life,AL)的概念。

人工生命以计算机为研究工具,模拟自然界的生命现象,生成表现自然生命系统行为特点的仿真系统。它主要研究以下问题:天体生物学、宇宙生物学、自催化系统、分子自装配系统、分子信息处理等的生命自组织和自复制;多细胞发育、基因调节网络、自然和人工的形态形成理论;生命系统的复杂性;进化的模式和方式、人工仿生学、进化博弈、分子进化、免疫系统进化、学习等;具有自治性、智能性、反应性、预动性和社会性的智能主体的形式化模型、通信方式和协作策略;具有生物感悟性的机器人、自治和自适应机器人、进化机器人和人工脑。

21. 智能操作系统与智能计算机

智能操作系统就是将人工智能技术引入计算机的操作系统,从质上提高操作系统的性能和效率。

智能操作系统的基本模型以智能机为基础,并能支撑外层的人工智能应用程序,实现多用户的知识处理和并行推理。智能操作系统主要有三大特点:并行性、分布性和智能性。并行性是指能够支持多用户、多进程,同时进行逻辑推理和知识处理。分布性是指把计算机的硬件和软件资源分散而又有联系地组织起来,能支持局域网和远程处理。智能性体现于3方面:一是操作系统处理的对象是知识对象,具有并行推理和知识操作功能,支持智能应用程序的运行;二是操作系统本身的绝大部分程序也将使用人工智能

(规则和事实)编制,充分利用硬件的并行推理功能;三是操作系统应实现具有较高智能的自动管理维护功能,如故障的监控分析等,以帮助系统维护人员作出必要的决策。

智能计算机系统从基本元件到体系结构,从处理对象到编程语言,从使用方法到应用范围,与当前的冯·诺伊曼型计算机相比,都有质的飞跃和提高,它将全面支持智能应用开发,且自身也具有智能。

22. 云端人工智能

云端人工智能(cloud AI)是将云计算的运作模式与人工智能深度融合,在云端集中使用和共享机器学习工具的技术。

云端人工智能将人工智能算法部署在公共云上,为各种人工智能研究与产品提供服务,将巨大的人工智能运行成本(主要是运算和运维成本)转移到云平台,从而能够有效地降低终端设备使用人工智能技术的门槛,有利于扩大用户群体,未来将广泛应用于医疗、制造、能源、教育等多个行业和领域。

云端人工智能系统主要包括人工智能基础设施和人工智能服务两大部分。人工智能基础设施包括各种数据和数据库、大数据平台等。人工智能服务部分提供各种应用程序接口(Application Program Interface,API)和人机交互接口,用户无须自己创建自定义的机器学习模型,而是由云服务商提供。云服务商除了提供人工智能服务之外,还提供一系列开发工具。

目前,著名的云服务商主要有阿里云、华为云、腾讯云、百度云、亚马逊 AWS、微软 Azure、谷歌云等。

23. 脑机接口

脑机接口(Brain-Computer Interface,BCI)是在人或动物脑与外部设备间建立的直接连接通路。这里的"脑"是指有机生命形式的脑或神经系统,"机"是指任何处理或计算的设备,其形式可以从简单电路到硅芯片。在 MIT 的"21 世纪能改变世界的 10 大技术"排行榜中,脑机接口技术排名第一位。

脑机接口分为单向脑机接口和双向脑机接口。单向脑机接口只允许脑和外部设备间的单向信息交换,即计算机或者接受脑传来的命令,或者发送信号到脑,但不能同时发送和接收信号。而双向脑机接口允许脑和外部设备间的双向信息交换。

脑机接口技术在以前还只存在于科幻小说之中。目前,在多年来动物实验的实践基础上,应用于人体的早期植入设备被设计及制造出来,用于恢复损伤的听觉、视觉和肢体运动能力,甚至是认知的能力。

人工耳蜗是迄今为止最成功、临床应用最普及的恢复损伤的听觉的脑机接口。视觉修复的脑机接口技术尚在研发之中,主要困难在于视觉传递信息量的巨大和外周感觉器官(视网膜)和中枢视觉系统在功能上的相对复杂性。

24. 具身智能

具身智能是当前人工智能研究的热点。具身智能的概念最早由于 1950 年提出。他认为像人一样能够和环境交互感知,具备自主决策和行动能力的机器人是人工智能的终极形态。

具身智能是指通过身体和环境的相互作用来实现智能行为的能力。具身智能认为智能不仅仅是大脑内部的思考和计算过程,还涉及与外部环境的交互。通过感知环境、运动控制和与环境的实时交互,智能体能够适应和应对复杂的情境和任务。

因此,具身智能可以看作是人工智能的一种延伸。人工智能更侧重于模拟和实现人类智能的各种算法和技术,而具身智能则更关注于将智能与身体、感知和环境互动结合起来,通过引入身体感知和运动能力,使智能系统更接近人类的交互方式和行为方式。

具身智能使人工智能所能执行的任务扩展到更多领域,例如,使机器人智能地执行无人驾驶、家政服务等任务。通过赋予机器人身体感知和运动能力,使其能够更好地理环境、与环境进行交互,并通过实际操作来学习和解决问题。现在尝试将大语言模型作为机器人的大脑,以完成更多更复杂的任务。

1.8   人工智能伦理

> 苹果公司 CEO 库克曾说过,科技和人文的联姻才是能够震撼心灵的歌唱,"如果你做的一切都以人为本,就可以产生巨大的影响,注入了价值观的技术才能够使得所有人共同进步"。在人工智能发展起来以后,同样不能忽视伦理的约束,这样人类才能在更多地享受到技术革新益处的同时,让冰冷的科技也呈现温暖的底色,创造有温度的未来。

1.8.1   人工智能伦理的提出与发展

近年来,人工智能作为推进社会发展的颠覆性技术和赋能技术,不可逆转地重塑着人类生活、工作和交往的方式,使生活更便利,改善民生福祉,提升政府和企业运营效率,帮助应对气候变化和贫困饥饿问题;同时,也出现了一系列伦理问题,如个人隐私和尊严的重大威胁、大规模监控风险激增等,特别是未来人工智能技术对人类很可能造成潜在风险。因此,人工智能伦理已经成为世界各国政府、组织机构以及大型科技企业的人工智能政策的核心内容之一。

人工智能伦理学(ethics of artificial intelligence)是专门针对人工智能系统的应用伦理学分支。人工智能伦理涉及人类设计、制造、使用和对待人工智能系统的道德,机器伦理中的机器行为,以及超级人工智能的奇点问题。

IEEE 标准协会于 2016 年 4 月发布了《人工智能设计的伦理准则》白皮书,力图建立社会公认的人工智能伦理标准、职业认证及道德规范。

国际标准化组织(ISO)于 2017 年成立人工智能委员会,负责涵盖算法偏见、隐私保护、数据伦理、网络伦理、计算机伦理、信息伦理、机器人伦理、人工智能伦理等领域的标准研制工作。牛津大学、剑桥大学和 OpenAI 公司等 7 家机构于 2018 年共同发布了《人工智能的恶意使用:预测、预防和缓解》(*The Malicious Use of Artificial Intelligence: Forecasting, Prevention, and Mitigation*),分析了人工智能可能带来的安全威胁并提出应对建议。在企业界,微软、谷歌、IBM 等科技企业制定了人工智能开发的伦理原则。

2021 年 11 月 24 日,第 41 届联合国教科文组织大会正式通过了《人工智能伦理建议书》。这是关于人工智能伦理的首份全球性规范文本,是全球人工智能发展的共同纲领。《人工智能伦理建议书》提出,发展和应用人工智能首先要体现出四大价值,即尊重、保护和提升人权及人类尊严,促进环境与生态系统的发展,保证多样性和包容性,构建和平、公正与相互依存的人类社会。《人工智能伦理建议书》还明确了规范人工智能技术的 10 个原则和 11 个行动领域。它在价值观和伦理原则方面囊括了现代人工智能伦理最重要的方面,是迄今为止全世界在国际社会层面达成的最广泛的共识,将为进一步形成人工智能有关的国际标准、国际法等提供极有价值的参考。

我国政府高度重视人工智能发展中的伦理问题。2017 年 7 月国务院发布的《新一代人工智能发展规划》中提出:要制定促进人工智能发展的法律法规和伦理规范,开展人工智能行为科学和伦理等问题研究,制定人工智能产品研发设计人员的道德规范和行为守则。

2018 年 1 月 18 日,在国家人工智能标准化总体组的成立大会上,发布了《人工智能标准化白皮书(2018 版)》,论述了人工智能的安全、伦理和隐私问题。该白皮书认为,设定人工智能技术的伦理要求,要依托于社会和公众对人工智能伦理的深入思考和广泛共识,并遵循一些共识原则。

2018 年 9 月 17 日,国家主席习近平致信祝贺 2018 年世界人工智能大会在上海召开。习近平指出,新一代人工智能正在全球范围内蓬勃兴起,为经济社会发展注入了新动能,正在深刻改变人们的生产生活方式。把握好这一发展机遇,处理好人工智能在法律、安全、就业、道德伦理和政府治理等方面提出的新课题,需要各国深化合作、共同探讨。

2019 年 2 月,中国国家新一代人工智能治理专业委员会成立,并于 6 月发布了《新一代人工智能治理原则——发展负责任的人工智能》。

2021 年 1 月,全国信息安全标准化技术委员会正式发布《网络安全标准实践指南——人工智能伦理安全风险防范指引》,涉及一般性、基础性人工智能伦理问题与安全风险问题,为我国人工智能伦理安全标准体系化建设奠定了重要基础。

1.8.2 人工智能伦理的典型案例与成因分析

1. 人工智能伦理典型案例

人工智能产生的一些伦理问题与人工智能系统能够完成此前只有生物才能完成,甚至在有些情况下只有人类才能完成的任务有关。人工智能技术存在的主要伦理问题包括隐私泄露、偏见歧视、技术滥用、权责归属不明等。下面举几个典型案例。

案例 1:美国加利福尼亚州禁止执法人员使用面部识别技术。

2019 年 9 月 12 日,美国加利福尼亚州议会通过一项为期 3 年的议案,禁止州和地方执法机构使用面部识别技术。该议案已于 2020 年 1 月 1 日生效,成为法律。旧金山和奥克兰也已全面禁止面部识别技术的使用。俄勒冈州和新罕布什尔州等也有类似的禁令。

有著名人士认为,当一个人时刻都被监视时,还能拥有多少自由? 有人认为执法部门会利用面部识别来监视公众。但许多执法团体认为面部识别技术在追踪犯罪嫌疑人以及寻找失踪儿童等很多方面都具有重要作用。加利福尼亚州警察局长协会主席罗恩·劳伦斯表示:"这是未来的破案方式,我们需要拥抱而不是逃避技术。"

案例 2:监测头环进校园惹争议。

2019 年 11 月,某小学的学生戴监测头环的视频引起广泛的关注与争议。这些监测头环通过传感器上的 3 个电极,可检测佩戴者的脑电波,从而评判学生是否集中注意力并进行打分:上课专注亮红灯,上课走神亮蓝灯。

尽管开发方表示监测头环收集的数据不会外流,不会泄露孩子个人隐私,仍然有许多人担忧这种做法会侵犯学生隐私,以及让学生产生逆反心理。脑机接口是一种新兴技术,不容易被人理解,必须慎之又慎地使用。对脑机接口的使用应完全出于个人意愿,相关数据也绝对地属于个人。意识是个人领地,他人无权侵犯。

案例 3:AI 换脸应用引发隐私争议。

2019 年 9 月,一款 AI 换脸软件引发严重的隐私争议。用户只需提供一张正面人脸照片上传到换脸软件,就可以把选定视频中的明星面部替换掉,生成以用户提供的人脸为主角的视频片段。该软件被指涉嫌非法收集进而可能滥用用户面部信息。

2019 年 11 月底,国家网信办、文旅部和广电总局三部门联合发布了《网络音视频信息服务管理规定》,明确作出"利用基于深度学习、虚拟现实等的虚假图像、音视频生成技术制作、发布、传播谣言的……应当及时采取相应的辟谣措施"等针对换脸技术的新规定。

案例 4:自动驾驶安全事故问责。

2019 年 3 月,50 岁的班纳(Jeremy Belem Banner)驾驶电动汽车以每小时 109 千米的速度与一辆牵引式拖车相撞而身亡,当时他正在使用某汽车厂商的 Autopilot 系统。2018 年 12 月 10 日,该品牌电动汽车在美国康涅狄格州 95 号州际公路上与一辆停放在路边的警车发生追尾,事故发生时其自动驾驶系统处于开启状态。更早之前,该品牌电动汽车分别发生过追尾、撞上匝道隔离栏导致车辆起火等多起事故。

自动驾驶领域是当前各国开展的重点领域。德国政府认为自动驾驶系统终归不是主角,不能替代或优先于驾驶员作出决定,汽车制造商不会承担直接责任,只承担次要的产品责任。因此,德国最新修订的《道路交通法》明文规定自动驾驶事故责任划分:在行驶途中系统不可以完全取代驾驶人,人类司机应随时接管车辆,同时其最终责任主要落在驾驶人身上。

案例 5:OpenAI 开发出假新闻编写软件。

2019 年 2 月 15 日,马斯克(Elon Musk)成立的 AI 研究机构 OpenAI 发布了 GPT-2 软件,它能编写逼真的假新闻。例如,给软件提供以下信息:"一节装载受控核材料的火车车厢今天在辛辛那提被盗,下落不明。"GPT-2 可以根据这个信息写出由 7 个段落组成的假新闻,甚至还可以引述政府官员的话语。

这种擅长合理遣词造句的算法能"按需"生成大量的仇恨语言和暴力言论,生成具有误导性的新闻报道,自动生成垃圾邮件,伪造内容发布到社交媒体上,等等。在虚假信息正在蔓延并威胁全球科技产业的背景下,容易造成不良后果。虽然 GPT-2 已经被训练用于预测从 800 万个网页中提取的文本中的下一个单词,但可信度仍比较低,特别是它生成的文本并不总是一致的,可能包括重复的结构、突然的主题切换和违背常识。例如,GPT-2 可以记录发生在水下的火灾或者某人是他们父亲的父亲等。

2. 人工智能伦理成因分析

根据人工智能伦理问题的特征和产生方式的不同,可从技术、数据和应用 3 个层面分析人工智能伦理的成因。

(1) 技术层面。主要包括算法及系统的安全问题、可解释性问题、算法歧视问题和算法决策问题。算法及系统的安全问题主要是指算法或系统的漏洞被攻击和恶意利用的情形;可解释性问题主要关注人类的知情权利和主体地位;算法歧视问题关注来自算法研究人员的认知偏见或者训练数据集不完美导致的歧视性决策结果;算法决策问题则关注人工智能自学习导致的不可预见性结果。

(2) 数据层面。人工智能技术在许多领域获得重大进展依赖于大数据驱动。而随着人工智能技术的快速发展以及大量应用的实施,使个人信息收集场景、范围和数量迅速增加,数据采集日益成为引发人工智能伦理问题的重要原因之一。

(3) 应用层面。人工智能算法的滥用和误用使人们在社会活动时容易出现使用目的、方式、范围等偏差,从而导致不良的影响和后果,引发人工智能伦理问题。例如,利用人脸识别算法可以提高追查犯罪嫌疑人的效率,但也可能把人脸识别算法用于跟踪某人的行踪、识别某人的情感,并用于商业目的。人脸识别科技公司 Kairos 首席执行官布莱肯(Brian Brackeen)认为:“如果有了足够的数据,人工智能可以告诉你任何人的任何事,问题是对于社会来说,我们需要知道吗?”

1.8.3 人工智能伦理的治理原则

世界各国以及相关国际组织对人工智能伦理的治理给予了极大关注,分别从出台国家政策、发布伦理准则、倡导行业自律、立法和制定标准等不同路径开展了治理行动。人工智能的发展应遵循以下基本原则:人类根本利益原则和责任原则。

1. 人类根本利益原则

人类根本利益原则就是人工智能应以实现人类根本利益为最终目标。该原则体现了对人权的尊重,降低技术风险和负面影响的价值选择。

在人工智能系统的整个生命周期内,一方面,人会与人工智能系统展开互动,接受这些系统提供的帮助,例如照顾弱势或处境危急的群体,如儿童、老年人、残障人或病人;另一方面,绝不应将人物化,不应以其他方式损害人的尊严,也不应侵犯或践踏人权和基本自由,必须尊重、保护和促进人权和基本自由。各国政府、企业、民间团体、国际组织、技术界和学术界在介入与人工智能系统生命周期有关的进程时,必须尊重人权。新技术应为倡导、捍卫和行使人权提供新手段,而不是侵犯人权。

人类有时选择依赖人工智能系统,但是否在有限情形下出让控制权依然要由人类来决定,这是由于人类在决策和行动上可以借助人工智能系统,但人工智能系统永远无法取代人类最终行使权利和承担责任。一般而言,生死攸关的决定不应该由人工智能系统做出。

选择判断一人工智能系统和判断一种人工智能方法是否合理的依据如下。

(1) 选择的人工智能方法对于实现特定合法目标应该是适当的。

(2) 选择的人工智能方法不得违背基本价值观,特别是不得侵犯或践踏人权。人工智能系统尤其不得用于歧视性社会评分或大规模监控目的。

(3) 人工智能方法应切合具体情况,并应建立在严谨的科学基础上。在所做决定具有不可逆转或难以逆转的影响或者在涉及生死抉择的情况下,应由人类做出最终决定。

2. 责任原则

随着人工智能的发展,需要建立明确的责任体系,也就是责任原则。基于责任原则,在人工智能系统与人类伦理或法律发生冲突时,可以从技术层面对人工智能技术应用部门进行问责。在责任原则下,人工智能技术的开发和应用应分别遵循透明度原则和权责一致原则。在人工智能系统的整个生命周期内都需要努力提高人工智能系统的透明度和可解释性。可解释性是指让人工智能系统的结果可以理解,并提供阐释说明。人工智能系统的可解释性也包括各个算法模块的输入、输出和性能的可解释性以及如何生成系统结果的可解释性。

1.8.4　人工智能伦理的治理措施

人工智能伦理的治理应形成涵盖技术、道德、政策、法律、教育等多层次的伦理治理体系。

1. 技术改进

人工智能的许多伦理风险可以通过技术改进予以解决。例如,算法可解释性和透明性涉及人类的知情权利和主体地位,是人工智能伦理的重要命题之一。通过技术改进在一定程度上逐渐解决算法可解释性和“算法黑箱”问题,使人类在更大程度上能看懂、能理解有关算法。另外,要逐步形成算法开发者和使用者信息披露的技术惯例,对算法进行监管,接受公众的审查和质询。

根据技术发展状况,在某些领域尝试确立一些应用模式作为典型,逐步推进人工智能标准化进程,进而推动人工智能应用领域的不断拓展。另外,还要推动人工智能企业建立伦理委员会,明确作为人工智能技术落地执行者的企业的伦理意识和社会责任,并将对伦理的考量贯穿始终。

2. 道德规范

我国《新一代人工智能发展规划》强调,未来要重点开展人工智能行为科学和伦理等问题研究,探索伦理道德多层次判断结构及人机协作的伦理框架。在相关法律法规尚未成型或生效之前,需要通过教育和社会舆论进行适当引导,倡导正确的价值观,推动人工智能伦理共识的形成,有效地避免一些违背伦理道德却未违反现行法律的恶性事件发生。另外,还要推动科研机构和企业对人工智能伦理风险的认知和实践,通过发布伦理风险分析报告等形式讨论人工智能伦理风险的应对措施,为推动科研机构和企业对人工智能伦理风险的认知和实践提供参考。

3. 政策指引

由于人工智能技术的前景和潜力尚有不确定性,通过国家政策指引与立法相比有更大的灵活性,也更能体现差异化和顺应创新趋势。国家引入激励措施,确保开发并采用基于权利、合乎伦理、由人工智能驱动的解决方案,以抵御灾害风险,监测和保护环境与生态系统,并促进其再生,保护地球。这些人工智能系统应在其整个生命周期内支持可持续的消费和生产模式。例如,在必要和适当时可将人工智能系统用于以下方面。

(1) 支持自然资源的保护、监测和管理。

(2) 支持与气候有关问题的预测、预防、控制和减缓。

(3) 支持更加高效和可持续的粮食生态系统。

(4) 支持可持续能源的加速获取和大规模采用。

(5) 促成并推动旨在促进可持续发展的可持续基础设施、可持续商业模式和可持续金融主流化。

(6) 检测污染物或预测污染程度,协助相关利益攸关方确定、规划并实施有针对性的干预措施,防止并减少污染及暴露风险。

4. 法律法规

在人工智能这一新兴领域的法律法规制定中,需要在促进发展与控制风险之间探求最佳平衡点,尤其需要把握公权力干预和产业自治之间的平衡。在实践相对成熟、已有一定普遍共识的部分,可尝试进行立法规制,如针对各领域人工智能技术应用中均较为普遍的对个人隐私等人格权利侵犯的风险问题,通过立法的方式进行保障。也可以在行业发展需要明确责任的领域启动立法研究,如对自动驾驶等发展相对成熟、迫切需要明确责任的领域,在现行法律之下尝试地方性、试验性的立法,为推进人工智能立法进程提供有效经验。在实践不足以立法规制的领域,可以通过行业自律、政策引导等方式进行伦理风险控制。

5. 人工智能伦理教育

将人工智能伦理纳入教学、培训等内容中,促进人工智能技术技能教育与人工智能教育的人文、伦理和社会方面的交叉协作,以应对人工智能伦理带来的挑战和风险。特别是对人工智能研究开发人员进行人工智能伦理培训,并要求他们将伦理考量纳入设计、产品和出版物中,尤其是在分析其使用的数据集、数据集的标注方法以及可能投入应用的成果的质量和范围方面。

人工智能应依照相关的个人数据保护标准支持学习过程,既不降低认知能力,也不提取敏感信息。在学习者与人工智能系统的互动过程中收集到的为获取知识而提交的数据,不得被滥用、挪用或用于商业目的。

1.8.5　人工智能会使许多人失业吗

人工智能领域的最新进展对科技发展有巨大的促进作用,同时也可能会冲击现有的劳动力市场。大部分自动化作业都会替代人工,这就意味着需要人工作的地方将变得更少。在 21 世纪结束前,人类现在的职业中有 70% 很可能会被智能设备取代;高薪白领职位也可能被智能设备取代,包括财务经理、医生、律师、建筑师、记者、高管甚至教师、程序员等。

人工智能会使许多人失业吗? 其实,人工智能和人类历史上许多重大创新技术一样,对社会原有生产力确实会造成重大影响;但在旧的产业被取代的同时,又会随着新技术的出现产生许多新兴产业。

18 世纪,蒸汽机的出现开创了机器动力时代。虽然机器取代了部分人类劳动力,但也挖掘出许多新需求,例如工业消费品、战争消耗品和服务业等,大大刺激了新兴产业的成长,反而使人力资源供不应求。

19 世纪后 30 年到 20 世纪初,世界进入了电气时代。电气、化学、石油等新兴产业增加了大量就业机会,需要大量高层次的人才。例如,美国福特公司与著名电机专家斯坦门茨之间的"一美元故事",就反映了对电气人才的渴求。

20世纪四五十年代以来,世界又逐步进入了信息时代。计算机、微电子、航天、生物技术等新兴学科推动了第三次科技革命。在淘汰落后的生产方式、减少冗余劳动力的同时,创造了大量的新岗位。例如,仅软件开发业目前全球就有2000多万名程序员。

现在,全球进入人工智能时代,催生了大量产业和岗位。例如,各大公司重金招聘精通调参的深度学习工程师,大量软件工程师转型为人工智能工程师。因此,未来被淘汰的不是职位和人,而是技能。

1.9　本章小结

人类智能是自然界四大奥秘之一,对它很难给出确切的定义。目前关于智能的观点可以分为思维理论、知识阈值理论、进化理论等学派。简单地说,智能是知识与智力的总和。知识是一切智能行为的基础,智力是获取知识并应用知识求解问题的能力。

智能具有感知能力、记忆与思维能力、学习能力、行为能力等,这是智能的显著特征。

人工智能是用人工的方法在机器(计算机)上实现的智能。人工智能的发展经历了曲折的历史。

人工智能研究的基本内容为知识表示、机器感知、机器思维、机器学习、机器行为等几方面。

人工智能伦理学是专门针对人工智能系统的应用伦理学分支。

可以从技术、数据和应用3个层面分析人工智能伦理的成因。

人工智能伦理的治理应形成涵盖技术、政策、道德、法律、教育等多层次的伦理治理体系。

人工智能发展的基本原则:人类根本利益原则、责任原则。

讨论题

1.1　什么是人类智能?它有哪些特征?

1.2　什么是人工智能?它的发展过程经历了哪些阶段?

1.3　人工智能研究的基本内容有哪些?

1.4 人工智能有哪些主要应用领域？

1.5 人工智能会再度衰落吗？

1.6 人工智能会超过人类智能吗？

1.7 人工智能会使许多人失业吗？

1.8 人工智能与物联网、大数据、云计算等技术如何相互促进？

1.9 举例说明人工智能的伦理问题。

1.10 人工智能伦理需要实施哪些方面治理？你对治理措施有何建议？

第 2 章

知识表示与知识图谱

人类的智能活动主要是获得并运用知识。知识是智能的基础。为了使计算机具有智能，能模拟人类的智能行为，就必须使它具有知识。但知识需要用适当的模式表示出来，才能存储到计算机中并能够被运用，因此，知识的表示成为人工智能研究中一个十分重要的课题。

本章首先介绍知识与知识表示的概念，然后介绍产生式、框架等当前人工智能中应用比较广泛的知识表示方法，最后简要介绍知识图谱的定义、表示、架构与典型应用，为后面介绍推理方法、专家系统等奠定基础。

2.1　你了解人类知识吗

2.1.1　什么是知识

每一个人无论是否上过学，或多或少都有一些知识。无论是学龄前学习的，还是中小学甚至大学学习的；无论是从书本上学习的，还是在实践中学习的，都是知识。但我们有没有想过，究竟什么是知识？一般来说，知识是人们在长期的生活及社会实践中、在科学研究及实验中积累起来的对客观世界的认识与经验。但这个定义太抽象，特别是不利于计算机理解。要让机器具有智能，就必须让机器也具有知识。

人们最早使用的知识定义是古希腊伟大的哲学家柏拉图（Plato，公元前 427—公元前 347 年）在《泰阿泰德篇》中给出的定义：知识是被证实的、真的和被相信的陈述，简称知识的 JTB(Justified True Belief) 条件。1963 年，哲学家盖梯尔（Edmund Gettier）提出了一个著名的悖论（简称盖梯尔悖论），否定了柏拉图提出的延续了两千多年的关于知识的定义。后来人们给出了很多关于知识的定义,到现在还没有形成定论。

人们经常说到"信息""知识"等。"信息"和"知识"是什么关系呢?"信息"一词在英文、法文、德文、西班牙文中均是 information。我国古代将信息称为"消息"。"信息"作为科学术语最早出现在哈特莱(R. V. Hartley)1928 年撰写的《信息传输》一文中。20 世纪40 年代,信息论的奠基人香农给出了一个定义:信息是用来消除随机不确定性的东西。这一定义被人们看作经典性定义并加以引用。

此后,许多研究者从各自的研究领域出发,给出了不同的定义。美国信息管理专家霍顿(F. W. Horton)给出了一个通俗易懂的定义:信息是为了满足用户决策的需要而经过加工处理的数据。简单地说,信息是经过加工的数据。或者说,信息是数据处理的结果。

人们把实践中获得的信息关联在一起,就形成了知识。一般来说,把有关信息关联在一起所形成的信息结构称为知识。信息之间有多种关联形式,其中用得最多的一种是用"如果……则……"表示的关联形式。在人工智能中,这种知识称为规则,它反映了信息间的某种因果关系。例如,我国北方的人们经过多年的观察发现,每当冬天要来临的时候,就会看到有一批批的大雁向南方飞去,于是把"大雁向南飞"与"冬天就要来临了"这两个信息关联在一起,就得到了如下知识:

如果大雁向南飞,则冬天就要来临了。

知识反映了客观世界中事物之间的关系,不同事物或者相同事物间的不同关系形成了不同的知识。例如,"雪是白色的"是一条知识,它反映了"雪"与"白色"之间的一种关系;又如,"如果头痛且流涕,则有可能患了感冒"是一条知识,它反映了"头痛且流涕"与"可能患了感冒"之间的一种因果关系。在人工智能中,把前一种知识称为事实;而把后一种知识,即用"如果……则……"关联起来所形成的知识称为规则。在下面将对它们作进一步讨论。

2.1.2 知识的相对正确性

博学的苏东坡也会错。宋代大诗人苏轼看到王安石写的两句诗:"西风昨夜过园林,吹落黄花满地金。"不由得暗笑当朝宰相连基本常识也不懂。苏轼认为,只有春天的花败落时花瓣才会落下来,而黄花(即菊花)是草本植物,花瓣只会枯干而不会飘落。他认为王安石写错了,便续写了两句诗纠正王安石的错误:"秋花不比春花落,说与诗人仔细吟。"王安石读了,知道苏轼掌握的知识不全面。他为了用事实纠正苏轼的错误,便把他外放为黄州团练副使。苏轼在黄州住了将近一年。又到了重阳节气,苏轼邀请他的好友陈季常到后园赏菊,只见菊花瓣纷纷飘落,满地金色。这时他想起自己给王安石续诗的事来,才知道自己错了。

这则轶闻告诉我们:知识是人类对客观世界认识的结晶,受到长期实践的检验,并且许多知识只在一定的条件及环境下才是正确的,这就是知识的相对正确性。这里,"一定的条件及环境"是必不可少的,它是知识正确性的前提。因为任何知识都是在一定的条件及环境下产生的,因而也就只有在这种条件及环境下才是正确的。例如,牛顿力学在一定的条件下才是正确的。再如,1+1=2,这是一条妇孺皆知的知识,但它也只是在十进制运算中才是正确的;如果是二进制运算,它就不正确了。

在人工智能中,知识的相对正确性更加突出。除了人类知识本身的相对正确性外,在建造专家系统时,为了减小知识库的规模,通常将知识限制在待求解问题的范围内。也就是说,只要这些知识对待求解问题是正确的就行。例如,在动物识别系统中,如果仅仅识别虎、金钱豹、斑马、长颈鹿、企鹅、鸵鸟、信天翁这 7 种动物,那么,知识"如果该动物是鸟并且擅飞,则该动物是信天翁"就是正确的。

2.1.3　知识的不确定性

在《三国演义》火烧赤壁的故事中,曹操中了庞统的连环计。谋士程昱提醒他提防火攻,但曹操说"凡用火攻,必借风力。方今隆冬之际,但有西风北风,安有东风南风耶?吾居于西北之上,彼兵皆在南岸,彼若用火,是烧自己之兵也,吾何惧哉?若是十月小春之时,吾早已提备矣。"

这个故事告诉我们:由于现实世界的复杂性,信息可能是精确的,也可能是不精确的、模糊的;关联可能是确定的,也可能是不确定的。虽然冬天一般都刮西北风,但天气具有随机性,有时候也会刮东南风。知识并不总是只有"真"与"假"这两种状态,而是在"真"与"假"之间还存在许多中间状态,即存在知识为"真"的程度问题。知识的这一特性称为不确定性。

造成知识具有不确定性的原因是多方面的,主要有以下 4 方面。

1. 由随机性引起的不确定性

> 　　一个口袋里装有红、白、蓝 3 种颜色的球。手伸进去拿一个球出来,在拿出来之前无法确定是什么颜色的球,在拿出来之后才能知道是什么颜色的球,例如红球,这就是随机性。随机性的特征是:事件发生前,究竟是哪种结果是不确定的,只能是几种可能的结果之一;而事件发生后,结果是确定的。

　　由随机事件所形成的知识不能简单地用"真"或"假"来刻画,它是不确定的。例如"如果头痛且流涕,则有可能患了感冒"这条知识,虽然大部分情况下是患了感冒,但有时候"头痛且流涕"的人不一定都是"患了感冒"。这条知识中的"有可能"实际上就反映了"头痛且流涕"与"患了感冒"之间的一种不确定的因果关系,因此它是一条具有不确定性的知识。

2. 由模糊性引起的不确定性

> 　　人们常说:这个学生成绩很好,这个人个子很高,今天天气比较冷,等等,这里面的"很好""很高""比较冷"都是模糊概念。模糊性的特征是边界不清楚。例如,这个学生成绩很好,但究竟是第一名还是第二名等具体情况并不确定,只能认为这个学生是前几名,但肯定不是最后几名。

　　由于某些事物客观上存在模糊性,使得人们无法把两个类似的事物严格地区分开来,不能明确地判定一个对象是否符合一个模糊概念;又由于某些事物之间存在着模糊关系,使得人们不能准确地判定它们之间的关系究竟是"真"还是"假"。像这样由模糊概念、模糊关系所形成的知识显然是不确定的。例如,如果张三跑得比较快,那么他的跑步成绩就比较好。这里的"比较快""比较好"都是模糊的。

3. 由经验性引起的不确定性

> 　　老马识途的故事。齐桓公应燕国的要求,出兵攻打入侵燕国的山戎。大军迷路了,管仲放出有经验的老马,大军跟随老马找到了出路。老马以前走过这些路,积累了一些经验,但不一定每次都走对。

知识一般是由领域专家提供的,这种知识大多是领域专家在长期的实践及研究中积累起来的经验性知识。尽管领域专家以前多次运用这些知识都是成功的,但并不能保证每次都是正确的。实际上,经验性自身就蕴涵着不精确性及模糊性,这就形成了知识的不确定性。因此,在专家系统中,大部分知识都具有不确定性。

4. 由不完全性引起的不确定性

> 人们一直在争论火星上有没有水和生命。现有的许多研究结论并不确定。其实火星上有没有水和生命是确定的,只是人类对火星的了解不完全,所以造成了人类对有关火星知识的不确定性。

人们对客观世界的认识是逐步提高的,只有在积累了大量的感性认识后,才能升华到理性认识的高度,形成某种知识。因此,知识有一个逐步完善的过程。在此过程中,或者由于客观事物表露得不够充分,使人们对它的认识不够全面;或者人们对充分表露的事物一时抓不住本质,使人们对它的认识不够准确。这种认识上的不全面、不准确必然导致相应的知识是不精确、不确定的。因而,不完全性是使知识具有不确定性的一个重要原因。

2.2 计算机表示知识的方法

尽管近些年人工智能得到了长足的发展,在某些任务上取得了超越人类的成绩,但一台机器拥有的智力仍然远远不及一个两三岁的小孩。这背后的很大一部分原因是机器缺少知识。

知识表示(knowledge representation)就是将人类知识形式化或者模型化,实际上就是对知识的一种描述,或者说是一组约定,是计算机可以接受的一种用于描述知识的数据结构。

目前,针对不同的用途,人们已经提出了许多知识表示方法,例如下面要着重介绍的产生式和框架,以及状态空间、人工神经网络、遗传编码等。实际上还有许多知识表示方法,限于篇幅,本书没有介绍。

已有知识表示方法大多是在进行某项具体研究时提出的。各种知识表示方法都有一定的针对性和局限性,应用时需根据实际情况做适当的改变,有时还需要把几种表示方法结合起来。在建立一个具体的智能系统时,究竟采用哪种知识表示方法,目前还没有统一的标准,也不存在一个万能的知识表示方法。

2.3　产生式表示法

> 师傅教徒弟。学开车的时候,教练对学员说得最多的话就是"如果怎么样,你就怎么样"。例如,"如果要把车开向右方,就将方向盘往右打""如果车速度太快,就要轻轻踩一点刹车"等。在很多场合人们都用"如果怎么样,你就怎么样"的形式传授知识,这就是产生式表示法。

产生式表示法又称为产生式规则(production rule)表示法。"产生式"这一术语是由美国数学家波斯特(E. Post)在 1943 年首先提出的。他根据串替代规则提出了一种称为波斯特机的计算模型,该模型中的每一条规则称为一个产生式。在此之后,产生式表示法几经修改与充实,如今已被用到多个领域中,例如,用它描述形式语言的语法,表示人类心理活动的认知过程,等等。1972 年,纽厄尔和西蒙在研究人类的认知模型时开发了基于规则的产生式系统。目前它已成为人工智能中应用最广的一种知识表示模型,许多成功的专家系统都用它表示知识。例如,费根鲍姆等研制的化学分子结构专家系统 DENDRAL、肖特利夫等研制的诊断感染性疾病的专家系统 MYCIN 等。

2.3.1　产生式

产生式通常用于表示事实、规则及其不确定性度量,适合表示事实性知识和规则性知识。

1. 确定性事实性知识的产生式表示

确定性事实一般用三元组表示:

(对象,属性,值)

或者

(关系,对象 1,对象 2)

例如,老李(Li)的年龄是 40 岁,表示为(Li,Age,40);老李和老王(Wang)是朋友,表示为(Friend,Li,Wang)。

2. 不确定性事实性知识的产生式表示

不确定性事实一般用四元组表示：

$$(对象,属性,值,置信度)$$

或者

$$(关系,对象1,对象2,置信度)$$

例如,老李的年龄很可能是40岁,表示为(Li,Age,40,0.8);老李和老王不大可能是朋友,表示为(Friend,Li,Wang,0.1)。

3. 确定性规则知识的产生式表示

确定性规则知识的产生式表示的基本形式是

$$IF \quad P \quad THEN \quad Q$$

或者

$$P \rightarrow Q$$

其中,P 是产生式的前提,用于指出该产生式是否可用的条件;Q 是一组结论或操作,用于指出当前提 P 所指示的条件满足时应该得出的结论或应该执行的操作。整个产生式的含义是：如果前提 P 被满足,则结论是 Q 或执行 Q 所规定的操作。例如：

r_4：IF   动物会飞   AND   会下蛋   THEN   该动物是鸟

就是一个产生式。其中,r_4 是该产生式的编号,"动物会飞   AND   会下蛋"是前提 P,"该动物是鸟"是结论 Q。

4. 不确定性规则知识的产生式表示

不确定性规则知识的产生式表示的基本形式是

$$IF \quad P \quad THEN \quad Q(置信度)$$

或者

$$P \rightarrow Q(置信度)$$

例如,在专家系统 MYCIN 中有这样一条产生式：

IF   该微生物的染色斑是革兰氏阴性,

　　　该微生物的形状呈杆状,

　　　患者是中间宿主

THEN   该微生物是绿脓杆菌,置信度为 0.6

它表示当前提中列出的各个条件都得到满足时,结论"该微生物是绿脓杆菌"的置信度为0.6。这里用 0.6 指出了知识的置信度。

产生式的前提有时又称为条件、前提条件、前件、左部等，其结论有时又称为后件或右部等。本书后面将不加区分地使用这些术语，不再做单独说明。

2.3.2　产生式系统

把一组产生式放在一起，让它们互相配合，协同作用，一个产生式生成的结论可以供另一个产生式作为已知事实使用，以求得问题的解，这样的系统称为产生式系统。

一般来说，一个产生式系统由规则库、综合数据库、控制系统(推理机)3 部分组成，如图 2.1 所示。下面分别介绍这 3 部分。

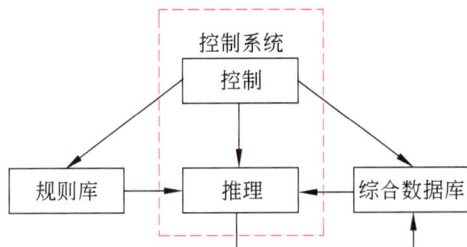

图 2.1　产生式系统的组成

1. 规则库

用于描述相应领域内知识的产生式集合称为规则库。

显然，规则库是产生式系统求解问题的基础，其知识是否完整、一致，表达是否准确、灵活，对知识的组织是否合理等，将直接影响到系统的性能。因此，需要对规则库中的知识进行合理的组织和管理，检测并排除冗余及矛盾的知识，保持知识的一致性。采用合理的结构形式，可使推理避免访问那些与求解当前问题无关的知识，从而提高求解问题的效率。

2. 综合数据库

综合数据库又称为事实库、上下文、黑板等。它是用于存放问题求解过程中各种当前信息(例如问题的初始状态、原始证据、推理中得到的中间结论及最终结论)的数据结构。当规则库中某条产生式的前提与综合数据库的某些已知事实匹配时，该产生式就被激活，并把它推出的结论放入综合数据库中，作为后面推理的已知事实。显然，综合数据库的内容是不断变化的。

3. 控制系统

控制系统又称为推理机，包括控制和推理两部分。它由一组程序组成，负责整个产生式系统的运行,实现对问题的求解。粗略地说,控制系统要做以下几项工作。

(1) 推理。按一定的策略从规则库中选择规则的前提条件,与综合数据库中的已知事实进行匹配。所谓匹配是指把规则的前提条件与综合数据库中的已知事实进行比较。如果两者一致或者近似一致且满足预先规定的条件,则称匹配成功,相应的规则可被使用;否则称为匹配不成功。

(2) 冲突消解。匹配成功的规则可能不止一条,这称为冲突。此时,控制系统必须调用相应的策略消解冲突,以便从匹配成功的规则中选出一条执行。

(3) 执行规则。如果一条规则的右部是一个或多个结论,则把这些结论加入综合数据库中;如果一条规则的右部是一个或多个操作,则执行这些操作。对于不确定性知识,在执行每一条规则时还要按一定的算法计算结论的不确定性。

(4) 检查推理终止条件。检查综合数据库中是否包含了最终结论,决定是否停止系统的运行。

2.3.3　产生式表示法的特点

1. 产生式表示法的主要优点

产生式表示法的主要优点如下。

(1) 自然性。产生式表示法用"如果……则……"的形式表示知识,这是人们常用的一种表达因果关系的知识表示形式,既直观、自然,又便于进行推理。正是由于这一原因,才使得产生式表示法成为人工智能中最重要且应用最广的一种知识表示方法。

(2) 模块性。产生式是规则库中最基本的知识单元,它们同控制系统相互独立,而且每条规则都具有相同的形式。这样就便于对其进行模块化处理,为知识的增、删、改带来了方便,为规则库的建立和扩展提供了可管理性。

(3) 有效性。产生式表示法既可表示确定性知识,又可表示不确定性知识;既有利于表示启发式知识,又可方便地表示过程性知识。目前已建造成功的专家系统大部分用产生式表示其过程性知识。

(4) 清晰性。产生式有固定的格式。每一条产生式规则都由前提与结论(操作)这两部分组成,而且每一部分所含的知识量都比较少。这样既便于对规则进行设计,又易于对规则库中知识的一致性及完整性进行检测。

2. 产生式表示法的主要缺点

产生式表示法的主要缺点如下。

（1）效率不高。在产生式系统求解问题的过程中，首先要用产生式（即规则）的前提部分与综合数据库中的已知事实进行匹配，从规则库中选出可用的规则，此时选出的规则可能不止一条，这就需要按一定的策略进行冲突消解，然后执行选中的规则。因此，产生式系统求解问题的过程是反复进行"匹配—冲突消解—执行"的过程。由于规则库一般都比较庞大，而匹配又是一件十分费时的工作，因此其工作效率不高。而且，大量的产生式规则容易引起组合爆炸。

（2）不能表达结构性知识。产生式适合表达具有因果关系的过程性知识，是一种非结构化的知识表示方法，所以对具有结构关系的知识无能为力，它不能把具有结构关系的事物间的区别与联系表示出来。2.4 节介绍的框架表示法可以解决这方面的问题。产生式表示法除了可以独立作为一种知识表示方法外，还经常与其他表示法结合起来表示特定领域的知识。例如，在专家系统 PROSPECTOR 中将产生式与语义网络相结合，在Alkins 中把产生式与框架表示法结合起来，等等。

3. 产生式表示法适合表示的知识

由上述关于产生式表示法的特点，可以看出产生式表示法适合表示具有下列特点的领域知识。

（1）由许多相对独立的知识元组成的领域知识，各知识元彼此间关系不密切，不存在结构关系，例如化学反应方面的知识。

（2）具有经验性及不确定性的知识，而且相关领域中对这些知识没有严格、统一的理论，例如医疗诊断、故障诊断等方面的知识。

（3）一个领域问题的求解过程可表示为一系列相对独立的操作，而且每个操作可表示为一条或多条产生式规则。

知识常常是一种很复杂的结构化的信息集合。产生式规则虽然是重要的知识表示方法，但难以表达结构比较复杂的知识。

2.4　框架表示法

假设你要去一个从未去过的教室。你虽然不了解这个教室，但是能依据以往对其他教室的认识，想象到这个教室一定有四面墙，有门、窗，有天花板和地板,有课桌、凳子、讲台、黑板等。尽管你走进这个教室之前,对这个教室的大小、门窗的个数、桌凳的数量、颜色等细节还不清楚,但对教室的基本结构是可以预见的。这是因为你通过以往看到的教室,已经在记忆中建立了关于教室的框架。该框架不仅指出了相应事物的名称(教室),而且还指出了事物各有关方面的属性(如有四面墙,有课桌,有黑板等)。通过对该框架的查找就很容易得到教室的各个特征。在你进入这个教室后,经观察得到了教室的大小、门窗的个数、桌凳的数量和颜色等细节,把它们填入教室框架中,就得到了教室框架的一个具体事例。这是关于这个具体教室的视觉形象,称为事例框架。

1975 年,美国著名的人工智能学者明斯基提出了框架理论。该理论的基础是:人们对现实世界中各种事物的认识都是以一种类似于框架的结构存储在记忆中的。当面对一个新事物时,就从记忆中找出一个合适的框架,并根据实际情况对其细节加以修改、补充,从而形成对当前事物的认识。

框架表示法是一种结构化的知识表示方法,现已在多种系统中得到应用。

2.4.1 框架的一般结构

框架(frame)是一种描述对象(一个事物、事件或概念)属性的数据结构。

一个框架由若干被称为槽(slot)的结构组成,每一个槽又可根据实际情况划分为若干侧面(facet)。一个槽用于描述对象某一方面的属性,一个侧面用于描述相应属性的一方面。槽和侧面所具有的属性值分别被称为槽值和侧面值。在一个用框架表示知识的系统中一般都含有多个框架,一个框架一般都含有多个槽和多个侧面,分别用不同的框架名、槽名及侧面名表示。无论是框架、槽或侧面,都可以为其附加一些说明性的信息,一般是一些约束条件,用于指出什么样的值才能填入槽和侧面中去。

下面给出框架的一般表示形式:

〈框架名〉

  槽名$_1$: 侧面名$_{11}$ 侧面值$_{111}$,侧面值$_{112}$,…

      侧面名$_{12}$ 侧面值$_{121}$,侧面值$_{122}$,…

    ⋮

槽名$_2$：侧面名$_{21}$ 侧面值$_{211}$,侧面值$_{212}$,…

侧面名$_{22}$ 侧面值$_{221}$,侧面值$_{222}$,…

⋮

⋮

约束：约束条件$_1$

约束条件$_2$

⋮

由上述表示形式可以看出,一个框架可以有多个槽;一个槽可以有多个侧面;一个侧面可以有多个侧面值。槽值或侧面值既可以是数值、字符串、布尔值,也可以是一个满足某个给定条件时要执行的动作或过程,还可以是另一个框架的名字,从而实现一个框架对另一个框架的调用,表示出框架之间的横向联系。约束条件是可选的,当不指出约束条件时,表示没有约束。

2.4.2 用框架表示知识的例子

下面举一些例子,说明建立框架的基本方法。

例 2.1 教师框架。

〈教师〉

姓名：单位(姓名)

年龄：单位(岁)

性别：范围(男、女)

默认：男

职称：范围(教授、副教授、讲师、助教)

默认：讲师

部门：单位(学院)

住址：〈住址框架〉

工资：〈工资框架〉

开始工作时间：单位(年月)

截止时间：单位(年月)

默认：现在

该框架共有 9 个槽,分别描述了"教师"9 方面的情况,或者说关于"教师"的 9 个属性。在每个槽里都给出了一些说明性的信息,用于对槽给出某些限制。"范围"指出槽值只能在指定的范围内挑选。例如,对"职称"槽,其槽值只能是"教授""副教授""讲师""助教"中的某一个,而不能是"工程师"等别的值。"默认"表示当相应槽不填入槽值时,就以默认值作为槽值。例如,对"性别"槽,当不填入"男"或"女"时,就默认它的值是"男",这样对男性教师就可以不填这个槽的槽值。

对于上述框架,当把具体的信息填入槽或侧面后,就得到了相应框架的一个事例框架。例如,把某教师的一组信息填入"教师"框架的各个槽,就可得到以下事例框架:

〈教师-1〉

姓名:夏冰

年龄:36

性别:女

职称:副教授

部门:艺术学院

住址:〈adr-1〉

工资:〈sal-1〉

开始工作时间:1988,9

截止时间:1996,7

例 2.2 教室框架。

〈教室〉

墙数:

窗数:

门数:

座位数:

前墙:〈墙框架〉

后墙:〈墙框架〉

左墙:〈墙框架〉

右墙:〈墙框架〉

门:〈门框架〉

窗:〈窗框架〉

黑板:〈黑板框架〉

天花板:〈天花板框架〉

讲台：〈讲台框架〉

该框架共有 13 个槽，分别描述了"教室"的 13 方面的情况或者属性。

例 2.3　关于自然灾害的新闻报道中涉及的事实经常是可以预见的，这些可预见的事实就可以作为此类新闻的属性。将下列一则地震消息用框架表示："某年某月某日，某地发生 6.0 级地震，若以膨胀注水孕震模式为标准，则 3 项地震前兆中的波速比为 0.45，水氡含量为 0.43，地形改变为 0.60。"

解："地震"框架如图 2.2 所示，共有 7 个槽，分别描述了"地震"的地点、日期、震级、孕震模式、波速比、水氡含量、地形改变 7 方面的情况和属性。"地震"框架可以是"自然灾害"框架的子框架，如图 2.2 所示。"地震"框架中的槽值也可以是一个子框架，例如图 2.2 中的"地形改变"就是一个子框架。

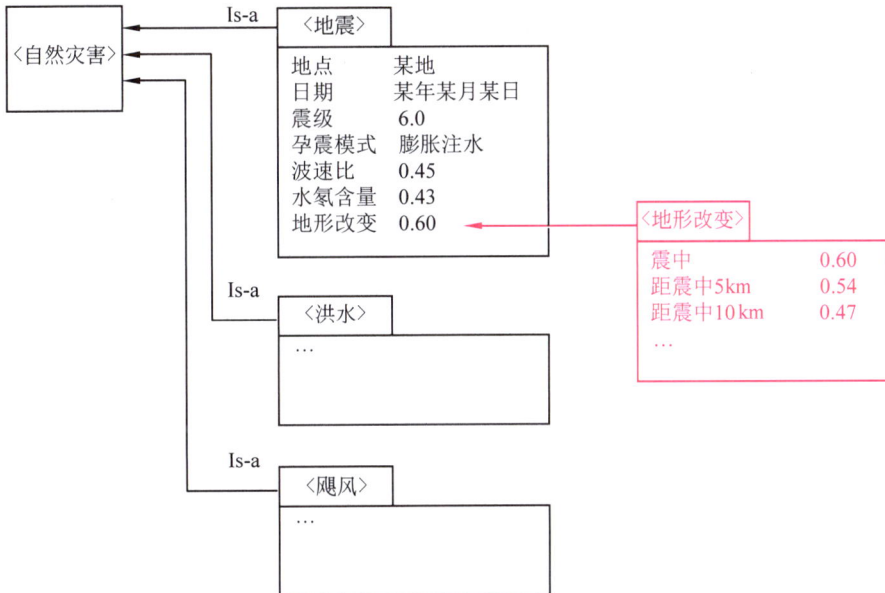

图 2.2　自然灾害框架

产生式也可以用框架表示。例如，产生式"如果头痛且发烧，则是患了感冒"，用框架表示为

〈诊断 1〉

前提：条件 1　头痛

　　　条件 2　发烧

结论：感冒

2.4.3 框架表示法的特点

框架表示法的主要特点可以概括为结构性、继承性和自然性。

1. 结构性

框架表示法最突出的特点是便于表达结构性知识，能够将知识的内部结构关系及知识间的联系表示出来，因此它是一种结构化的知识表示方法。这是产生式知识表示方法不具备的特点。产生式系统中的知识单位是产生式规则，这种知识单位太小而难于处理复杂问题，也不能将知识间的结构关系表示出来。产生式规则只能表示因果关系，而框架表示法不仅可以通过 Infer 槽或者 Possible-reason 槽表示因果关系，还可以通过其他槽表示更复杂的关系。

2. 继承性

框架表示法通过使槽值为另一个框架的名字可以实现不同框架间的联系，建立表示复杂知识的框架网络。在框架网络中，下层框架可以继承上层框架的槽值，也可以进行补充和修改，这样不仅减少了知识的冗余，而且较好地保证了知识的一致性。

3. 自然性

框架表示法与人在观察事物时的思维活动是一致的，比较自然。

2.5 知识图谱

如果说知识是人类进步的阶梯，那么知识图谱可能成为人工智能进步的阶梯。首先，知识图谱是图结构式的数据；其次，知识图谱中的信息可以被机器理解。有了知识图谱，人工智能就可以迅速举一反三。计算机是如何在庞大的互联网上找到人们需要的相关信息的呢？互联网内容具有规模大、异质多元、组织结构松散的特点，这对人们有效获取信息和知识提出了挑战。例如，人们经常在互联网上查阅资料、旅游信息、购物等。当你浏览网上商城中的《人工智能通识教程》一书超过几秒时，你的行为就被计算机记录下来了。经过计算，人工智能就可以很快地把相关的书推荐给你。

2.5.1　知识图谱的提出

1989 年,万维网出现,为知识的获取提供了极大的方便。2006 年,蒂姆·伯纳斯-李(Tim Berners-Lee)提出链接数据的概念,希望建立起数据之间的链接,从而形成一张巨大的数据网。谷歌公司为了利用网络多源数据构建的知识库增强语义搜索,提升搜索引擎返回的答案质量和用户查询的效率,于 2012 年 5 月 16 日首先发布了知识图谱,这也标志着知识图谱的正式诞生。

知识图谱是互联网环境下的一种知识表示方法。在表现形式上,知识图谱和语义网络相似,但语义网络更侧重于描述概念之间的关系,而知识图谱则更侧重于描述实体之间的关联。除了语义网络,蒂姆·伯纳斯-李于 1998 年提出的语义网(semantic web)也可以说是知识图谱的前身。

知识图谱的目的是提高搜索引擎的能力,改善用户的搜索质量以及搜索体验。随着人工智能的技术发展和应用,知识图谱已被广泛应用于智能搜索、智能问答、个性化推荐、内容分发等领域。凡是有关系的地方都可以应用知识图谱。现在的知识图谱已被用来泛指各种大规模的知识库。谷歌、百度和搜狗等公司为了改进搜索质量,纷纷构建自己的知识图谱,分别称为知识图谱、知心和知立方。

2.5.2　知识图谱的定义

知识图谱又称科学知识图谱,它以图形等可视化技术描述知识资源及其载体,挖掘、分析、构建、绘制和显示知识及它们之间的相互联系。

知识图谱以结构化的形式描述客观世界中概念间和实体间的复杂关系,将互联网的信息表达成更接近人类认知模式的形式,提供了一种更好地组织、管理和理解互联网海量信息的方式。它把复杂的知识领域通过数据挖掘、信息处理、知识计量和图形绘制等技术显示出来,以揭示知识领域的动态发展规律。

目前,知识图谱还没有一个标准的定义。简单地说,知识图谱是由一些相互连接的实体及其属性构成的。

也可将知识图谱看作一个图,图中的顶点表示实体或概念,而图中的边则表示属性或关系。图 2.3 是一个典型的知识图谱。

知识图谱的核心概念如下。

(1) 实体。具有可区别性且独立存在的某种事物,例如"中国""美国""日本"等,又如

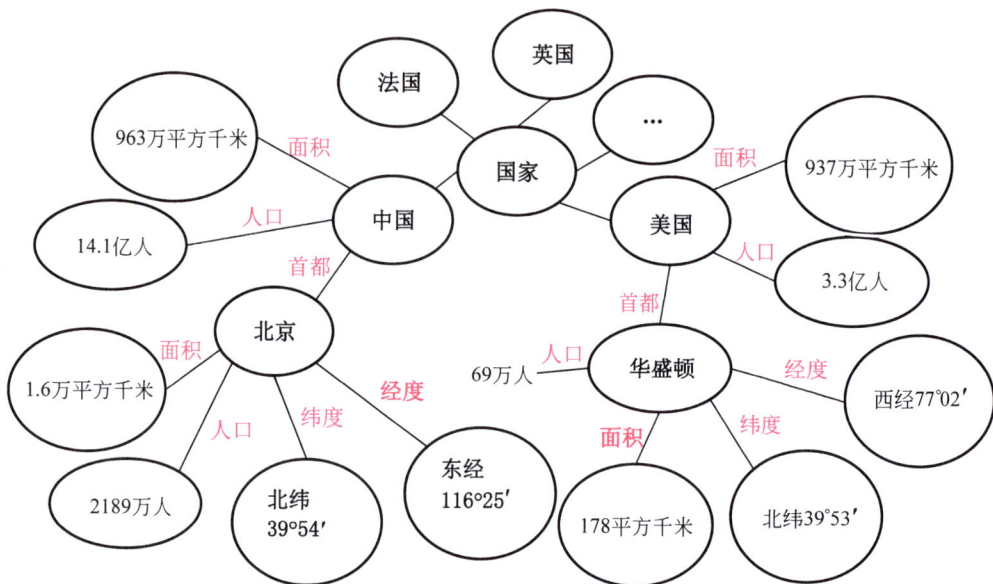

图 2.3　知识图谱示例

某个人、某个城市、某种植物、某种商品等。实体是知识图谱中最基本的元素,不同的实体间存在不同的关系。

(2) 概念(语义类)。具有同种特性的实体构成的集合,如国家、民族、书籍、计算机等。概念主要用于表示集合、类别、对象类型、事物的种类。

(3) 内容。通常作为实体和概念的名字、描述、解释等,可以用文本、图像、音视频等表达。

(4) 属性。描述资源之间的关系,即知识图谱中的关系。例如,城市的属性包括面积、人口、所在国家、地理位置等。属性值主要指对象指定属性的值,例如面积是多少平方千米等。

(5) 关系。把图的顶点(实体、概念、属性)映射到布尔值的函数。

2.5.3　知识图谱的表示

三元组是知识图谱的一种通用表示方式。三元组的基本形式主要有两种。

(1) (实体 1,关系,实体 2)。(中国,首都,北京)是一个(实体 1,关系,实体 2)的三元组样例。

(2) (实体,属性,属性值)。北京是一个实体,人口是一种属性,2189 万人是属性值。

(北京,人口,2189 万人)是一个(实体-属性-属性值)的三元组样例。

知识图谱由一条条知识组成,每条知识表示为一个 SPO(Subject-Predicate-Object),即主-谓-宾三元组,如图 2.4 所示。

图 2.4　主-谓-宾三元组

主语可以是国际化资源标识符(Internationalized Resource Identifiers,IRI)或空白节点(blank node)。

主语是资源,谓语和宾语分别表示其属性和属性值。例如"人工智能导论的授课教师是张三老师"就可以表示为(人工智能导论授课教师,是,张三)这个三元组。

空白节点是没有 IRI 和字面量(literal)的资源,或者说是匿名资源。字面量可以看作带有数据类型的纯文本。

在知识图谱中,用资源描述框架(Resource Description Framework,RDF)表示这种三元关系。RDF 用于描述实体/资源的标准数据模型。RDF 中的元素一共有 3 种类型: IRI、空白节点和字面量。

如果将 RDF 的一个三元组中的主语和宾语表示成顶点,把它们之间的关系表示成一条从主语到宾语的有向边,所有 RDF 三元组就可以将互联网的知识结构转化为图结构。合理地使用 RDF 能够对网络上各种繁杂的数据进行统一的表示。

知识图谱中的每个实体或概念用一个全局唯一确定的值标识,称为标识符(identifier)。属性-值对(Attribute-Value Pair,AVP)用来刻画实体的内在特性;而关系用来连接两个实体,刻画它们之间的关联。

2.5.4　知识图谱的架构

知识图谱的架构包括自身的逻辑结构以及构建知识图谱所采用的体系架构。

知识图谱在逻辑上可分为数据层与模式层。

数据层主要由一系列事实组成,而知识以事实为单位进行存储。如果用(实体 1,关系,实体 2)、(实体,属性,属性值)这样的三元组表达事实,可选择图数据库作为存储介质。

模式层构建在数据层之上,是知识图谱的核心。通常采用本体库管理知识图谱的模式层。本体是结构化知识库的概念模板,通过本体库形成的知识库不仅层次结构较好,并且冗余度较小。

用于获取知识的资源对象(数据)大体可分为结构化、半结构化和非结构化 3 类。

结构化数据是指知识定义和表示都比较完备的数据,如 DBpedia 和 Freebase 等特定领域内的数据库资源等。

半结构化数据是指部分数据是结构化的,但存在大量结构化程度较低的数据。在半结构化数据中,知识的表示和定义并不一定规范统一,其中部分数据(如信息框、列表和表格等)仍遵循特定表示形式,以较好的结构化程度呈现,但仍然有大量数据的结构化程度较低。半结构化数据的典型代表是百科类网站;一些介绍和描述类页面往往也归入此类,如计算机、手机等电子产品的参数性能介绍页面。

非结构化数据则是指没有定义和规范约束的自由形式的数据,例如广泛存在的自然语言文本、音频、视频等。

2.5.5 知识图谱的典型应用

目前,知识图谱产品的客户主要集中在社交网络、人力资源、金融、保险、零售、广告、IT、制造业、传媒、医疗、电子商务和物流等领域。例如,金融公司用知识图谱分析用户群体之间的关系,发现他们的共同爱好,从而更有针对性地对各类用户制定营销策略。如果对知识图谱进行扩展(如包括个人爱好、交易数据等),还可以更加精准地分析用户的行为,更准确地进行信息推送。

维基百科(Wikipedia)是由维基媒体基金会负责运营的一个自由内容、自由编辑的多语言知识库。全球各地的志愿者通过互联网合作编撰条目。目前维基百科一共有 285 种语言版本,其中英语、德语、法语、荷兰语、意大利语、波兰语、西班牙语、俄语、日语版本已经超过 100 万个条目,而中文版本和葡萄牙语也超过 90 万个条目。维基百科中每一个条目包含对应语言的客观实体、概念的文本描述以及丰富的属性、属性值等。

2012 年启动的 WikiData 不仅继承了维基百科的众包协作机制,而且支持以事实三元组为基础的知识条目编辑,截至 2017 年年底已经包含超过 2500 万个条目。WikiData 支持标准格式导出,并可链接到网上的其他开放数据集。

DBpedia 作为链接开放数据(Linked Open Data,LOD)的核心,最早是 2007 年德国柏林自由大学以及莱比锡大学的研究者发起的一项从维基百科里萃取结构化知识的项目。2016 年 10 月的 DBpedia 英文最新版共包含 660 万个实体,共包含约 130 亿个三元组,其中 17 亿个三元组来源于英文版的维基百科,66 亿个三元组来自其他语言版本的维基百科,48 亿个三元组来自 Wikipedia Commons 和 WikiData。

YAGO 是由德国马克斯·普朗克研究所(Max Planck Institute,MPI)构建的大型多语言语义知识库,源自维基百科、WordNet 和 GeoNames,从 10 个语种的维基百科以不同语言提取事实和事实的组合。YAGO 拥有超过 1000 万个实体的知识,并且包含有关这些实体的超过 1.2 亿个事实三元组。

BabelNet 是世界最大的多语言百科全书式的词典和语义网络,由罗马大学计算机科学系的计算语言学实验室创建。BabelNet 不仅是一个多语言的百科全书式的词典,用词典的方式编纂百科词条,同时也是一个大规模的语义网络,概念和实体通过丰富的语义关系相互连接。BabelNet 由同义词集合构成,一共包含 15 788 626 个同义词集合。每个同义词集合表示一个具体的语义,包含不同语言下所有表达这个语义的同义词。BabelNet 4.0 版本包含 284 种语言、6 117 108 个概念、9 671 518 个实体、1 307 706 673 个词汇和语义关系。

XLORE 是由清华大学知识工程研究室自主构建的基于中文、英文维基百科和百度百科的开放知识平台,是第一个中英文知识规模较为平衡的大规模中英文知识图谱。XLORE 通过维基百科内部的跨语言链接发现更多的中英文等价关系,并基于概念与实例间的 is-a 关系验证提供更精确的语义关系。截至 2021 年 2 月,XLORE 共有超过 1628 万个实体、246.7 万个概念和 44.6 万个实例与概念间关系。

AMiner 是清华大学研发的科技情报知识服务引擎,它集成了来自多个数据源的近亿条学术文献数据,通过信息抽取方法从海量文献及互联网信息中自动获取研究者的教育背景和基本介绍等相关信息、论文引用关系、知识实体以及相关的学术会议和期刊等内容,并利用数据挖掘和社会网络分析与挖掘技术,提供面向话题的专家搜索、权威机构搜索、话题发现和趋势分析、基于话题的社会影响力分析、研究者社会网络关系识别、审稿人推荐、跨领域合作者推荐等功能。

知识图谱可以增强搜索结果,改善用户搜索体验,即实现语义搜索。Watson 是 IBM 公司研发团队历经十余年努力开发的基于知识图谱的智能机器人,其最初的目的是参加美国的智力游戏节目 *Jeopardy!*,并于 2011 年以绝对优势赢得了人机对抗比赛。除去大规模并行化的部分,Watson 工作原理的核心部分是概率化基于证据的答案生成,根据问题线索不断缩小在结构化知识图谱上的搜索空间,并利用非结构化的文本内容寻找证据支持。对于复杂问题,Watson 采用分治策略,递归地将问题分解为更简单的问题来解决。

知识图谱还可以应用于知识问答、领域大数据分析等。美国 Netflix 公司利用基于其订阅用户的注册信息和观看行为构建的知识图谱,通过分析受众群体、观看偏好、电视剧类型、导演与演员的受欢迎程度等信息,了解到用户很喜欢大卫·芬奇(David Fincher)导演的作品,同时了解到凯文·史派西(Kevin Spacey)主演的作品总体收视率不错及英剧版的《纸牌屋》很受欢迎等信息,因此决定拍摄美剧版的《纸牌屋》,最终在美国等 40 多个国家成为热门的在线剧集。

主要的知识图谱公司大致可以分为两类:一类是互联网巨头,如阿里(商品知识图谱)、腾讯(星图)、百度(知心)、搜狗(知立方)等;另一类是创业公司。

2.6　本章小结

1. 知识的概念

把有关信息关联在一起形成的信息结构称为知识。

知识主要具有相对正确性、不确定性、可表示性和可利用性等特性。

造成知识具有不确定性的原因主要有随机性、模糊性、经验性和认识不完全性。

2. 产生式表示法

产生式表示法是目前应用最广的知识表示模型,许多成功的专家系统都用它来表示知识。

产生式通常用于表示事实、规则及其不确定性度量。

产生式不仅可以表示确定性规则,还可以表示各种操作、变换、算子、函数等。产生式不仅可以表示确定性知识,还可以表示不确定性知识。

产生式表示法具有自然性、模块性、有效性、清晰性等优点,但存在效率不高、不能表达具有结构性的知识等缺点,适合表示由许多相对独立的知识元组成的领域知识、具有经验性及不确定性的知识,也可以表示一系列相对独立的求解问题的操作。

产生式系统由规则库、综合数据库、控制系统(推理机)3 部分组成。产生式系统求解问题的过程是一个不断地从规则库中选择可用规则与综合数据库中的已知事实进行匹配的过程,规则的每一次成功匹配都使综合数据库增加新的内容,并朝着问题的解决方向前进一步。这一过程称为推理,是专家系统中的核心内容。

3. 框架表示法

框架是一种描述对象(一个事物、事件或概念)属性的数据结构。

一个框架由若干槽组成,每一个槽又可根据实际情况划分为若干侧面。一个槽用于描述对象某一方面的属性,一个侧面用于描述相应属性的一方面。槽和侧面所具有的属性值分别被称为槽值和侧面值。

框架表示法具有结构性、继承性、自然性的特点。

4. 知识图谱

知识图谱是互联网环境下的一种知识表示方法,由一些相互连接的实体及其属性构成。

知识图谱的三元组的基本形式主要分为两种形式:(实体 1,关系,实体 2)和(实体,属性,属性值)。

知识图谱在逻辑上可分为数据层与模式层。数据层主要由一系列事实组成,而知识以事实为单位存储;模式层构建在数据层之上,是知识图谱的核心。

讨论题

2.1　什么是知识？它有哪些特性？它有哪几种分类方法？

2.2　什么是知识表示？如何选择知识表示方法？

2.3　产生式的基本形式是什么？

2.4　产生式系统由哪几部分组成？

2.5　试述产生式表示法的特点。

2.6　用产生式表示异或(XOR)逻辑。

2.7　用产生式表示"如果一个人发烧、呕吐并出现黄疸,那么他得肝炎的可能性为七成"。

2.8　将下面一则消息用框架表示:"今天,一次强度为里氏8.5级的强烈地震袭击了下斯洛文尼亚(Low Slabovia)地区,造成25人死亡和5亿美元的财产损失。下斯洛文尼亚地区的主席说:多年来,靠近萨迪壕金斯(Sadie Haw Kins)断层的重灾区一直是一个危险地区。这是本地区发生的第3号地震。"

2.9　框架的一般表示形式是什么？

2.10　框架表示法有何特点？请叙述用框架表示法表示知识的步骤。

2.11　试构造一个描述你的办公室或卧室的框架系统。

2.12　给出一个知识图谱实例。

第3章

模拟人类思维的模糊推理

现实世界中的事物以及事物之间的关系是极其复杂的。由于客观上存在的随机性、模糊性以及某些事物或现象暴露的不充分性,导致人们对它们的认识往往是不精确、不完全的,具有一定程度的不确定性。这种认识上的不确定性反映到知识以及由观察所得到的证据上,就分别形成了不确定性的知识及不确定性的证据。人们通常是在信息不完善、不精确的情况下运用不确定性知识进行思维和求解问题的,推出的结论也是不确定的。因而,必须对不确定性知识的表示及推理进行研究。这就是本章将要讨论的模糊推理。

本章首先介绍推理的定义、推理的分类、推理的方向以及推理中的冲突消解策略,然后介绍模糊集合、模糊关系、模糊推理、模糊决策等。

3.1 推理的定义

图 3.1 夏洛克·福尔摩斯

机器福尔摩斯。英国侦探小说家阿瑟·柯南·道尔(Arthur Conan Doyle)塑造的夏洛克·福尔摩斯(Sherlock Holmes,图 3.1)善于通过观察与演绎法解决问题。他能察觉他人不会留意的细节,采用司法科学及演绎推理,从中推断出大量的信息,抽丝剥茧,条分缕析,最终破解谜团。实际上,每个人几乎每时每刻都在进行推理。例如,看看今天天气冷不冷，以决定要不要多穿点衣服。人工智能的愿景是让机器像人一样有知识，会推理，成为机器福尔摩斯。

人们在对各种事物进行分析、综合并最后做出决策时，通常是从已知的事实出发，运用已掌握的知识，找出蕴含的事实，或归纳出新的事实。这一过程通常称为推理，即从初始证据出发，按某种策略不断运用知识库中的已知知识，逐步推出结论的过程。

在人工智能系统中，推理是由程序实现的，这类程序称为推理机。已知事实和知识是构成推理的两个基本要素。已知事实又称为证据，用以指出推理的出发点及推理时应该使用的知识；而知识是使推理得以向前推进并逐步达到最终目标的依据。

例如，在医疗诊断专家系统中，专家的经验及医学常识以某种表示形式存储于知识库中。为患者诊治疾病时，推理机就是从存储在综合数据库中的患者症状及化验结果等初始证据出发，按某种搜索策略在知识库中搜寻可与之匹配的知识，推出某些中间结论；然后再以这些中间结论为证据，在知识库中搜索与之匹配的知识，推出进一步的中间结论；如此反复进行，直到最终推出结论，即得到患者的病因与治疗方案。

3.2　推理的分类

人类的智能活动表现为多种思维方式。人工智能作为对人类智能的模拟，相应地也有多种推理方式。若从推出结论的途径划分，推理可分为演绎推理、归纳推理和默认推理 3 种。

3.2.1　演绎推理

演绎推理(deductive reasoning)是从全称判断推导出单称判断的过程，即由一般性知识推出适合某一具体情况的结论。这是一种从一般到个别的推理。

演绎推理是人工智能中的一种重要的推理方式。在许多智能系统中采用了演绎推理。演绎推理有多种形式，经常用的是三段论推理。它包括以下 3 部分：

(1) 大前提：已知的一般性知识或假设。

(2) 小前提：关于要研究的具体情况或个别事实的判断。

(3) 结论：由大前提推出的适合小前提所示情况的新判断。

下面是一个三段论推理的例子：

(1) 大前提：足球运动员的身体都是强壮的。

(2) 小前提：高波是一名足球运动员。

(3) 结论：高波的身体是强壮的。

3.2.2 归纳推理

归纳推理(inductive reasoning)是从足够多的事例中归纳出一般性结论的推理过程，是一种从个别到一般的推理。若从归纳时所选的事例的广泛性划分，归纳推理又可分为完全归纳推理和不完全归纳推理两种。

所谓完全归纳推理，是指在进行归纳时考查了相应事物的全部对象，并根据这些对象是否都具有某种属性，推出这个事物是否具有这个属性。例如，对某厂进行产品质量检查，如果对每一件产品都进行了严格检查，并且都是合格的，则可以得出结论："该厂生产的产品是合格的"。

所谓不完全归纳推理，是指考查了相应事物的部分对象，就得出了结论。例如，检查某厂产品质量时，只是随机地抽查了部分产品，只要它们都合格，就得出了结论："该厂生产的产品是合格的"。

归纳推理是人类思维活动中最基本、最常用的一种推理形式。人们在由个别到一般的思维过程中经常要用到它。

在实际情况下，许多产品是否合格必须用完全归纳推理，例如，对飞机上的关键零部件必须逐一检测。但是，检测稻谷是否已经晒干了，只能抽取少许稻谷碾成米进行检测；检测火柴、鞭炮质量是否合格，也只能抽取少许产品进行检验。

3.2.3 默认推理

默认推理(default reasoning)是在知识不完全的情况下假设某些条件已经具备所进行的推理。例如，在条件 A 已成立的情况下，如果没有足够的证据能证明条件 B 不成立，则默认 B 是成立的，并在此默认的前提下进行推理，推导出某个结论。例如，某地一小时前发生了抢劫案件，但不知道抢劫犯有什么交通工具，则可以默认抢劫犯有汽车，并由此推出在 100km 范围内进行布控的结论。

由于这种推理允许默认某些条件是成立的，所以在知识不完全的情况下也能进行推理。在默认推理的过程中，如果到某一时刻发现原先的假设不正确，则要撤销默认前提以及由此推出的所有结论,重新按新情况进行推理。

3.3　推理的方向

推理过程是求解问题的过程。问题求解的质量与效率不仅依赖于采用的求解方法(如匹配方法、不确定性的传递算法等),而且依赖于求解问题的策略,即推理的控制策略。

推理的控制策略主要包括推理方向、搜索策略、冲突消解策略、求解策略及限制策略等。

本节介绍推理的方向。推理从方向上分为正向推理、逆向推理和混合推理。

3.3.1　正向推理

> 亚里士多德可能是研究正向推理(演绎推理)的第一人。他提出的三段论是演绎推理的一般模式。后来,欧几里得从公理和公设出发,用演绎法把几何学的知识贯穿起来,建立了一个演绎法的思想体系。爱因斯坦说:"理论家的工作可分成两步,首先是发现公理,其次是从公理推出结论。"爱因斯坦说的方法就是正向推理(演绎推理),所以他特别强调思维的作用,尤其是想象力的作用。

正向推理是以已知事实作为出发点的一种推理。

正向推理的基本思想是:从用户提供的初始已知事实出发,在知识库中找出当前适用的知识,构成知识集,然后按某种冲突消解策略从知识集中选出一条知识进行推理,并将推出的新事实加入数据库中,作为下一步推理的已知事实;此后,再在知识库中选取适用的知识进行推理;重复这一过程,直到求得问题的解或者知识库中再无适用的知识为止。

由于这种推理方法是从规则的前提(证据)向结论进行推理的,所以称为正向推理。由于正向推理是通过动态数据库中的数据"触发"规则进行推理的,所以又称为数据驱动的推理。

正向推理的过程可用如下算法描述,流程图如图 3.2 所示。

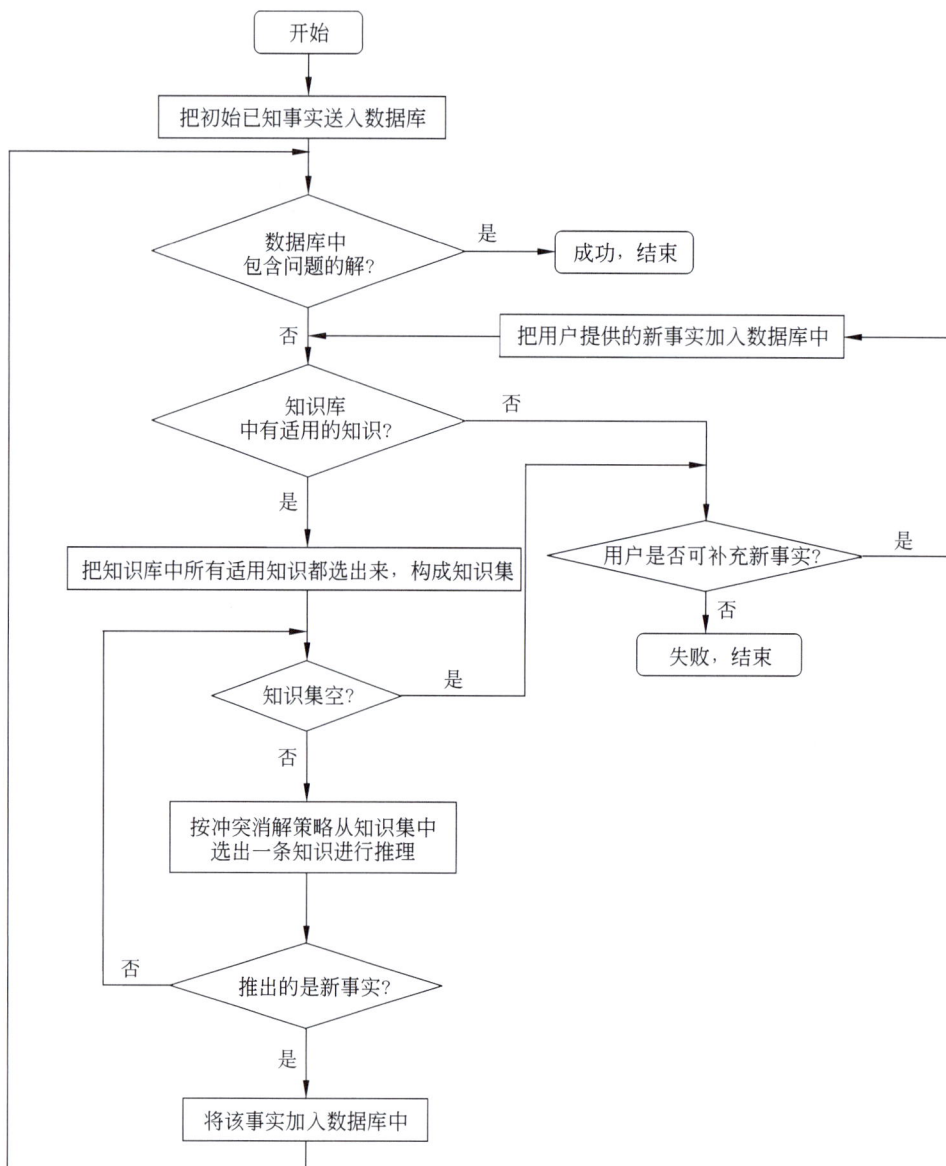

图 3.2 正向推理的流程图

（1）将用户提供的初始已知事实送入数据库。

（2）检查数据库中是否已经包含了问题的解。若是，则求解成功，算法结束；否则，执行下一步。

（3）根据数据库中的已知事实，扫描知识库，检查知识库中是否有适用（即可与数据库中的已知事实匹配)的知识。若有,则转向(4);否则转向(6)。

(4) 把知识库中所有适用的知识都选出来,构成知识集。

(5) 若知识集不空,则按某种冲突消解策略从中选出一条知识进行推理,并将推出的新事实加入数据库中,然后转向(2);若知识集空,则转向(6)。

(6) 询问用户是否可进一步补充新的事实。若可补充,则将补充的新事实加入数据库中,然后转向(3);否则表示求解失败,算法结束。

为了实现正向推理,有许多具体问题需要解决。例如,要从知识库中选出适用的知识,就要用知识库中的知识与数据库中的已知事实进行匹配,为此就需要确定匹配的方法。匹配通常难以做到完全一致,因此还需要解决怎样才算是匹配成功的问题。

3.3.2 逆向推理

司马光砸缸救人的故事。《宋史》载:光生七岁,凛然如成人,闻讲《左氏春秋》,爱之,退为家人讲,即了其大指。自是手不释书,至不知饥渴寒暑。群儿戏于庭,一儿登瓮,足跌没水中,众皆弃去,光持石击瓮破之,水迸,儿得活。其后京、洛间画以为图。

常规思维:救人离水。逆向思维:让水离人。

逆向推理是以某个假设目标作为出发点的一种推理。

逆向推理的基本思想是:首先选定一个假设目标,然后寻找支持该假设的证据。若所需的证据都能找到,则说明原假设是成立的;若无论如何都找不到所需的证据,说明原假设是不成立的,需要选定新的假设。

由于逆向推理是从假设目标出发,逆向使用规则进行推理,所以又称为目标驱动的推理。

逆向推理过程可用如下算法描述。

(1) 提出假设,即要求证的目标。

(2) 检查该假设是否已在数据库中。若在,则该假设成立,推理结束或者对下一个假设进行验证;否则,转下一步。

(3) 判断该假设是否为证据,即它是否为应由用户证实的原始事实。若是,则询问用户;否则,转下一步。

(4) 在知识库中找出所有能导出该假设的知识,构成适用的知识集,然后转下一步。

(5) 从知识集中选出一条知识,并将该知识的运用条件作为新的假设,然后转向(2)。

逆向推理的流程图如图 3.3 所示。

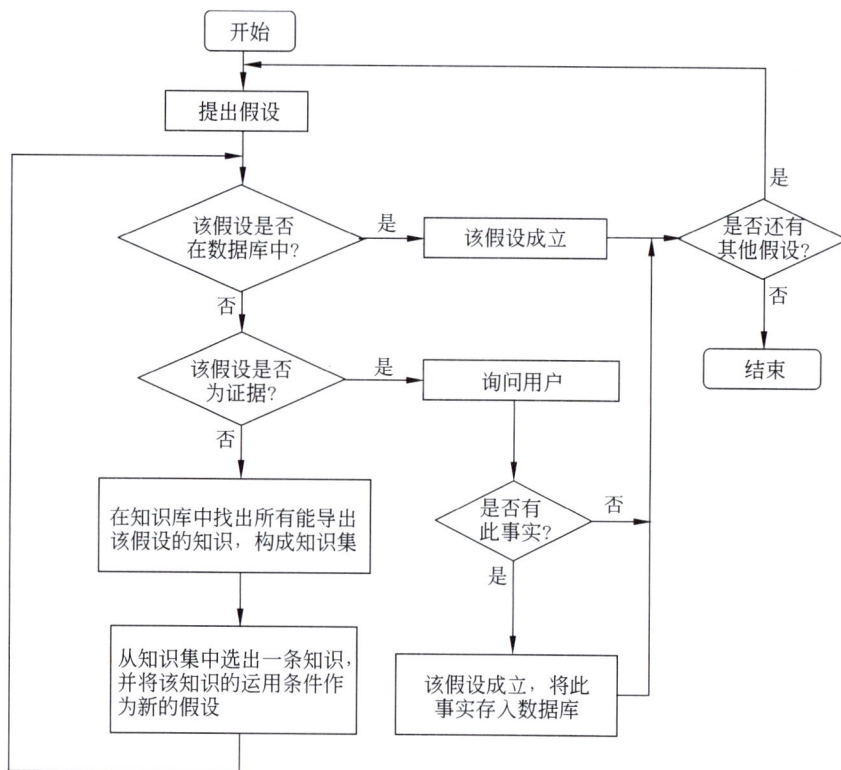

图 3.3 逆向推理的流程图

与正向推理相比,逆向推理更复杂一些,上述算法只是描述了它的大致过程,许多细节没有反映出来。例如,如何判断一个假设是否为证据? 当导出假设的知识有多条时,如何确定先选哪一条? 又如,一条知识的运用条件一般有多个,当其中的一个条件被验证成立后,如何自动地转换为对另一个条件的验证? 在验证一个运用条件时,需要把它当作新的假设,并查找可导出该假设的知识,这样就会产生一组新的运用条件,形成一个树状结构,当到达叶节点(即数据库中有相应的事实或者用户可肯定相应事实存在等)时,又需逐层向上返回,返回过程中有可能又要下到下一层,这样上上下下重复多次,才会导出原假设是否成立的结论。这是一个比较复杂的推理过程。

逆向推理的主要优点是不必使用与目标无关的知识,目的性强,同时它还有利于向用户提供解释。其主要缺点是起始目标的选择有盲目性，若不符合实际，就要多次提出假设，会影响系统的效率。

3.3.3　混合推理

正向推理具有盲目、效率低等缺点，推理过程中可能会推出许多与问题无关的子目标；在逆向推理中，若提出的起始目标不符合实际，也会降低系统的效率。为解决这些问题，可把正向推理与逆向推理结合起来，使两者发挥各自的优势，取长补短。这种既有正向又有逆向的推理称为混合推理，也称双向推理。

先正向后逆向推理的流程图如图 3.4 所示。

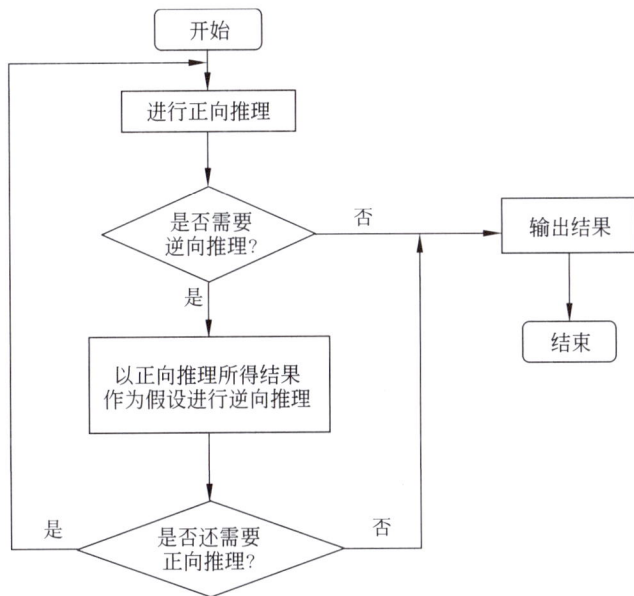

图 3.4　先正向后逆向推理的流程图

先逆向后正向推理的流程图如图 3.5 所示。

在下述几种情况下，通常需要进行混合推理。

1. 已知的事实不充分

当数据库中的已知事实不够充分时，若用这些事实与知识的运用条件匹配，进行正向推理，可能连一条适用的知识都选不出来，这就会使推理无法进行下去。此时，可通过正向推理先把其运用条件不能完全匹配的知识都找出来，并把这些知识可导出的结论作

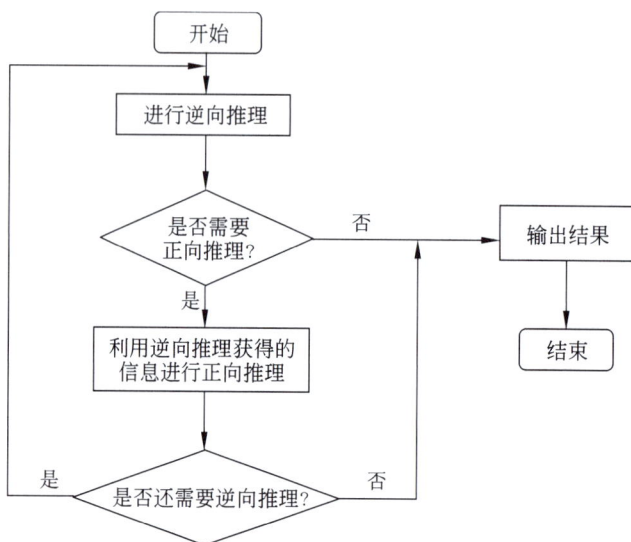

图 3.5　先逆向后正向推理的流程图

为假设,然后分别对这些假设进行逆向推理。由于在逆向推理中可以向用户询问有关证据,这样就有可能使推理进行下去。

2. 正向推理推出的结论可信度不高

用正向推理虽然推出了结论,但其可信度可能不高,达不到预定的要求。此时,为了得到一个可信度符合要求的结论,可用正向推理的结论作为假设,进行逆向推理,通过向用户询问进一步的信息,有可能得到一个可信度较高的结论。

3. 希望得到更多的结论

在逆向推理过程中,由于要与用户进行对话,有针对性地向用户提出询问,这就有可能获得一些原来不掌握的有用信息。这些信息不仅可用于证实假设,同时还有助于推出一些其他结论。因此,在用逆向推理证实了某个假设之后,可以再用正向推理推出另外一些结论。例如,在医疗诊断系统中,先用逆向推理证实某患者患有某种病,然后再利用逆向推理过程中获得的信息进行正向推理,就有可能推出该患者还患有其他病的结论。

由以上讨论可以看出,混合推理分为两种情况:一种情况是先进行正向推理,帮助选择某个目标,即从已知事实演绎出部分结果,然后再用逆向推理证实该目标或提高其可信度;另一种情况是先假设一个目标进行逆向推理,然后再利用逆向推理中得到的信息进行正向推理,以推出更多的结论。

3.4　推理中的冲突消解策略

《三国演义》中诸葛亮智算华容道的故事。曹正行间,军士禀曰:"前面有两条路,请问丞相从哪条路去?"操曰:"哪条路近?"军士曰:"大路稍平,却远五十余里;小路投华容道,却近五十余里,只是地窄路险,坑坎难行。"操令人上山观望,回报:"小路山边有数处烟起,大路并无动静。"操教前军便走华容道小路。诸将曰:"烽烟起处,必有军马,何故反走这条路?"操曰:"岂不闻兵书有云:虚则实之,实则虚之。诸葛亮多谋,故使人于山僻烧烟,使我军不敢从这条山路走,他却伏兵于大路等着。吾料已定,偏不教中他计!"诸将皆曰:"丞相妙算,人不可及。"遂勒兵走华容道。

在上面的故事中,出现了所谓冲突和冲突消解。其中,曹军面前不止一条路,而是有两条路可走,这就是推理中的冲突。这时,为了逃脱,必须选择其中一条路,这就是冲突消解。而冲突消解所依据的策略显然不能保证选择的正确性,只能说有一定的道理。曹操的选择虽然有道理,但结果却是错误的。

一般来说,在推理过程中,系统要不断地用当前已知的事实与知识库中的知识进行匹配。此时,可能发生如下 3 种情况。

(1) 已知事实恰好只与知识库中的一个知识匹配成功。

(2) 已知事实不能与知识库中的任何知识匹配成功。

(3) 已知事实可与知识库中的多个知识匹配成功,即一个已知事实可与知识库中的多个知识匹配成功,或者多个已知事实可与知识库中的多个知识匹配成功。

这里已知事实与知识库中的知识匹配成功的含义如下:对正向推理而言,是指产生式规则的前件和已知事实匹配成功;对逆向推理而言,是指产生式规则的后件和假设的结论匹配成功。

对于第一种情况,由于匹配成功的知识只有一个,所以它就是可应用的知识,可直接把它应用于当前的推理。

当第二种情况发生时,由于找不到可与当前已知事实匹配成功的知识,使得推理无法继续进行下去。这或者是由于知识库中缺少某些必要的知识,或者是由于要求解的问题超出了系统功能范围,此时可根据当前的实际情况作相应的处理。

第三种情况刚好与第二种情况相反。在推理过程中,不仅有知识匹配成功,而且有多个知识匹配成功,这时就发生了冲突。当发生冲突时,需要按一定的策略解决冲突,以便从中挑出一个知识用于当前的推理,这一解决冲突的过程称为冲突消解,解决冲突时所用的方法称为冲突消解策略。对正向推理而言,它将决定选择哪一个已知事实来激活哪一条产生式规则,使它用于当前的推理,产生其后件指出的结论或执行相应的操作;对逆向推理而言,它将决定哪一个假设与哪一个产生式规则的后件进行匹配,从而推出相应的前件,作为新的假设。

目前已有多种消解冲突的策略,其基本思想都是对知识进行排序。需要特别指出的是:任何一种冲突消解策略都不能保证是有效的,往往只是看上去是合理的选择,如同曹操选择走华容道一样。常用的策略有以下 5 种。

1. 按针对性排序

本策略是优先选用针对性较强的产生式规则。例如,如果 r_2 中除了包括 r_1 要求的全部条件外,还包括其他条件,则称 r_2 比 r_1 有更大的针对性,r_1 比 r_2 有更大的通用性。因此,当 r_2 与 r_1 发生冲突时,优先选用 r_2。因为它要求的条件较多,其结论一般更接近目标,一旦条件得到满足,可缩短推理过程。

2. 按已知事实的新鲜性排序

在产生式系统的推理过程中,每应用一条产生式规则,就会得到一个或多个结论,或者执行一个或多个操作,数据库就会增加新的事实。另外,在推理时还会向用户询问有关的信息,也会使数据库的内容发生变化。可以把数据库中后生成的事实称为新鲜的事实,即后生成的事实比先生成的事实具有更大的新鲜性。若一条规则被应用后生成了多个结论,则既可以认为这些结论有相同的新鲜性,也可以认为排在前面(或后面)的结论有较大的新鲜性,具体根据情况而定。

设规则 r_1 可与事实组 A 匹配成功,规则 r_2 可与事实组 B 匹配成功,则 A 与 B 中哪一组新鲜,与它匹配的产生式规则就先被应用。

如何衡量 A 与 B 中哪一组事实更新鲜呢?常用的方法有以下 3 种:

(1)逐个比较 A 与 B 中的事实的新鲜性,若 A 中包含的更新鲜的事实比 B 多,就认为 A 比 B 新鲜。例如,设 A 与 B 中各有 5 个事实,而 A 中有 3 个事实比 B 中的事实更新鲜,则认为 A 比 B 新鲜。

（2）以 A 中最新鲜的事实与 B 中最新鲜的事实相比较，哪一个更新鲜，就认为相应的事实组更新鲜。

（3）以 A 中最不新鲜的事实与 B 中最不新鲜的事实相比较，哪一个更不新鲜，就认为相应的事实组更不新鲜。

3. 按匹配度排序

在不确定性推理中，需要计算已知事实与知识的匹配度，当其匹配度达到某个预先规定的值时，就认为它们是可匹配的。若多条产生式规则都可匹配成功，则优先选用匹配度较大的产生式规则。

4. 按条件个数排序

如果多条产生式规则生成的结论相同，则优先选用条件少的产生式规则，因为条件少的规则匹配时花费的时间较少。

5. 随机选择

一种最简单的方法是随机选一条产生式规则执行。

上述冲突消解策略显然不能保证选择的正确性，只能说有一定的道理。在具体应用时，可对上述几种策略进行组合，尽量减少冲突的发生，使推理有较快的速度和较高的效率。

在逆向推理中也存在冲突消解问题，可采用与正向推理一样的方法解决。

3.5　模糊集合与模糊知识表示

3.5.1　模糊逻辑的提出与发展

> 人们每天都要处理这样的问题："我要不要多穿件衣服？"人的潜意识里进行着这样的推理过程：我们有知识"如果天气冷，则多穿衣服。"现在的事实是"今天天气冷"，推理的结论是"今天要多穿点衣服"。这就是模糊知识表示和模糊推理。

模糊是人类感知万物、获取知识、进行推理、实施决策的重要特征。模糊比清晰所拥有的信息容量更大，内涵更丰富，更符合客观世界。为了用数学方法描述和处理自然界出现的不精确、不完整的信息,如人类语言信息和图像信息,1965 年,美国著名学者扎德(L. A. Zadeh)发表了名为 *Fuzzy Set* 的论文,首次提出了模糊理论。

在模糊理论提出的年代,由于科学技术尤其是计算机技术发展的限制,以及科技界对"模糊"含义的误解,使得模糊理论没有得到应有的发展。从 1965 年到 20 世纪 80 年代,在美国、欧洲、中国和日本,只有少数科学家研究模糊理论。虽然模糊理论文章总数已经有大约 5000 篇,但实际应用却寥寥无几。

模糊理论的成功应用首先是在自动控制领域。1974 年,英国伦敦大学教授马丹尼(E. H. Mamdani)首次将模糊理论应用于热电厂的蒸汽机控制,揭开了模糊理论在控制领域应用的新篇章,充分展示了模糊控制技术的应用前景。1976 年,马丹尼又将模糊理论应用于水泥旋转炉的控制。模糊控制在欧洲主要用于工业自动化,在美国主要用于军事领域。尽管在此之后的 10 多年内,模糊控制技术应用取得了很好的效果,然而,一直没有取得根本上的突破。

到 20 世纪 80 年代,随着计算机技术的发展,日本科学家将模糊理论成功地运用于工业控制和家用电器控制,在世界范围内掀起了模糊控制应用高潮。1983 年,日本富士电机(Fuji Electric)公司实现了饮水处理装置的模糊控制。1987 年,日本日立(Hitachi)公司研制出地铁的模糊控制系统。1987—1990 年,在日本申报的模糊控制产品专利就达319 种,分布在过程控制、汽车电子、图像识别/图像数据处理、测量技术/传感器、机器人、诊断、家用电器控制等领域。

目前,各种模糊控制产品遍布日本、西欧和美国市场,如模糊控制洗衣机、模糊控制吸尘器、模糊控制电冰箱和模糊控制摄像机等。各国都将模糊控制技术作为本国重点发展的关键技术。

模糊控制是以模糊数学为基础,运用语言规则表示方法和先进的计算机技术,利用模糊推理进行决策的一种高级控制策略。它无疑属于智能控制范畴,而且发展至今已成为人工智能领域中的一个重要分支。

在日常生活中,人们往往用"较少""较多""小一些""很小"等模糊语言进行控制。例如,当我们拧开水阀向水桶放水时,有这样的经验:桶里没有水或水较少时,应开大水阀;桶里的水比较多时,水阀应开得小一些;桶快满时,应把水阀开得很小;桶里的水已满时,应迅速关上水阀。

在大多数的工业过程中,参数时变呈现极强的非线性特性,一般很难建立数学模型,而常规控制一般都要求系统有精确的数学模型。所以对于不确定性系统的控制,采用常规控制很难实现有效控制,而模糊控制器可以像一个有经验的操作工一样对设备进行控制。模糊控制器可以利用语言信息,而不需要精确的数学模型,从而实现对不确定性系统较好的控制。模糊控制技术是由模糊数学、计算机科学、人工智能、知识工程等多门学科相互渗透而形成的理论性很强的科学技术。

在人工智能领域里,特别是在知识表示方面,模糊逻辑有相当广阔的应用前景。目前在自动控制、模式识别、自然语言理解、机器人及专家系统研制等方面,应用模糊逻辑取得了一定的成果,引起了计算机科学界越来越多的关注。

3.5.2　模糊集合的定义与表示

1. 模糊集合的定义

模糊集合(fuzzy set)是经典集合的扩充。下面首先介绍集合论中的几个名词。

(1) 论域。要讨论的全体对象,常用 U、E 等大写字母表示。

(2) 元素。论域中的每个对象,常用 a、b、c、x、y、z 等小写字母表示。

(3) 集合。论域中具有某种相同属性的确定的、可以彼此区别的元素的全体,常用 A、B、C、X、Y、Z 等表示。例如 $A = \{x \mid f(x) > 0\}$。

在经典集合中,元素 a 和集合 A 的关系只有两种: a 属于 A 或 a 不属于 A,即只有两个值——"真"和"假"。

例如,若定义年龄不小于 18 岁的所有人为"成年人"集合,则一位超过 18 岁的人属于"成年人"集合,而另一位不足 18 岁的人(哪怕只差一天)则不属于该集合。

经典集合可用特征函数表示。例如,"成年人"集合可以表示为

$$\mu(x) = \begin{cases} 1, & x \geq 18 \\ 0, & x < 18 \end{cases}$$

该集合的图形表示如图 3.6 所示。这是一种对事物的二值描述,即二值逻辑。

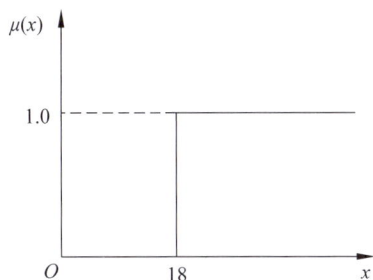

图 3.6　"成年人"集合的特征函数

经典集合只能描述确定性的概念,而不能描述现实世界中模糊的概念。

> 模糊概念在生活中广泛存在,举不胜举。例如,"天气很热""很年轻""个子很高""成绩很好"等都是模糊概念。人们经常说的"年轻人"就是一个大家熟知的模糊概念。20 岁算年轻人,25 岁算年轻人,30 岁算年轻人,35 岁还是算年轻人,甚至 40 岁也算年轻人,但他们年轻的程度显然是不一样的。可以用一个数表示一个人属于"年轻人"集合的程度,这个数就是所谓的隶属度。

模糊逻辑模仿人类的智慧,引入隶属度(degree of membership)的概念,描述介于"真"与"假"之间的不同程度。给集合中每一个元素赋予一个介于 0 和 1 之间的实数,描述其属于一个集合的程度,该实数称为该元素属于一个集合的隶属度。集合中所有元素的隶属度全体构成集合的隶属函数(membership function)。在上述例子中,"成年人"集合的隶属函数可用一条连续曲线表示,如图 3.7 所示。其中横轴代表年龄,纵轴代表这个年龄属于"成年人"集合的隶属度。隶属度是主观给定的,不同的人可能给出不同的值。其实,引进隶属度后,事物的模糊性就转化为隶属度值确定的主观性。

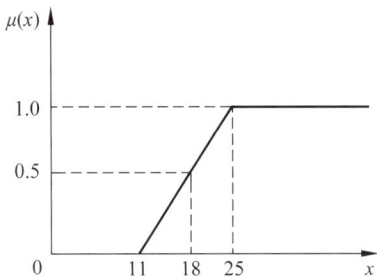

图 3.7 "成年人"集合的隶属函数

2. 模糊集合的表示方法

当论域中的元素数目有限时,经典集合 A 的数学描述为

$$A = \{x, x \in X\} \tag{3.1}$$

当论域中的元素数目有限时,模糊集合 A 的数学描述为

$$A = \{(x, \mu_A(x)), x \in X\} \tag{3.2}$$

其中,$\mu_A(x)$ 为元素 x 属于模糊集合 A 的隶属度,X 是元素 x 的论域。

可见,经典集合是模糊集合的特例,即如果模糊集合中所有元素的隶属度只取值 0 和 1,就会成为经典集合。经典集合中只写隶属度为 1 的那些元素,所以,隶属度就省略了。

模糊集合可以采用以下 3 种表示方法。

(1) 扎德表示法。

扎德表示法是美国自动控制专家扎德提出的。当论域是离散的且元素数目有限时，常采用模糊集合的扎德表示法：

$$A = \mu_A(x_1)/x_1 + \mu_A(x_2)/x_2 + \cdots + \mu_A(x_n)/x_n = \sum_{i=1}^{n} \mu_A(x_i)/x_i \qquad (3.3)$$

其中，x_i 表示模糊集合所对应的论域中的元素，而 $\mu_A(x_i)$ 表示相应的隶属度。在式(3.3)中，/ 只是一个分隔符号，并不表示除法；符号 ＋ 和 $\sum$ 也不表示加法和求累加和，而是表示各元素之间的并列关系和模糊集合在论域上的整体。

式(3.3)也可以等价地表示为

$$A = \{\mu_A(x_1)/x_1, \mu_A(x_2)/x_2, \cdots, \mu_A(x_n)/x_n\} \qquad (3.4)$$

（2）序偶表示法。

$$A = \{(x_1, \mu_A(x_1)), (x_2, \mu_A(x_2)), \cdots, (x_n, \mu_A(x_n))\} \qquad (3.5)$$

（3）向量表示法。

$$\boldsymbol{A} = \begin{bmatrix} \mu_A(x_1) & \mu_A(x_2) & \cdots & \mu_A(x_n) \end{bmatrix} \qquad (3.6)$$

在向量表示法中，隶属度为 0 的项不能省略。

3.5.3　隶属函数

如果要给模糊集合中的每一个元素确定一个合理的隶属度，在许多时候是很困难的。可以用一个函数从总体上刻画隶属度和元素之间的关系。这个函数称为隶属函数。正确地确定隶属函数是运用模糊集合理论解决实际问题的基础。隶属函数是对模糊概念的定量描述。人们能够遇到的模糊概念不胜枚举，却无法找到准确地反映模糊集合的隶属函数的统一模式。

隶属函数的确定过程本质上是客观的，但每个人对于同一个模糊概念的认识和理解是有差异的，因此，隶属函数的确定又带有主观性。隶属函数一般根据经验或统计确定，也可由专家给出。对于同一个模糊概念，不同的人会建立不完全相同的隶属函数。尽管如此，只要它们能反映同一模糊概念，在解决和处理实际模糊信息的问题中仍然殊途同归。

例如，以年龄作为论域，取 $U = [0, 200]$，扎德给出了"年老"（用 O 表示）与"年青"（用 Y 表示）两个模糊集合的隶属函数：

$$\mu_O(u) = \begin{cases} 0, & 0 \leqslant u \leqslant 50 \\ \left[1 + \left(\dfrac{5}{u-50}\right)^2\right]^{-1}, & 50 < u < 100 \end{cases}$$

$$\mu_Y(u) = \begin{cases} 1, & 0 \leqslant u \leqslant 25 \\ \left[1 + \left(\dfrac{u-25}{5}\right)^2\right]^{-1}, & 25 < u < 100 \end{cases}$$

"年老"和"年青"两个模糊集合的隶属函数曲线如图 3.8 和图 3.9 所示。

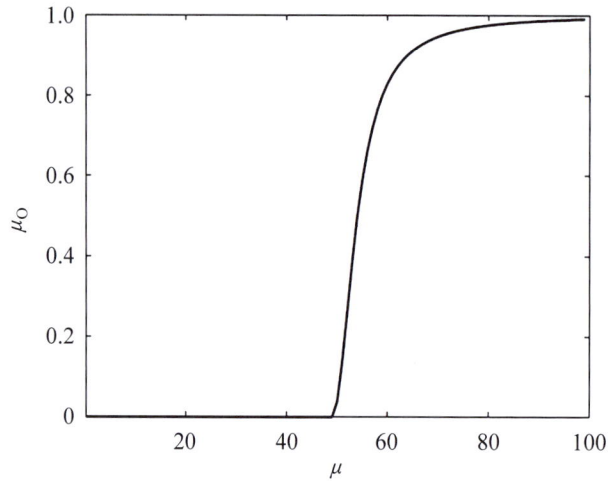

图 3.8　"年老"模糊集合的隶属函数曲线

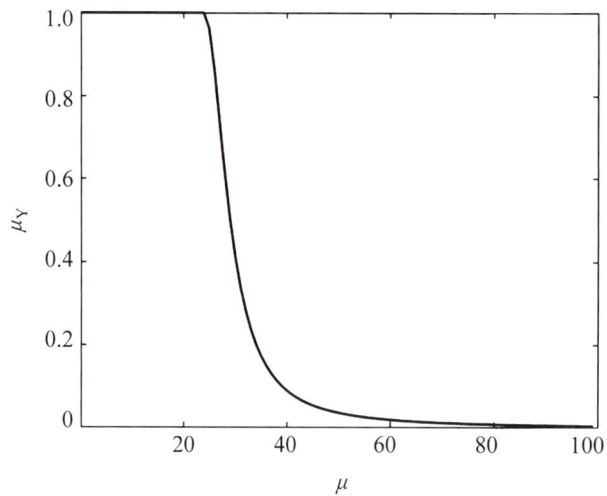

图 3.9　"年青"模糊集合的隶属函数曲线

　　常见的模糊隶属函数有正态分布概率密度函数、三角分布概率密度函数、梯形分布概率密度函数等。

3.6 模糊关系与模糊关系的合成

3.6.1 模糊关系

用同一种金属制造 10 个物件。这 10 个物件的体积构成一个包含 10 个元素的集合 X,而这 10 个物件的重量也构成一个包含 10 个元素的集合 Y。显然,这两个集合的元素存在一一对应的关系。再看另一种情况,有 10 个人,这 10 个人的身高构成一个包含 10 个元素的集合 X,而这 10 个人的体重也构成一个包含 10 个元素的集合 Y。显然,这两个集合的元素既存在关系,但又不是确定的关系。一般来讲,个子高的人体重会大一些,但体重还和胖瘦有关。同一种金属制造的 10 个物件的体积集合和重量集合之间的关系是普通关系,而 10 个人的身高集合和体重集合之间的关系是模糊关系。

在模糊集合论中,模糊关系占有重要地位。模糊关系是普通关系的推广。普通关系描述两个集合中的元素之间是否有关联,而模糊关系则描述两个模糊集合中的元素之间的关联程度。对于有限论域,可以采用模糊矩阵表示模糊关系。

例 3.1 某地区人的身高论域 $X = \{140, 150, 160, 170, 180\}$(单位:cm),体重论域 $Y = \{40, 50, 60, 70, 80\}$(单位:kg)。身高与体重的模糊关系(用 $\mathbf{R}$ 表示)如表 3.1 所示。

表 3.1 身高与体重的模糊关系

$\mathbf{R}$ $\qquad$ Y/kg X/cm	40	50	60	70	80
140	1	0.8	0.2	0.1	0
150	0.8	1	0.8	0.2	0.1
160	0.2	0.8	1	0.8	0.2
170	0.1	0.2	0.8	1	0.8
180	0	0.1	0.2	0.8	1

例如,身高 170cm 的人的体重是 70kg 的可能性最大,设隶属度为 1.0;体重是 80kg 的可能性小一些,设隶属度为 0.8······。用一个矩阵表示表 3.1 中的数字,这个矩阵同样表示了从 X 到 Y 的一个模糊关系 R,即 X 到 Y 的模糊关系 R 可用模糊矩阵表示为

$$R = \begin{bmatrix} 1.0 & 0.8 & 0.2 & 0.1 & 0.0 \\ 0.8 & 1.0 & 0.8 & 0.2 & 0.1 \\ 0.2 & 0.8 & 1.0 & 0.8 & 0.2 \\ 0.1 & 0.2 & 0.8 & 1.0 & 0.8 \\ 0.0 & 0.1 & 0.2 & 0.8 & 1.0 \end{bmatrix}$$

模糊关系可以由模糊向量之间的叉积运算得到。下面举例说明。

例 3.2 已知输入的模糊集合 A 和输出的模糊集合 B 分别为

$$A = 1.0/a_1 + 0.8/a_2 + 0.5/a_3 + 0.2/a_4 + 0.0/a_5$$
$$B = 0.7/b_1 + 1.0/b_2 + 0.6/b_3 + 0.0/b_4$$

其中,$a_1 \sim a_5$ 为 A 中元素,$b_1 \sim b_4$ 为 B 中元素。求 A 到 B 的模糊关系 R。

解:首先把两个模糊集合表示成模糊向量形式。

$$A = \begin{bmatrix} 1.0 & 0.8 & 0.5 & 0.2 & 0.0 \end{bmatrix}$$
$$B = \begin{bmatrix} 0.7 & 1.0 & 0.6 & 0.0 \end{bmatrix}$$

然后,对 A 和 B 进行叉积运算。两个向量的叉积运算和两个向量的乘积运算类似,只是将其中的乘运算替换为取小($\wedge$)运算。例如:

$$R = A \times B = \boldsymbol{\mu}_A^{\mathrm{T}} \circ \boldsymbol{\mu}_B = \begin{bmatrix} 1.0 \\ 0.8 \\ 0.5 \\ 0.2 \\ 0.0 \end{bmatrix} \circ \begin{bmatrix} 0.7 & 1.0 & 0.6 & 0.0 \end{bmatrix}$$

$$= \begin{bmatrix} 1.0 \wedge 0.7 & 1.0 \wedge 1.0 & 1.0 \wedge 0.6 & 1.0 \wedge 0.0 \\ 0.8 \wedge 0.7 & 0.8 \wedge 1.0 & 0.8 \wedge 0.6 & 0.8 \wedge 0.0 \\ 0.5 \wedge 0.7 & 0.5 \wedge 1.0 & 0.5 \wedge 0.6 & 0.5 \wedge 0.0 \\ 0.2 \wedge 0.7 & 0.2 \wedge 1.0 & 0.2 \wedge 0.6 & 0.2 \wedge 0.0 \\ 0.0 \wedge 0.7 & 0.0 \wedge 1.0 & 0.0 \wedge 0.6 & 0.0 \wedge 0.0 \end{bmatrix}$$

$$= \begin{bmatrix} 0.7 & 1.0 & 0.6 & 0.0 \\ 0.7 & 0.8 & 0.6 & 0.0 \\ 0.5 & 0.5 & 0.5 & 0.0 \\ 0.2 & 0.2 & 0.2 & 0.0 \\ 0.0 & 0.0 & 0.0 & 0.0 \end{bmatrix}$$

3.6.2 模糊关系的合成

设 U、V、W 是论域，Q 是 U 到 V 的一个模糊关系，R 是 V 到 W 的一个模糊关系，则 U 到 W 的一个模糊关系是模糊关系 Q 与模糊关系 R 的合成 $Q \circ R$。

模糊关系的合成可以由多种计算方法得到。最常用的是最大-最小合成法，即写出矩阵乘积 QR 中的每个元素，然后将其中的乘积运算用取小（$\wedge$）运算代替，将其中的求和运算用取大（$\vee$）运算代替。

例 3.3 设模糊集合 X、Y、Z 分别为 $X = \{x_1, x_2, x_3, x_4\}$，$Y = \{y_1, y_2, y_3\}$，$Z = \{z_1, z_2\}$。

设 $Q \in X \times Y$，$R \in Y \times Z$，$S \in X \times Z$，求 S。

$$Q = \begin{bmatrix} 0.5 & 0.6 & 0.3 \\ 0.7 & 0.4 & 1.0 \\ 0.0 & 0.8 & 0.0 \\ 1.0 & 0.2 & 0.9 \end{bmatrix} \quad R = \begin{bmatrix} 0.2 & 1.0 \\ 0.8 & 0.4 \\ 0.5 & 0.3 \end{bmatrix}$$

解：

$$S = Q \circ R = \begin{bmatrix} 0.5 & 0.6 & 0.3 \\ 0.7 & 0.4 & 1.0 \\ 0.0 & 0.8 & 0.0 \\ 1.0 & 0.2 & 0.9 \end{bmatrix} \circ \begin{bmatrix} 0.2 & 1.0 \\ 0.8 & 0.4 \\ 0.5 & 0.3 \end{bmatrix}$$

$$= \begin{bmatrix} (0.5 \wedge 0.2) \vee (0.6 \wedge 0.8) \vee (0.3 \wedge 0.5) & (0.5 \wedge 1.0) \vee (0.6 \wedge 0.4) \vee (0.3 \wedge 0.3) \\ (0.7 \wedge 0.2) \vee (0.4 \wedge 0.8) \vee (1.0 \wedge 0.5) & (0.7 \wedge 1.0) \vee (0.4 \wedge 0.4) \vee (1.0 \wedge 0.3) \\ (0.0 \wedge 0.2) \vee (0.8 \wedge 0.8) \vee (0.0 \wedge 0.5) & (0.0 \wedge 1.0) \vee (0.8 \wedge 0.4) \vee (0.0 \wedge 0.3) \\ (1.0 \wedge 0.2) \vee (0.2 \wedge 0.8) \vee (0.9 \wedge 0.5) & (1.0 \wedge 1.0) \vee (0.2 \wedge 0.4) \vee (0.9 \wedge 0.3) \end{bmatrix}$$

$$= \begin{bmatrix} 0.6 & 0.5 \\ 0.5 & 0.7 \\ 0.8 & 0.4 \\ 0.5 & 1.0 \end{bmatrix}$$

3.7 模糊推理与模糊决策

3.7.1 模糊推理

人们日常思考问题实际上就是在进行模糊推理。例如,经验规则是"如果外面气温比较低,那就要多穿点衣服"。今天温度有点低,需要穿多少衣服呢?

模糊推理可以表示为一般形式:

若已知输入为 A,则输出为 B;若现在已知输入为 A',则按照模糊推理,输出 B' 用合成规则求取,其矩阵形式为

$$B' = A' \circ R \tag{3.7}$$

例 3.4 对于例 3.2 所示的模糊系统,求当输入为

$$A' = 0.4/a_1 + 0.7/a_2 + 1.0/a_3 + 0.6/a_4 + 0.0/a_5$$

时系统的模糊输出 B'。

解:在例 3.2 中已经得到了模糊关系,下面进行模糊合成得到模糊输出。

$$B' = A' \circ R = \begin{bmatrix} 0.4 \\ 0.7 \\ 1.0 \\ 0.6 \\ 0.0 \end{bmatrix}^{\mathrm{T}} \circ \begin{bmatrix} 0.7 & 1.0 & 0.6 & 0.0 \\ 0.7 & 0.8 & 0.6 & 0.0 \\ 0.5 & 0.5 & 0.5 & 0.0 \\ 0.2 & 0.2 & 0.2 & 0.0 \\ 0.0 & 0.0 & 0.0 & 0.0 \end{bmatrix}$$

$$= \begin{bmatrix} (0.4 \wedge 0.7) \vee (0.7 \wedge 0.7) \vee (1.0 \wedge 0.5) \vee (0.6 \wedge 0.2) \vee (0.0 \wedge 0.0) \\ (0.4 \wedge 1.0) \vee (0.7 \wedge 0.8) \vee (1.0 \wedge 0.5) \vee (0.6 \wedge 0.2) \vee (0.0 \wedge 0.0) \\ (0.4 \wedge 0.6) \vee (0.7 \wedge 0.6) \vee (1.0 \wedge 0.5) \vee (0.6 \wedge 0.2) \vee (0.0 \wedge 0.0) \\ (0.4 \wedge 0.0) \vee (0.7 \wedge 0.0) \vee (1.0 \wedge 0.0) \vee (0.6 \wedge 0.0) \vee (0.0 \wedge 0.0) \end{bmatrix}^{\mathrm{T}}$$

$$= \begin{bmatrix} (0.4 \lor 0.7 \lor 0.5 \lor 0.2 \lor 0.0) \\ (0.4 \lor 0.7 \lor 0.5 \lor 0.2 \lor 0.0) \\ (0.4 \lor 0.6 \lor 0.5 \lor 0.2 \lor 0.0) \\ (0.0 \lor 0.0 \lor 0.0 \lor 0.0 \lor 0.0) \end{bmatrix}^{\mathrm{T}}$$

$$= \begin{bmatrix} 0.7 & 0.7 & 0.6 & 0.0 \end{bmatrix}$$

则

$$B' = 0.7/b_1 + 0.7/b_2 + 0.6/b_3 + 0.0/b_4$$

3.7.2　模糊决策

> 例如,经过模糊推理,得到结论:"今天要多加件穿点衣服"。但这个结论不好操作,因为"多"具体是多少呢? 还要根据一个模糊量确定具体的值,才好操作,这个过程就是模糊决策。

一般来说,由模糊推理得到的输出(结论或者操作)也是一个模糊量,不能直接应用,需要先转化为确定值。这一过程称为模糊决策或者模糊判决、解模糊、清晰化等。如同人的决策一样,模糊决策可以有很多种方法,最简单、直观、实用的方法是最大隶属度法。

最大隶属度法是在模糊向量中取隶属度最大的元素作为推理结果。例如,模糊向量为

$$\boldsymbol{U}' = \begin{bmatrix} 0.1/2 & 0.4/3 & 0.7/4 & 1.0/5 & 0.7/6 & 0.3/7 \end{bmatrix}$$

由于元素 5 的隶属度最大,所以取结论为 $U=5$。

最大隶属度法的优点是简单易行;缺点是完全排除了其他隶属度较小的量的影响和作用,没有充分利用取得的信息。

> 最大隶属度法就像公司决策,即由股份最大的股东说了算,显然这是有缺点的。实际的公司决策通常采用加权的方式进行,即按照股东的股份大小加权进行决策。这就是下面介绍的加权平均判决法。

为了克服最大隶属度法的缺点,可以采用加权平均判决法,即

$$U = \frac{\sum\limits_{i=1}^{n} u_i \mu(u_i)}{\sum\limits_{i=1}^{n} \mu(u_i)} \tag{3.8}$$

其中,u_i 为第 i 个元素,$\mu(u_i)$ 为其相应的隶属度。

例如:

$$\boldsymbol{U}' = \begin{bmatrix} 0.1/2 & 0.6/3 & 0.5/4 & 0.4/5 & 0.2/6 \end{bmatrix}$$

则

$$U = \frac{2 \times 0.1 + 3 \times 0.6 + 4 \times 0.5 + 5 \times 0.4 + 6 \times 0.2}{0.1 + 0.6 + 0.5 + 0.4 + 0.2} = 4$$

3.8　模糊推理的应用

例 3.5　设有模糊控制规则"如果温度低,则将风门开大"。现在温度和风门开度的论域均为 $\{1,2,3,4,5\}$。如果将"温度低"和"风门大"的模糊量表示为

"温度低" $= 1.0/1 + 0.6/2 + 0.3/3 + 0.0/4 + 0.0/5$

"风门大" $= 0.0/1 + 0.0/2 + 0.3/3 + 0.6/4 + 1.0/5$

已知现在"温度较低",可以表示为

"温度较低" $= 0.8/1 + 1.0/2 + 0.6/3 + 0.3/4 + 0.0/5$

试用模糊推理确定现在的风门开度。

解:(1)确定模糊关系 $\boldsymbol{R}$。

$$\boldsymbol{R} = \begin{bmatrix} 1.0 \\ 0.6 \\ 0.3 \\ 0.0 \\ 0.0 \end{bmatrix} \circ \begin{bmatrix} 0.0 & 0.0 & 0.3 & 0.6 & 1.0 \end{bmatrix}$$

$$= \begin{bmatrix} 1.0 \wedge 0.0 & 1.0 \wedge 0.0 & 1.0 \wedge 0.3 & 1.0 \wedge 0.6 & 1.0 \wedge 1.0 \\ 0.6 \wedge 0.0 & 0.6 \wedge 0.0 & 0.6 \wedge 0.3 & 0.6 \wedge 0.6 & 0.6 \wedge 1.0 \\ 0.3 \wedge 0.0 & 0.3 \wedge 0.0 & 0.3 \wedge 0.3 & 0.3 \wedge 0.6 & 0.3 \wedge 1.0 \\ 0.0 \wedge 0.0 & 0.0 \wedge 0.0 & 0.0 \wedge 0.3 & 0.0 \wedge 0.6 & 0.0 \wedge 1.0 \\ 0.0 \wedge 0.0 & 0.0 \wedge 0.0 & 0.0 \wedge 0.3 & 0.0 \wedge 0.6 & 0.0 \wedge 1.0 \end{bmatrix}$$

$$= \begin{bmatrix} 0.0 & 0.0 & 0.3 & 0.6 & 1.0 \\ 0.0 & 0.0 & 0.3 & 0.6 & 0.6 \\ 0.0 & 0.0 & 0.3 & 0.3 & 0.3 \\ 0.0 & 0.0 & 0.0 & 0.0 & 0.0 \\ 0.0 & 0.0 & 0.0 & 0.0 & 0.0 \end{bmatrix}$$

（2）模糊推理。

$$\boldsymbol{B}' = \boldsymbol{A}' \circ \boldsymbol{R} = \begin{bmatrix} 0.8 \\ 1.0 \\ 0.6 \\ 0.3 \\ 0.0 \end{bmatrix}^{\mathrm{T}} \circ \begin{bmatrix} 0.0 & 0.0 & 0.3 & 0.6 & 1.0 \\ 0.0 & 0.0 & 0.3 & 0.6 & 0.6 \\ 0.0 & 0.0 & 0.3 & 0.3 & 0.3 \\ 0.0 & 0.0 & 0.0 & 0.0 & 0.0 \\ 0.0 & 0.0 & 0.0 & 0.0 & 0.0 \end{bmatrix}$$

$$= \begin{bmatrix} 0.0 & 0.0 & 0.3 & 0.6 & 0.8 \end{bmatrix}$$

（3）模糊决策。

$$\text{“风门大小”} = 0.0/1 + 0.0/2 + 0.3/3 + 0.6/4 + 0.8/5$$

因为等级 5 对应的隶属度为 0.8，是最大隶属度值，所以，用最大隶属度法进行决策，得到风门开度为 5。

用加权平均判决法进行决策，得到风门开度约为 4，即

$$U = \frac{0.0 \times 1 + 0.0 \times 2 + 0.3 \times 3 + 0.6 \times 4 + 0.8 \times 5}{0.0 + 0.0 + 0.3 + 0.6 + 0.8} \approx 4$$

3.9　本章小结

1. 推理的概念

从初始证据出发，按某种策略不断运用知识库中的已知知识逐步推出结论的过程称为推理。

若从推出结论的途径划分，推理可分为演绎推理、归纳推理和默认推理。

推理方向分为正向推理、逆向推理和混合推理。

在推理过程中，如果已知事实与多个知识匹配成功，称这种情况为发生了冲突。此时，需要按一定的策略解决冲突，以便从中挑选出一个知识用于当前的推理，这一过程称为冲突消解，解决冲突时所用的方法称为冲突消解策略。

2. 模糊推理

在模糊逻辑中,给集合中每一个元素赋予一个介于 0 和 1 之间的实数,描述其属于一个集合的程度,该实数称为该元素属于一个集合的隶属度。集合中所有元素的隶属度全体构成集合的隶属函数。

模糊关系描述两个模糊集合中的元素之间的关联程度。对于有限论域,可以采用模糊矩阵表示模糊关系。

模糊关系的合成可用模糊矩阵的合成表示。模糊矩阵的合成可以由多种计算方法得到。常用的计算方法是最大-最小合成法:写出矩阵乘积中的每个元素,然后将其中的乘积运算用取小运算代替,将其中的求和运算用取大运算代替。

通过条件模糊向量与模糊关系的合成进行模糊推理,得到模糊结论,然后采用模糊决策将模糊结论转换为精确量。

模糊决策方法有最大隶属度法、加权平均判决法等。

讨论题

3.1   什么是模糊性? 试举出几个日常生活中的模糊概念。

3.2   如何表示现实世界中存在的模糊性?

3.3   设有如下两个模糊关系:

$$A = \begin{bmatrix} 0.7 & 0.6 & 0.3 \\ 0.7 & 0.6 & 0.2 \\ 0.5 & 0.5 & 0.2 \end{bmatrix} \quad B = \begin{bmatrix} 0.8 & 0.4 \\ 0.6 & 0.2 \\ 0.9 & 0.4 \end{bmatrix}$$

求 $A \circ B$。

3.4   设有如下两个模糊关系:

$$R_1 = \begin{bmatrix} 0.2 & 0.8 & 0.4 \\ 0.4 & 0.0 & 1.0 \\ 1.0 & 0.5 & 0.0 \\ 0.7 & 0.6 & 0.5 \end{bmatrix} \quad R_2 = \begin{bmatrix} 0.7 & 0.3 \\ 0.4 & 0.8 \\ 0.2 & 0.9 \end{bmatrix}$$

求两个模糊关系的合成 $R_1 \circ R_2$。

3.5   设有如下 3 个模糊关系:

$$\boldsymbol{R}_1 = \begin{bmatrix} 1.0 & 0.0 & 0.7 \\ 0.3 & 0.2 & 0.0 \\ 0.0 & 0.5 & 1.0 \end{bmatrix} \quad \boldsymbol{R}_2 = \begin{bmatrix} 0.6 & 0.6 & 0.0 \\ 0.0 & 0.6 & 0.1 \\ 0.0 & 0.1 & 0.0 \end{bmatrix} \quad \boldsymbol{R}_3 = \begin{bmatrix} 1.0 & 0.0 & 0.7 \\ 0.0 & 1.0 & 0.0 \\ 0.7 & 0.0 & 1.0 \end{bmatrix}$$

求模糊关系的合成 $\boldsymbol{R}_1 \circ \boldsymbol{R}_2$、$\boldsymbol{R}_1 \circ \boldsymbol{R}_3$ 和 $\boldsymbol{R}_1 \circ \boldsymbol{R}_2 \circ \boldsymbol{R}_3$。

3.6 用 $X = \{x_1, x_2, x_3\}$ 表示患者集合,用 $Y = \{y_1, y_2, y_3, y_4, y_5\}$ 表示患者症状集合,用 $Z = \{z_1, z_2, z_3\}$ 表示病名集合。已知患者集合 X 与患者症状集合 Y 之间的模糊关系 $\boldsymbol{Q}$、患者症状集合 Y 与病名集合 Z 之间的模糊关系 $\boldsymbol{R}$ 分别为

$$\boldsymbol{Q} = \begin{bmatrix} 0.1 & 0.8 & 0.2 & 0.6 & 0.1 \\ 0.7 & 0.2 & 0.1 & 0.1 & 0.8 \\ 0.8 & 0.2 & 0.6 & 0.2 & 0.1 \end{bmatrix} \quad \boldsymbol{R} = \begin{bmatrix} 0.3 & 0.7 & 1.0 \\ 1.0 & 0.3 & 0.2 \\ 0.3 & 1.0 & 1.0 \\ 1.0 & 0.3 & 0.2 \\ 0.3 & 1.0 & 0.7 \end{bmatrix}$$

确定患者集合 X 与病名集合 Z 之间的模糊关系 $\boldsymbol{S}$。

3.7 运动员的运动水平论域 U 和比赛得分论域 V 为 $U = V = \{a, b, c, d\}$。设有以下模糊规则:

IF x IS 运动水平较高 THEN y IS 得分较多

其中 $x \in U, y \in V$。如果对运动员的运动水平模糊评价为"运动水平较高",则 $A = 1.0/a + 0.5/b$;如果对运动员的比赛得分的评价为"得分较多",则 $B = 1.0/a + 0.6/b + 0.4/c$。求解以下问题:

(1) 确定模糊规则"IF x IS 运动水平较高 THEN y IS 得分较多"的模糊关系 $\boldsymbol{R}$。

(2) 根据一场比赛的表现,若某运动员的运动水平模糊评价为 $A' = 1.0/a + 0.4/b + 0.2/c$,应用模糊推理(采用最大-最小合成法),求该运动员比赛得分能力的模糊评价。

(3) 根据(2)得出的模糊评价,采用最大隶属度法确定该运动员比赛得分等级。

第4章

搜索策略

在求解一个问题时涉及两方面：一方面是该问题的表示，如果一个问题找不到一个合适的表示方法，就谈不上对它进行求解；另一方面则是选择一种相对合适的求解方法。在人工智能领域，问题求解的基本方法有搜索法、归约法、归结法、推理法及产生式等。由于绝大多数需要用人工智能方法求解的问题缺乏直接求解的方法，因此，搜索不失为一种求解问题的一般方法。搜索求解的应用非常广泛，例如下棋等游戏软件。

下面首先讨论搜索的基本概念，然后着重介绍状态空间知识表示和搜索策略，主要有回溯策略、盲目的图搜索策略以及启发式图搜索策略。

4.1 搜索的概念

你能在一棵苹果树上找到最大的苹果吗？这虽然是一个最优化问题，但不能用以前的优化方法求解。以前求解的问题通常都是先用代数方程或者微分方程等数学表达式得到最优化问题的数学模型，然后求解这些代数方程或者微分方程，得到问题的解。但实际上有许多问题根本不能表示成代数方程或者微分方程等数学表达式，例如著名的旅行商问题、重排九宫问题等。这类问题的求解就像在一棵苹果树上找最大的苹果一样，无法通过数学表达式求解，而要靠搜索发现。对图搜索的研究最早可追溯到18世纪，年仅29岁的大数学家欧拉提出了哥尼斯堡七桥问题。

在人工智能领域，搜索是应用最广泛的求解问题的一般方法。

按照搜索的方向主要有下列3类搜索。

(1) 从初始状态出发的正向搜索，也称为数据驱动的搜索。正向搜索是从问题给出的条件入手,即从一个用于状态转换的操作算子集合出发。搜索的过程为:应用操作算子从给定的条件中产生新条件,再应用操作算子从新条件中产生更多的新条件,这个过程一直持续,直到有一条满足目的要求的路径产生为止。数据驱动的搜索利用问题给定的数据中的约束知识指导搜索,使其沿着已知是正确的线路前进。

(2) 从目的状态出发的逆向搜索,也称为目的驱动的搜索。逆向搜索的过程为:先从想达到的目的入手,看哪些操作算子能达到该目的,以及应用这些操作算子达到该目的时需要哪些条件,这些条件就成为要达到的新目的,即子目的;搜索通过反向的连续的子目的不断进行,直至找到问题给定的条件为止。这样就找到了一条从数据到目的的由操作算子组成的链。

(3) 双向搜索。结合上述两种搜索,即从开始状态出发进行正向搜索,同时又从目的状态出发进行逆向搜索,直到两条路径在中间的某处会合为止。

按照搜索过程中有没有应用启发式信息,主要有下列两类搜索。

(1) 盲目搜索。指在不具有对特定问题的任何有关信息的条件下,按固定的步骤(依次或随机调用操作算子)进行的搜索,它能快速地调用操作算子。例如,在迷宫寻路问题中,每次走一步路,一直走到死路才回头,再选择其他的路走,直到找到出口。

(2) 启发式搜索。搜索时考虑特定问题领域可应用的知识,动态地确定调用操作算子的步骤,优先选择适合的操作算子,尽量减少不必要的搜索,以求尽快地到达结束状态,提高搜索效率。

在盲目搜索中,由于没有可参考的信息,只要是匹配的操作算子都必须被调用,这会搜索出更多的状态,生成较大的状态空间显示图。而在启发式搜索中,可以应用一些启发式信息,只采用少量的操作算子,生成较小的状态空间显示图,就能将搜索引向一个解,但是每使用一个操作算子便要进行更多的计算与判断。启发式搜索一般优于盲目搜索,但不可追求过多的甚至完整的启发式信息。

4.2　如何用状态空间表示搜索对象

4.2.1　状态空间知识表示方法

状态空间表示法是知识表示的基本方法。

用来表示系统状态、事实等叙述型知识的一组变量或数组称为状态。

用来表示引起状态变化的过程型知识的一组关系或函数称为操作。

状态空间是利用状态变量和操作符号表示系统或问题的有关知识的符号体系。状态空间可以用一个四元组 (S, O, S_0, G) 表示。其中,S 是状态集合,S 中每一个元素表示一个状态,状态是某种结构的符号或数据;O 是操作算子的集合,利用操作算子可将一个状态转换为另一个状态;S_0 是问题的初始状态,$S_0 \subset S$;G 是包含问题的目的状态,既可以是若干具体状态,也可以是满足某些性质的路径信息描述,$G \subset S$。

从 S_0 到 G 的路径被称为求解路径。

状态空间的解是一个有限的操作算子序列,它使初始状态转换为目的状态,如图 4.1 所示。

$$S_0 \xrightarrow{O_1} S_1 \xrightarrow{O_2} S_2 \xrightarrow{O_3} \cdots \xrightarrow{O_k} G$$

图 4.1 状态空间的解

使初始状态转换到目的状态的操作序列 $O_1, O_2, \cdots, O_k$ 称为状态空间的一个解。当然,解往往不是唯一的。

任何类型的数据结构都可以用来描述状态,如符号、字符串、向量、多维数组、树和表格等。选用的数据结构形式要与状态所蕴含的某些特性具有相似性。例如,对八数码问题,一个 3×3 的阵列便是一个合适的状态描述方式。

> 古老的单人智力游戏:重排九宫问题。中国古代的重排九宫问题应该产生于出现河图洛书的时代,有数千年的历史。智力游戏"华容道"是根据《三国演义》中关羽义释曹操的故事而设计的。"华容道"游戏与匈牙利人发明的"魔方"、法国人发明的"独粒钻石棋"并称为"智力游戏界三大不可思议的发明"。"华容道"游戏流传到欧洲,将人物变成数字,所以也称为八数码问题。1865 年,西方又出现了"重排十五游戏"。

例 4.1 八数码问题(重排九宫问题)的状态空间表示。

2	3	1
5		8
4	6	7

初始状态

1	2	3
8		4
7	6	5

目的状态

图 4.2 八数码问题

八数码问题是:在一个 3×3 的方格盘上按照任意次序放有 $1 \sim 8$ 的数码,留下一个空格。空格四周(上下左右)的数码可移到空格中。需要找到一个数码移动序列使初始的数码排列转变为一些特殊的数码排列。例如,图 4.2 中的初始状态为八数码问题的一个布局,需要找到一个数码移动序列,使初始状态转变为目的状态。

该问题可以用状态空间表示。此时 8 个数码的任何一种摆法都是一个状态。例如，图 4.2 中就是两个状态。所有的摆法即为状态集 S，它们构成了一个状态空间。这个状态空间的大小为 9!。G 是图 4.2 中的目的状态。

在这个问题中，操作算子有两种设计方法：

(1) 将数码的移动作为操作算子。这样的操作算子共有 4(方向)×8(数码)＝32 个，数量比较多。

(2) 将空格的移动作为操作算子，即数码的移动等价于空格在方格盘上的移动。空格在方格盘上的移动只有上下左右 4 个方向，这样的操作算子共有 4(方向)×1(数码)＝4 个，数量就少了。将 4 个操作算子记为

- Up：将空格向上移。
- Left：将空格向左移。
- Down：将空格向下移。
- Right：将空格向右移。

移动时要确保空格不会移出方格盘之外，因此并不是在任何状态下都能调用这 4 个操作算子。例如，空格在方格盘的右上角时，只能调用两个操作算子——Left 和 Down。

4.2.2 状态空间的图描述

状态空间可用有向图描述，图的节点表示问题的状态，图的弧表示状态之间的关系，也就是求解问题的步骤。初始状态对应于实际问题的已知信息，是图中的根节点。在问题的状态空间描述中寻找从一种状态转换为另一种状态的某个操作算子序列，就等价于在一个图中寻找某一路径。

图 4.3 是一个状态空间的有向图。状态 S_0 允许调用操作算子 O_1、O_2 及 O_3，并分别使 S_0 转换为 S_1、S_2 及 S_3。这样一步步调用操作算子转换下去，如果 $S_{10} \in G$，则 O_2、O_6、O_{10} 就是一个解。

以上是较为形式化的说明，下面讨论具体问题的状态空间的有向图描述。

在某些问题中，各种操作算子的执行是有不同费用的。例如，在旅行商问题中，两两城市之间的距离通常是不相等的，那么，在有向图中只需要给各弧线标注距离或费用即可。

下面再以八数码问题为例说明简单的状态空间的有向图描述，其终止条件是某个

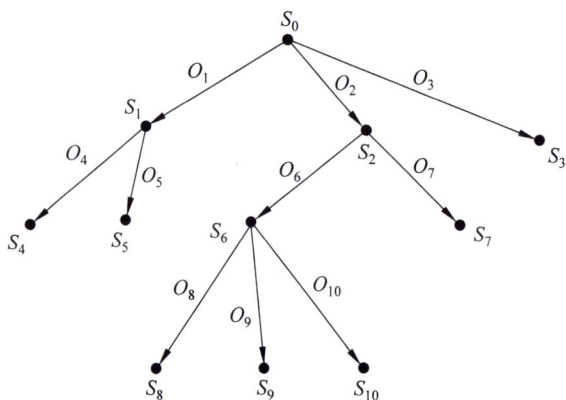

图 4.3　状态空间的有向图

布局。

例 4.2　对于八数码问题,如果给出问题的初始状态,就可以用有向图描述其状态空间。其中的弧可用表明空格的 4 种可能移动的 4 个操作算子标注,即空格向上移(Up)、向左移(Left)、向下移(Down)、向右移(Right)。该问题的状态空间的有向图描述如图 4.4 所示,其中有回路(因为许多状态有多个父节点)。

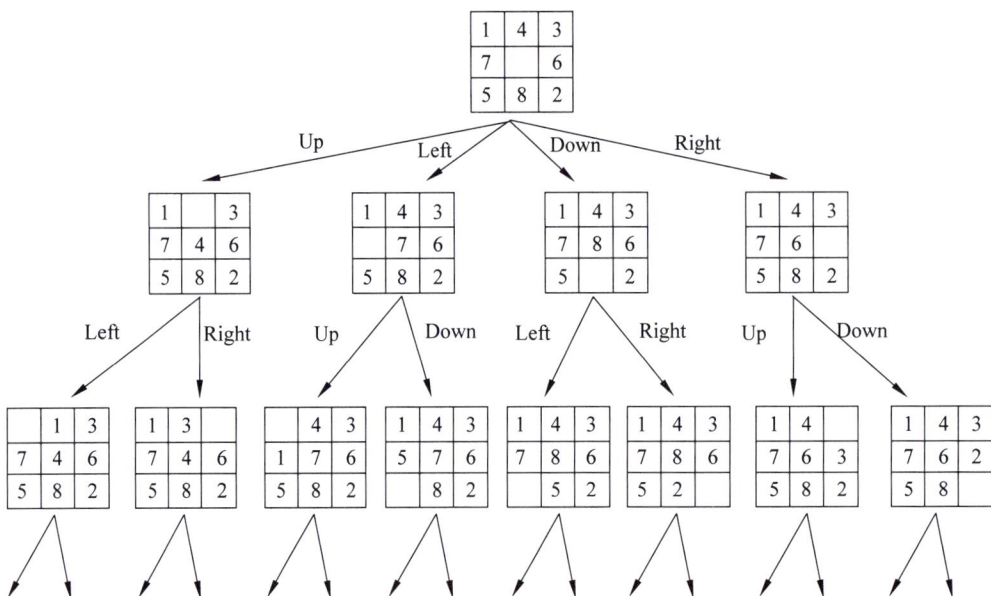

图 4.4　八数码问题状态空间的有向图描述

下面以旅行商问题为例说明另一类状态空间的有向图描述,其终止条件则是用解路径本身的特点来描述的,即经过所有城市的最短路径找到时搜索便结束。

> 　　关于旅行商问题(Traveling Salesman Problem,TSP)的研究历史悠久。对该问题最早的描述是 1759 年欧拉研究的骑士环游问题,即走遍国际象棋棋盘中的 64 个方格一次且仅一次,并且最终返回起始点。旅行商问题的可行解是所有顶点的全排列,随着城市数量的增加,搜索空间急剧增加,会产生组合爆炸。该问题是一个 NP 完全问题。由于其在交通运输、物流配送、生产调度、通信、电路板线路设计等众多领域内有着非常广泛的应用,国内外学者对其进行了大量的研究,提出了许多求解方法。但是该问题仍然需要继续加以研究。

　　例 4.3　旅行商问题。一个旅行商从一个城市出发,到所有城市去推销产品,然后回到出发地。如何选择一条最好的路径,使得旅行商访问所有城市后回到出发地所经过的路径最短或者费用最少?

　　图 4.5 是这个问题的一个实例,其中的节点代表城市,弧上标注的数值表示经过该路径的费用(或距离)。假定推销员从 A 出发。

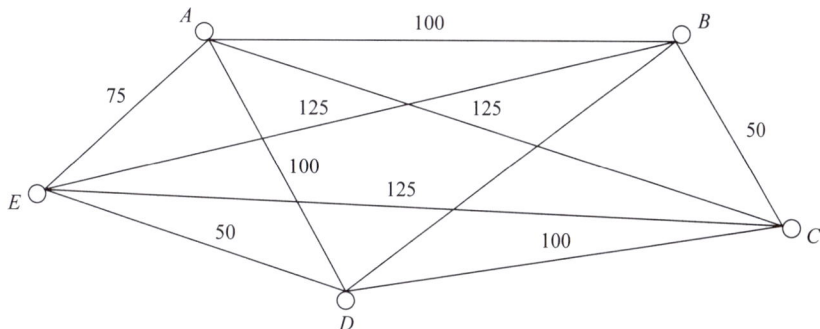

图 4.5　旅行商问题的一个实例

　　可能的路径有很多。例如,费用为 375 的路径($ABCDEA$)就是一个可能的旅行路径,但目标是要找具有最小费用的旅行路径。注意,这里对目标的描述关注的是整个路径的特性而不是单个状态的特性。

　　图 4.6 是该问题的部分状态空间。

　　上面两个例子中,只绘出了问题的部分状态空间图,当然,完全可以绘出问题的全部状态空间图,但对实际问题,如 80 个城市,要在有限的时间内绘出问题的全部状态空间

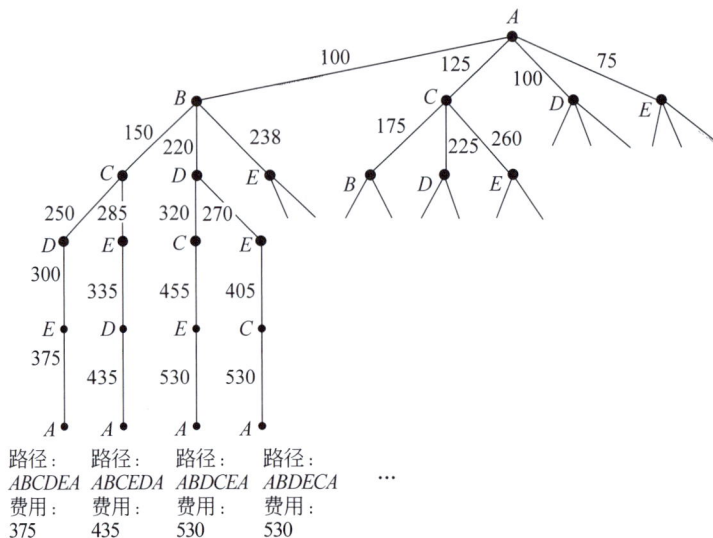

图 4.6 旅行商问题的部分状态空间

图是不可能的。因此,这类显式描述对于大型问题是不切实际的,而对于具有无限节点集合的问题则更是不可能的。注意,一个问题的状态空间是客观存在的,只不过是用 n 元组之类的隐式描述而已。

在状态空间搜索中,搜索某个状态空间以求得操作算子序列的一个解答。这种搜索是状态空间问题求解的基础。

搜索策略的主要任务是确定选取操作算子的方式。它有两种基本方式:盲目搜索和启发式搜索。

4.3 回溯策略

> 我们去一个地方,如果不熟悉去的路,只能不断探索。当走到一个岔路口的时候,我们选择一条路走下去。如果后来发现这条路不通,我们通常会再回到刚才的那个岔路口,再选择另外一条路走下去。如果后来发现这条路也不通,我们通常会再回到刚才的那个岔路口,再选择其他的路。如果没有其他的路可选了,就会再往回走到上一个岔路口,选择没有走过的路。这种策略就称为回溯。

求解问题时,不管是正向搜索还是逆向搜索,都是在状态空间的有向图中找到从初始状态到目的状态的路径。路径上弧的序列对应于解题的步骤。若在选择操作算子求解问题时,能给出绝对可靠的预测或有绝对正确的选择策略,一次性成功穿过状态空间而到达目的状态,构造出一条解题路径,那就不需要进行搜索了。但事实上不可能给出绝对可靠的预测,求解实际问题时必须尝试多条路径,直到到达目的状态为止。回溯策略是一种系统地尝试状态空间中各种不同路径的技术。许多复杂的、规模较大的问题都可以使用回溯法,它有"通用解题方法"的美称。

带回溯策略的搜索是从初始状态出发,不停地、试探性地寻找路径,直到到达目的状态或不可解节点,即"死胡同"为止。如果到达目的状态,就成功退出搜索,返回解题路径。如果遇到不可解节点,就回溯到路径中最近的父节点上,查看该节点是否还有其他的子节点未被扩展。若有,则沿这些子节点继续搜索。

图 4.7 给出了一个状态空间中应用回溯搜索的过程,图中虚线箭头表示搜索的轨迹,节点边的数字表示被搜索到的次序。

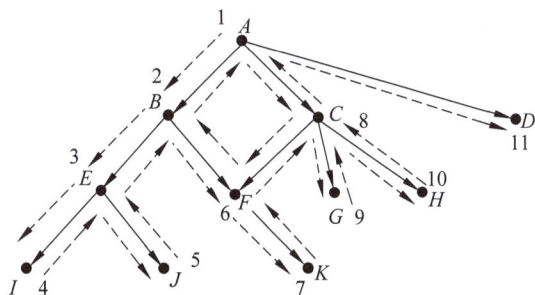

图 4.7　回溯搜索的过程示例

图 4.7 给出的搜索过程显示出回溯是状态空间中的正向搜索。它将初始条件作为初始状态,对其子状态进行搜索以寻找目的状态。如果将目的状态作为搜索的初始状态,这个搜索过程便可看作逆向搜索。

回溯是状态空间搜索的一个基本算法。各种图搜索算法,包括深度优先搜索、宽度优先搜索、最好优先搜索等,都含有回溯的思想。

4.4　盲目的图搜索策略

4.4.1　宽度优先搜索策略

搜索算法的策略就是决定树或图中状态的搜索次序。宽度优先搜索和深度优先搜索是状态空间最基本的搜索策略。

宽度优先搜索是按照图 4.8 所示的次序搜索状态的。由 S_0 生成状态 1 和 2;然后扩展状态 1,生成状态 3、4、5;接着扩展状态 2,生成状态 6、7、8;该层扩展完后,再进入下一层,对状态 3 进行扩展;如此一层一层地扩展下去,直到搜索到目的状态(如果目的状态存在)时为止。

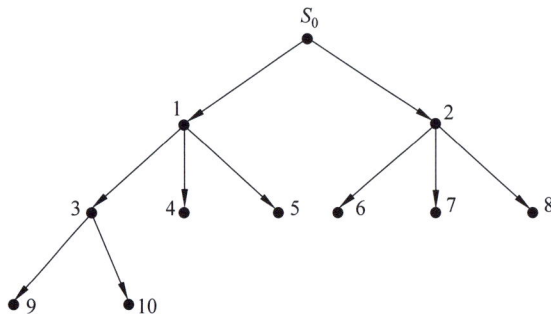

图 4.8　宽度优先搜索的状态搜索次序

下面举一个宽度优先搜索的例子。

例 4.4　如图 4.9 所示,通过搬动积木块,希望从初始状态达到目的状态,即 3 块积木堆叠在一起,积木 A 在顶部,积木 B 在中间,而积木 C 在底部。

这个问题的唯一操作算子为 MOVE(X,Y),即把积木 X 搬到 Y(积木或桌面)上面。例如,"搬动积木 A 到桌面上"表示为 MOVE(A,Table)。该操作算子可运用的先决条件如下。

(1)被搬动积木的顶部必须为空。

(2)如果 Y 是积木(不是桌面),则 Y 的顶部也必须为空。

(3)同一状态下,调用操作算子的次数不得多于一次(可从 open 表和 closed 表加以检查)。

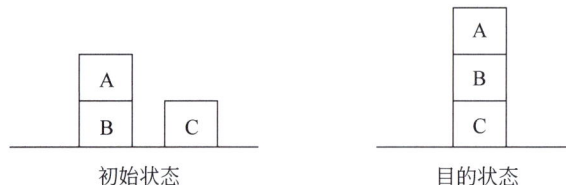

图 4.9　积木问题

图 4.10 表示了利用宽度优先搜索产生的搜索树。各节点的下标是以产生和扩展的先后次序编号的。当搜索到 S_{10}(即目的状态)时,过程便结束。

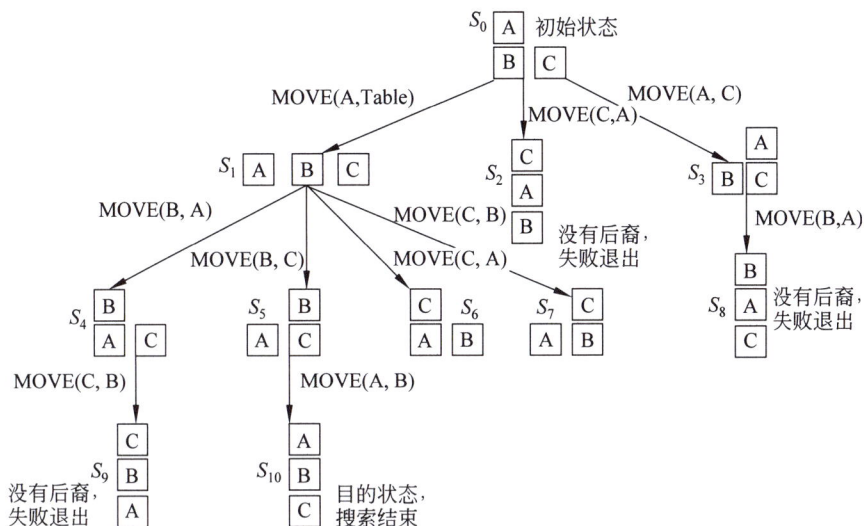

图 4.10 宽度优先搜索产生的搜索树

由于宽度优先搜索总是在生成并扩展完 N 层的节点之后才转向 N＋1 层，所以它总能找到最短的解题路径(如果问题有解)。如果搜索树的分枝数太多，即状态的后裔数的平均值较大，由此产生的组合爆炸就会使算法耗尽资源，在可利用的空间中找不到解。

4.4.2 深度优先搜索策略

深度优先搜索是按图 4.11 所示的次序搜索状态的。

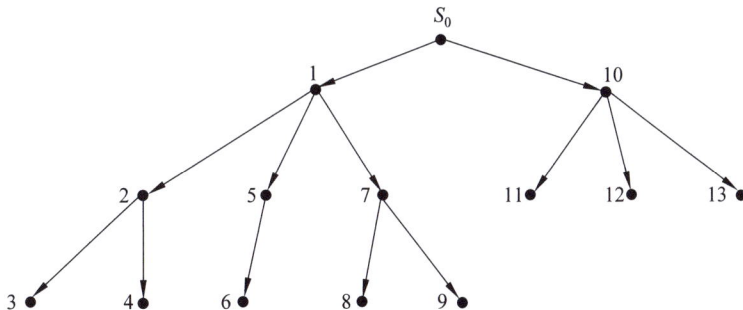

图 4.11 深度优先搜索的状态搜索次序

搜索从 S_0 出发，沿一个方向一直扩展下去，如状态 1、2、3，直到达到一定的深度(这里假定为 3 层)。如果未找到目的状态或无法再扩展，便回溯到另一条路径(状态 2→4)继续搜索。如果还未找到目的状态或无法再扩展，再回溯到另一条路径(状态 1→5→6)

继续搜索。

在深度优先搜索中,当搜索到某个状态时,它所有的子状态以及子状态的后裔状态都必须先于该状态的兄弟状态被搜索。深度优先搜索在搜索状态空间时应尽量往深处去,只有再也找不出某状态的后裔状态时,才能考虑它的兄弟状态。

很明显,深度优先搜索不一定能找到最优解,并且可能由于深度的限制而找不到解(尽管待求解问题存在解)。然而,如果不设深度限制值,则搜索可能会沿着一条路径无限地扩展下去,这当然是应该避免的。为了保证找到解,就应选择合适的深度限制值,或采取不断加大深度限制值的办法,反复搜索,直到找到解。

与宽度优先搜索不同的是,深度优先搜索并不能保证第一次搜索到某个状态时的路径是到达这个状态的最短路径。对任何状态而言,以后的搜索有可能找到另一条通向它的路径。如果路径的长度对解题很关键,当算法多次搜索到同一个状态时,它应该保留到达该状态的最短路径。具体可把每个状态用一个三元组保存,即(状态,父状态,路径长度)。当生成子状态时,将路径长度加 1,和子状态一起保存起来。当有多条路径可到达某子状态时,这些信息可帮助算法选择最优的路径。必须指出,在深度优先搜索中保存这些信息也不能保证算法得到的解题路径是最优的。

下面举一个深度优先搜索的例子。

例 4.5 卒子穿阵问题。要求一个卒子从图 4.12 所示的阵列的顶部到达底部。卒子行进中不可进入敌军驻守的区域(标注 1 的方格),并且不准后退。假定深度限制值为 5。

	1	2	3	4
1	1	0	0	0
2	0	0	1	0
3	0	1	0	0
4	1	0	0	0

图 4.12 卒子要穿越的阵列

利用深度优先搜索产生的搜索树如图 4.13 所示。在节点 S_0,卒子还没有进入阵列;在其他节点,其所处的阵列位置用二元组(行号,列号)表示,节点的编号代表搜索的次序。

当搜索过程终止时,open 表含有节点 S_{17}(为目的节点)和 S_{18},而其他节点($S_0 \sim S_{16}$)都在 closed 表中。很明显,求得的解路径($S_0 \rightarrow S_8 \rightarrow S_{14} \rightarrow S_{15} \rightarrow S_{16} \rightarrow S_{17}$)比最优路径($S_0 \rightarrow S_{18} \rightarrow S_{19} \rightarrow S_{20} \rightarrow S_{21}$)多走一步。

此外,由于该算法把状态空间作为搜索树,而不是当作一般的搜索图,所以,忽略了两个不同的节点 S_2 和 S_9 实际上代表了同一个状态这个问题。因而,从节点 S_9 向下的搜索实际是在重复从节点 S_2 向下的搜索。

深度优先搜索能较快地深入下去。如果已知解题路径很长,深度搜索就不会在开始状态的周围即"浅层"状态上浪费时间。但是,深度优先搜索会在搜索的深处"迷失方向",找不到通向目的状态的更短路径或陷入一个不通往目的状态的无限长的路径中。

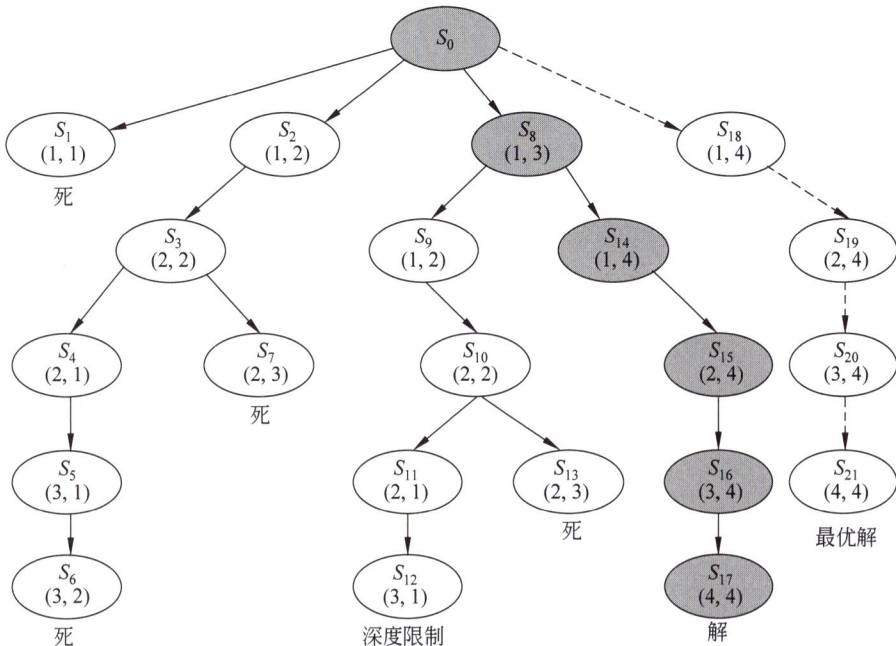

图 4.13 卒子穿阵问题的深度优先搜索树

深度优先搜索在搜索有大量分支的状态空间时有相当高的效率,它不需要对某一层上的所有节点都进行扩展,而是沿着一条路搜索到底。

4.5 启发式图搜索策略

4.4 节介绍的大部分搜索方法是盲目搜索方法,其搜索的复杂性往往是很高的。为了提高算法的效率,不能利用纯数学的方法决定搜索节点的次序,而需要对具体问题进行具体分析,利用与问题有关的信息,从中得到启发,引导搜索,以达到减小搜索量的目的,这就是启发式搜索。

本节先对启发式策略涉及的问题进行介绍,然后具体介绍启发式搜索算法——A 搜索算法及 A* 搜索算法。

4.5.1 启发式策略

启发式策略就是利用与问题有关的启发信息进行搜索。

启发是关于发现和发明操作算子及搜索方法的研究。在状态空间搜索中,启发式被定义成一系列操作算子,并能从状态空间中选择最有希望到达问题解的路径。

问题求解系统可在两种基本情况下运用启发式策略。

(1)一个问题由于在问题陈述和数据获取方面固有的模糊性,可能没有一个确定的解,这就要求系统能运用启发式策略作出最有可能的解释。

(2)虽然一个问题可能有确定解,但是其状态空间特别大,搜索中生成扩展的状态数会随着搜索深度的加大呈指数级增长。穷尽式搜索策略(如宽度优先搜索或深度优先搜索)在一个给定的较实际的时空复杂度内很可能得不到最终的解,而启发式策略通过引导搜索向最有希望的方向进行来降低搜索复杂度。

但是,启发式策略也是极易出错的。在解决问题的过程中,启发仅仅是对下一步将要采取的措施的一个猜想。它常常根据经验和直觉判断。由于启发式搜索只利用特定问题的有限的信息,要想准确地预测下一步在状态空间中采取的具体搜索行为是很难办到的。一个启发式搜索可能得到一个次最优解,也可能一无所获。这是启发式搜索固有的局限性,而这种局限性不可能由所谓更好的启发式策略或更有效的搜索算法彻底消除。

启发式策略及算法设计一直是人工智能的核心问题。在问题求解中,需要启发式知识剪枝以减小状态空间,否则只能求解一些规模很小的问题。

启发式搜索通常由两部分组成:启发方法和使用该方法搜索状态空间的算法。

> 一字棋也称为井字棋(英文名 Tic-Tac-Toe)。井字棋的出现年代已不可考。西方人认为这是由古罗马人发明的;中国人认为,既然咱们发明了围棋、五子棋,也可能早就发明了井字棋。考古学家曾在公元前 1300 年左右的古埃及屋瓦上发现了博弈游戏井字模的印痕。战国时期《世杰·作篇》以"其适围棋、月朱善之"表明尧帝发明围棋培养其儿子月朱。井字棋可能是最容易玩的棋类,只要一张纸、一支笔和两人就可以玩了,甚至可以拿着树枝在地上画着玩。

例 4.6 一字棋问题。在九宫格棋盘上,从空棋盘开始,双方轮流在棋盘上摆各自的棋子(×或○),每次只能摆一枚棋子,先摆成三子一线(一行、一列或一条对角线)的一方取胜。

×和○能够在棋盘中摆成的各种棋局就是问题状态空间中的不同状态。在 9 个位置上摆放{空,×,○}有 3^9 种棋局。当然,其中大多数不会在实际对局中出现。任一方的一种摆法就是状态空间中的一条弧。由于第三层及更低层的某些状态可以通过不同路径到达,所以其状态空间是图而不是树。但图中不会出现回路,因为弧具有方向性(下棋时不允许悔棋)。这样,在搜索路径时就不必检测是否有回路。

在一字棋游戏中,第一步有 9 个空格,便有 9 种可能的摆法,第二步有 8 种走法,第三步有 7 种走法,如此递减,所以共有 $9!=9×8×⋯×1=362\ 880$ 种不同的棋局状态,其状态空间较大,穷尽搜索的组合数较大。

可以利用启发式方法剪枝以减小状态空间。根据棋盘的对称性可以减小搜索空间。棋盘上很多棋局是等价的。例如,第一步实际上只有 3 种摆法,如图 4.14 所示,分别为角、边的中央和棋盘正中,这时状态空间的大小从 9! 减少为 $3×8!=120\ 960$,只是原来的 $\frac{1}{3}$。在状态空间的第二层上,由对称性还可进一步减少到 $3×2×7!=30\ 240$ 种,只是原来的 $\frac{1}{12}$,当然还可以再进一步减小状态空间。

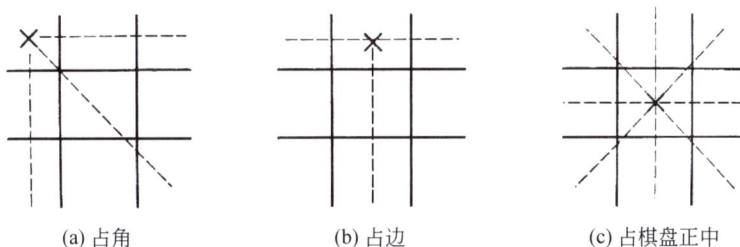

(a) 占角　　　　　　(b) 占边　　　　　(c) 占棋盘正中

图 4.14　第一步的 3 种摆法

此外,使用启发式方法进行搜索可以简化搜索过程,仅选择具有最高启发值的棋局状态放棋子。例如,对于图 4.14(a),×方有 8 种布子成一线的摆法,而○方只有 5 种布子成一线的摆法,所以×方赢的可能性为 $8-5=3$;对于图 4.14(b),○方有 6 种布子成一线的摆法,所以×方赢的可能性为 $8-6=2$;对于图 4.14(c),○方有 4 种布子成一线的摆法,所以×方赢的可能性为 $8-4=4$,是×方的最佳摆法。因此,只需搜索×占据棋盘正中位置的棋局状态,而其他的各种棋局状态连同它们的延伸棋局状态都不必再考虑了。对于本例,2/3 的状态空间就不必搜索了。

第一步棋下完后,对方只能有两种走法。无论选择哪种走法,本方均可以通过启发式搜索选择下一步可能的走法。在搜索过程中,每一步只需考虑单个节点的子节点便可决定下哪步棋。图 4.15 显示了游戏前 3 步简化的搜索过程。每种状态都标记了它的启发值。

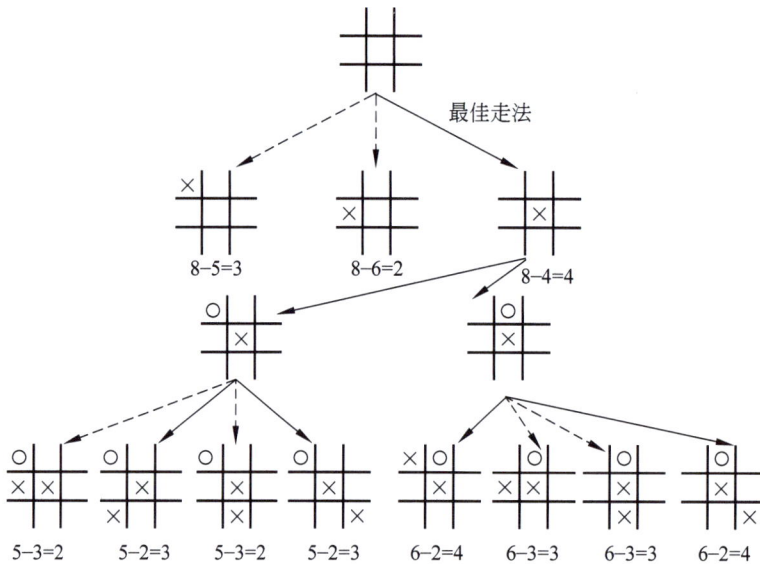

图 4.15 一字棋前 3 步简化的搜索过程

要精确地计算待搜索的状态数目比较难，但可以大致计算它的上限。一盘棋最多走9 步，每步的下一步平均有 4.5 种走法，这样总的状态数目就是 4.5×9，近 41 种状态，这比原来状态数目为 9!的状态空间缩小了很多。

国际象棋软件采用启发式搜索算法，在搜索棋局时加入剪枝策略。谷歌公司开发的阿尔法狗利用深度学习算法学习人类的棋谱，模拟人类的策略选择几个优势点，然后通过蒙特卡洛搜索穷举计算这几个点的胜率，从中优选。阿尔法狗中有两个深度神经网络：Value Network(价值网络)和 Policy Network(策略网络)，分别用于评估棋盘选点位置和选择落子位置。深度神经网络不仅向人类专家学习，而且能和自己下棋(self-play)，进行强化学习，不断提高。

4.5.2 启发信息和估价函数

在实际解决一个具体问题时，人们常常把一个复杂的实际问题抽象化，保留少量主要因素，忽略大量次要因素，从而将这个实际问题转化成具有明确结构的有限或无限的状态空间问题，这个状态空间中的状态和变换规律都是已知的集合，因此可以找到一个求解该问题的算法。

在具体求解中，能够利用与该问题有关的信息简化搜索过程，称此类信息为启发信息,而称这种利用启发信息的搜索过程为启发式搜索。

然而,在求解问题中能利用的大多不是完备的启发信息,而是并不完备的启发信息。其原因如下:

(1) 大多数情况下,求解问题的系统不可能知道与实际问题有关的全部信息,因而无法知道该问题的全部状态空间,也不可能用一套算法求解所有的问题。这样就只能依靠部分状态空间、一些特殊的经验和有关信息求解其中的部分问题。

(2) 有些问题在理论上虽然存在求解算法,但是在工程实践中,这些算法不是效率太低,就是根本无法实现。为了提高求解问题的效率,不得不放弃使用这些看似完美的算法,而求助于一些启发信息进行启发式搜索。

例如,在博弈问题中,计算机为了保证最后胜利,可以将所有可能的走法都试一遍,然后选择最佳走法。这样的算法是可以找到的,但计算所需的时空代价十分惊人。对于可能的棋局数来说,一字棋是 $9! = 362\,880$,西洋跳棋是 10^{78},国际象棋是 10^{120},围棋是 10^{761}。假设每步可以搜索一个棋局,用极限并行运行速度(10^{-104} 年/步)来处理,搜索一遍国际象棋的全部棋局也得 10^{16} 年(即 1 亿亿年),而已知的宇宙寿命才 100 亿年! 可见,许多问题必须采用启发式搜索。

启发式搜索在搜索过程中根据启发信息评估各个节点的重要性,优先搜索重要的节点。

估价函数(evaluation function)的任务就是估计待搜索节点"有希望"的程度。

估价函数 $f(x)$ 可以有各种选择方法,如定义为节点 x 处于最佳路径上的概率,或者 x 节点和目的节点之间的距离或差异,或者 x 格局的得分,等等。

一般来说,要估价函数包括两方面的因素:已经付出的代价和将要付出的代价。在此,把估价函数 $f(n)$ 定义为从初始节点经过节点 n 到达目的节点的路径的最小代价估计值,其一般形式是

$$f(n) = g(n) + h(n) \tag{4.1}$$

其中,$g(n)$ 是从初始节点到节点 n 的实际代价,而 $h(n)$ 是从节点 n 到目的节点的最佳路径的估计代价。因为实际代价 $g(n)$ 可以根据已生成的搜索树计算出来,而估计代价 $h(n)$ 是对未生成的搜索路径作某种经验性的估计的结果。这种估计来源于对问题解的某些特性的认识,希望依靠这些特性更快地找到问题的解,因此,主要是 $h(n)$ 体现了搜索的启发信息。$h(n)$ 称为启发函数。

式(4.1)表示,从初始节点经过节点 n 到达目的节点的路径的最小代价估计值等于以下两个代价之和:一是从初始节点到节点 n 实际已经产生的代价,二是从节点 n 到目的

节点的最佳路径的估计代价。

一般,在 $f(n)$ 中,$g(n)$ 的比重越大,越倾向于采用宽度优先搜索;而 $h(n)$ 的比重越大,表示启发式搜索性能越强。

$g(n)$ 的作用一般是不可忽略的,因为它代表了从初始节点经过节点 n 到达目的节点的总代价估值中实际已付出的那一部分。保持 $g(n)$ 项就保持了搜索的宽度优先成分。这有利于保证搜索到目的节点,但会影响搜索的效率。在特殊情况下,如果只希望找到到达目的节点的路径,而不关心会付出什么代价,则 $g(n)$ 的作用可以忽略。另外,当 $h(n) \gg g(n)$ 时,也可忽略 $g(n)$,这时有 $f(n) \approx h(n)$,这样有利于提高搜索的效率,但影响保证搜索到目的节点。

给定一个问题后,根据该问题的特性和解的特性,可以有多种方法定义估价函数,用不同的估价函数指导搜索,其效果可以相差很远。因此,必须尽可能选择最能体现问题特性的估价函数。

例 4.7 八数码问题的启发函数。它的设计方法有多种,并且不同的启发函数对求解八数码问题有不同的影响。

(1) 最简单的启发函数是取一个格局与目的格局相比位置不符的数码个数。例如,图 4.2 中的初始状态的启发函数值为 7。直观上看,这种启发函数很有效,因为在其他条件相同的情况下,某格局位置不符的数码个数越少,则它和最终目的越接近,因而它是下一个搜索格局。但是,这种启发函数并没有充分利用能获得的信息。例如,它没有考虑数码要移动的距离。

(2) 启发函数是各数码移到目的位置要移动的距离的总和。例如,图 4.2 的初始状态的启发函数值为 14。

前两种启发函数都没有考虑以下情况:如果两个数码相邻但与目标格局的位置相反(称其为逆转数码),则至少需移动 3 次才能将它们移到正确的位置上。

(3) 将每一对逆转数码乘以一个倍数作为启发函数。例如,图 4.2 初始状态的数码逆转次数为 9。

(4) 综合启发函数。它克服了仅计算数码逆转个数的局限,将位置不符的数码个数与 3 倍逆转数码个数相加。

这个例子说明,设计一个好的启发函数相当有难度。启发函数的设计是一个经验问题,判断和直觉是很重要的因素,而衡量其好坏的最终标准是在具体应用时的搜索效果。

4.5.3　A 搜索算法

A 搜索算法是基于估价函数的一种加权启发式图搜索算法。

A 搜索算法的基本思想是：设计一个与问题有关的估价函数 $f(n)=g(n)+h(n)$，然后按 $f(n)$ 值的大小排列待扩展状态的次序，每次选择 $f(n)$ 值最小的状态进行扩展。

例 4.8　图 4.16 给出了利用 A 搜索算法求解八数码问题的搜索树，解的路径为 $S\rightarrow B\rightarrow E\rightarrow I\rightarrow K\rightarrow L$。

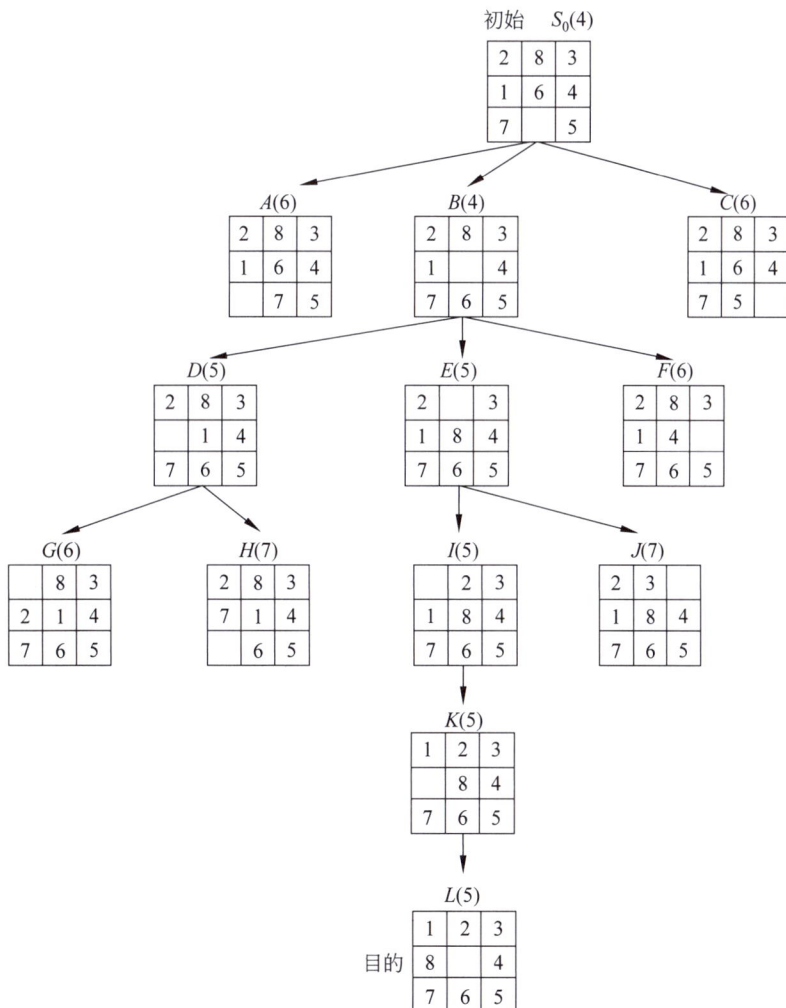

图 4.16　利用 A 搜索算法求解八数码问题的搜索树

这里的估价函数定义为状态的深度(已经搜索的步数)和与八数码问题的目标布局相比位置不符的数码个数之和,表示为

$$f(n) = d(n) + w(n)$$

其中,$d(n)$ 代表状态的深度,一步为单位代价;$w(n)$ 表示以位置不符的数码个数作为启发信息的度量。

图 4.16 中状态旁的括号内的数字表示该状态的估价函数值。例如,A 的状态深度为 1,位置不符的数码个数为 5,所以 A 的估价函数值为 6;又如,E 的状态深度为 2,位置不符的数码个数为 3,所以 E 的估价函数值为 5。

启发信息给得越多,即估价函数值越大,则 A 搜索算法要搜索处理的状态数就越少,其效率就越高。但也不是估价函数值越大越好,这是因为,即使估价函数值很大,A 搜索算法也不一定能搜索到最优解。如何能够保证搜索到最优解呢? 这就需要使用 A* 搜索算法。

4.5.4 A* 搜索算法

A* 搜索算法是由著名的人工智能学者、斯坦福大学教授尼尔森(Nils J. Nilsson)提出的,它是目前最有影响的启发式图搜索算法,也称为最佳图搜索算法。

> 我们大都有帮人买东西的经历。例如,别人托我们买一件某品牌的衣服,假设市场上这种品牌的衣服最低价格是 1000 元。如果别人希望价格在 1500 元以内,那么,我们只要搜索到价格不高于 1500 元的衣服,要看的商店明显会少很多。但不一定能够保证买到价格 1000 元的衣服,除非第一次遇到的价格不高于 1500 元的衣服就是价格不高于 1000 元的衣服。这种搜索就是 A 搜索算法。如果别人希望价格在 1000 元以内,那么,我们要一直搜索到价格不高于 1000 元的衣服,这样可能就要看很多商店。这种搜索就是 A* 搜索算法。

能否保证找到最短路径(最优解)的关键在于估价函数中 $h(n)$ 的选取。

如果以 $h^*(n)$ 表示状态 n 到目标状态的最小代价,那么估计代价 $h(n)$ 的选取有如下 3 种情况:

(1) $h(n) < h^*(n)$,即选择的估计代价 $h(n)$ 小于实际的最小代价。在这种情况下,

搜索的点数多,搜索范围大,效率低,但能得到最优解。

(2) $h(n)=h^*(n)$,即选择的估计代价 $h(n)$ 等于实际的最小代价。搜索将严格沿着最短路径进行,此时的搜索效率是最高的。

(3) $h(n)>h^*(n)$,即选择的估计代价 $h(n)$ 大于实际的最小代价。在这种情况下,搜索的点数少,搜索范围小,效率高,但不能保证得到最优解。

前两种情况就是这里要介绍的 A* 搜索算法。

定义 $h^*(n)$ 为状态 n 到目的状态的最优路径的代价,则当 A 搜索算法的启发函数 $h(n)$ 小于或等于 $h^*(n)$,即满足

$$h(n) \leqslant h^*(n),\text{对所有节点 } n \tag{4.2}$$

时,被称为 A* 搜索算法。

如果某一问题有解,那么利用 A* 搜索算法对该问题进行搜索一定能得到解,并且一定能得到最优解。因此,A* 搜索算法比 A 搜索算法好,它不仅能得到目标解,并且还一定能找到最优解(只要问题有解)。

在例 4.8 描述的八数码问题中的 $w(n)$ 即为 $h(n)$,它表示位置不符的数码个数。$w(n)$ 满足了 $h(n) \leqslant h^*(n)$ 的条件,因此,图 4.16 描述的八数码问题的 A 搜索树也是 A* 搜索树,所得的解 $S_0 \to B \to E \to I \to K \to L$ 为最优解,其步数为状态 L 旁标注的 5,因为这时位置不符的数码为 0。

4.5.5　蒙特卡洛树搜索算法

下棋思维过程:我们下棋时,每走一步前不可能在脑子里把所有可能的棋步都列出来,而是根据"棋感"大致筛选出了几种"最可能"的走法,然后再比较出自己感觉"最好"的走法。这就是蒙特卡洛树搜索算法的设计思路。

蒙特卡洛树搜索(Monte Carlo Tree Search,MCTS)算法是 Remi Coulom 在 2006 年在围棋人机对战引擎 Crazy Stone 中首次发明并使用的。蒙特卡洛树搜索是在完美信息博弈场景中进行决策的一种通用技术,除游戏之外,它还在很多现实世界的应用中有着广阔前景。

蒙特卡洛树搜索算法是一种基于树数据结构的启发式搜索算法,是一类树搜索算法

的统称。MCTS 并不是一种"模拟人"的算法,而是一种博弈树搜索方法,是通过随机地对游戏进行推演来逐渐建立一棵不对称的搜索树的过程。

注意:蒙特卡洛树搜索和蒙特卡洛方法不是同一种算法。蒙特卡洛树搜索算法是利用蒙特卡洛方法估计每个动作优劣。

蒙特卡洛树搜索大概可以被分成四步。选择(Selection),拓展(Expansion),模拟(Simulation),反向传播(Backpropagation)。

在开始阶段,搜索树只有一个节点,也就是我们需要决策的局面。搜索树中的每一个节点包含了三个基本信息:代表的局面,被访问的次数,累计评分。

1. 选择

选择是指从搜索树的根节点开始,也就是要做决策的局面 R 出发,向下选择一个最急需被拓展的节点 N。

在选择阶段,需要从根节点向下选择一个最急迫需要被拓展的节点 N。节点 R 是每一次迭代中第一个被检查到的节点。对于被检查到的节点可能有以下 3 种可能。

(1) 完全展开节点:该节点所有可行动作都已经被拓展过。那么计算该节点所有子节点的 UCT 值,并找到一个值最大的子节点继续检查。反复向下迭代。

(2) 未完全展开节点:该节点有可行动作还未被拓展过。例如有 10 个可行动作,但是在搜索树中才创建了 9 个子节点,那么就认为这个节点是本次迭代的目标节点 N,并找出 N 还未被拓展的节点 L 执行"拓展"步骤。

(3) 未访问节点:该节点所有可行动作都未被拓展过。那么从该节点直接执行"回溯"步骤。

在反复迭代之后,将在搜索树的底端找到一个节点,来继续后面的步骤。

直观的想法:胜率大的节点是最有可能被选择的节点。但这样选择会导致一开始随机走子的时候赢了一盘,就会一直走这个节点了。为了避免这些情况发生,构造一个函数

$$\text{UCT}(v_i, v) = \frac{Q(v_i)}{N(v_i)} + c\sqrt{\frac{\log(N(v))}{N(v_i)}} \tag{4.3}$$

其中,$Q(v)$ 是节点 v 赢的次数,$N(v)$ 是节点 v 模拟的次数,c 是一个常数。

从根节点出发,遵循最大最小原则,每次选择己方 UCT 值最优的一个节点,向下搜索,直到找到一个"未完全展开的节点",然后随机选一个节点进行扩展。上式第一部分是模拟的胜率;随着访问次数的增加,第二部分的值会越来越小。因此,会倾向于选择那

些还没有怎么被统计过的节点。

2. 拓展

如果节点不是一个终止节点,则随机选择一个尚未拓展的节点 A,在搜索树中创建一个新的节点 M。

3. 模拟

从新节点 M 出发,模拟拓展搜索树,直到找到一个终止节点。为了让新的节点 M 得到一个初始的评分,从 M 开始让游戏随机进行,直到得到一个游戏结局,这个结局将作为 M 的初始评分。一般使用胜利或者失败的次数作为评分,例如,模拟了 10 盘,赢了 4 盘,则记为 $4/10$。

4. 反向传播

在 M 的模拟结束后,它的父节点 N 以及从根节点到 N 的路径上的所有节点都会根据本次模拟的结果来添加自己的累计评分。如果在"选择"步骤中直接发现了一个游戏结局的话,根据该结局来更新评分。

每一次迭代都会拓展搜索树,随着迭代次数的增加,搜索树的规模也不断增加。当到了一定的迭代次数或者时间之后结束,选择根节点下最好的子节点作为本次决策的结果。一般来说,最佳走法就是具有最高访问次数的节点。

4.6 本章小结

1. 搜索的概念

在搜索中需要解决是否一定能找到一个解、是否终止运行、找到的解是否最优解、搜索过程的时间与空间复杂性如何等基本问题。

搜索的方向有正向搜索、逆向搜索和混合搜索。

盲目搜索是在不具有对特定问题的任何有关信息的条件下,按固定的步骤(依次或随机调用操作算子)进行的搜索。

启发式搜索则是考虑特定问题领域可应用的知识,动态地确定调用操作算子的步骤,优先选择较适合的操作算子。

2. 状态空间知识表示方法

状态空间是利用状态变量和操作符号表示系统或问题的有关知识的符号体系,状态空间用四元组(S, O, S_0, G)表示。

任何类型的数据结构(如符号、字符串、向量、多维数组、树和表格等)都可以用来描述状态。

从S_0节点到G节点的路径被称为求解路径。状态空间的一个解是一个有限的操作算子序列,它使初始状态转换为目的状态。

3. 回溯策略

带回溯策略的搜索是从初始状态出发,不停地、试探性地寻找路径。若它遇到不可解节点就回溯到路径中最近的父节点上,查看该节点是否还有其他的子节点未被扩展,若有,则沿这些子节点继续搜索。如果到达目的状态,就成功退出搜索,返回解题路径。

回溯是状态空间搜索的一个基本算法。各种图搜索算法,包括宽度优先搜索、深度优先搜索、最好优先搜索等,都含有回溯的思想。

4. 宽度优先搜索法

宽度优先搜索法是由S_0生成新状态,然后依次扩展这些状态,再生成新状态;一层扩展完后,再进入下一层,如此一层一层地扩展下去,直到搜索到目的状态时为止(如果目的状态存在)。

5. 深度优先搜索法

深度优先搜索法是从S_0出发,沿一个方向一直扩展下去,直到达到一定的深度。如果未找到目的状态或无法再扩展,便回溯到另一条路径继续搜索;如果还未找到目的状态或无法再扩展,再回溯到另一条路径搜索。

6. 启发式图搜索策略

在具体求解中,能够利用与该问题有关的信息简化搜索过程,称此类信息为启发信息,而称这种利用启发信息的搜索过程为启发式搜索。

A搜索算法是寻找并设计一个与问题有关的$h(n)$并构造出$f(n) = g(n) + h(n)$,然后以$f(n)$值的大小排列待扩展状态的次序,每次选择$f(n)$值最小的状态进行扩展。

定义$h^*(n)$为状态n到目的状态的最优路径的代价。对于具体问题,只要有解,则一定存在$h^*(n)$。于是,当要求估价函数中的$h(n)$都小于或等于$h^*(n)$时,A搜索算法就成为A^*搜索算法。

讨论题

4.1　什么是搜索？如果按照搜索过程中有没有运用启发式信息，有哪两类搜索方法？两者的区别是什么？

4.2　什么是启发式搜索？什么是启发信息？

4.3　用状态空间法表示问题时，什么是问题的解？求解过程的本质是什么？什么是最优解？

4.4　什么是盲目搜索？有哪几种盲目搜索策略？

4.5　什么是回溯策略？

4.6　在深度优先搜索中，每个节点的子节点是按某种次序生成和扩展的。在决定生成子状态的最优次序时，应该用什么标准来衡量？

4.7　宽度优先搜索与深度优先搜索有何不同？分析两者的优缺点。在何种情况下宽度优先搜索优于深度优先搜索？在何种情况下深度优先搜索优于宽度优先搜索？

4.8　什么是 A* 搜索算法？它的估价函数是如何确定的？A* 搜索算法与 A 搜索算法的区别是什么？

第 5 章

模拟生物进化的遗传算法

受自然界规律的启迪,人们设计了许多求解问题的算法,包括人工神经网络、模糊逻辑、遗传算法、DNA 计算、模拟退火算法、禁忌搜索算法、免疫算法、膜计算、量子计算、粒子群优化算法、蚁群优化算法、人工蜂群算法、人工鱼群算法以及细菌群体优化算法等,这些算法皆称为智能计算(Intelligent Computing,IC),也称为计算智能(Computational Intelligence,CI)。智能优化方法通常包括进化计算和群智能两大类,目前已经广泛应用于组合优化、机器学习、智能控制、模式识别、规划设计、网络安全等领域,是 21 世纪智能计算的重要技术之一。

本章首先简要介绍进化算法的概念,详细介绍基本遗传算法,它是进化算法的基本框架;然后介绍双倍体、双种群、自适应等比较典型的改进遗传算法及其应用;最后介绍基于遗传算法的生产调度方法。

5.1　进化算法的生物学背景

达尔文与进化论。1858 年 7 月 1 日,达尔文(C. R. Darwin)与华莱士(A. R. Wallace)在伦敦林奈学会上宣读了关于进化论的论文。进化论认为自然选择是生物进化的动力。生物都有繁殖过盛的倾向,而生存空间和食物是有限的,生物必须"为生存而斗争"。在同一种群中的个体存在着变异,那些具有能适应环境的有利变异特性的个体将存活下来,并繁殖后代;而那些不具有有利变异特性的个体就会被淘汰。如果自然条件的变化是有方向的,则经过长期的自然选择,微小的变异就得到积累而成为显著的变异,由此可能导致亚种和新物种的形成。

进化算法(Evolutionary Algorithm,EA)是以达尔文的进化论思想为基础,通过模拟生物进化过程与机制求解问题的自组织、自适应的人工智能技术,是借鉴生物界自然选择和自然遗传机制的随机搜索算法,进化算法中的各种方法本质上从不同的角度对达尔文的进化原理进行了不同的运用和阐述,非常适用于传统搜索方法难以解决的复杂的和非线性的优化问题。

进化算法是一个算法簇,包括遗传算法(Genetic Algorithm,GA)、遗传规划(Genetic Programming)、进化策略(Evolution Strategy)和进化规划(Evolution Programming)等。尽管它们有不同的遗传基因表达方式、不同的交叉算子、变异算子和其他特殊算子以及不同的再生和选择方法,但它们的灵感都来自大自然的生物进化。进化算法的基础是遗传算法所描述的框架。

与传统的基于微积分的方法和穷举法等优化算法相比,进化算法是一种具有高鲁棒性和广泛适用性的全局优化方法,具有自组织、自适应、自学习的特性,能够不受问题性质的限制,能适应不同的环境和不同的问题,有效地处理传统优化算法难以解决的大规模复杂优化问题。

进化算法类似于生物进化,需要经过长时间的成长和演化,最后收敛到最优化问题的一个或者多个解。因此,了解一些生物进化过程,有助于理解遗传算法的工作过程。

"适者生存"揭示了大自然生物进化过程中的一个规律:适应自然环境的群体往往产生较大的后代群体。生物进化的基本过程如图 5.1 所示。

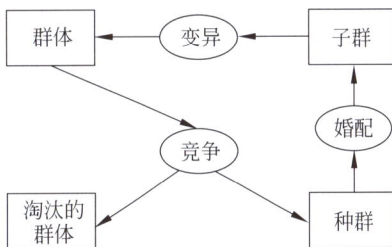

图 5.1　生物进化的基本过程

羚羊群进化过程。有群体的地方就有竞争。羚羊竞争的标准是力气大、速度快。力气大,占有的配偶就多,繁殖的后代就多;速度快,被吃掉的可能性就小。当然,力气小的也可能繁殖后代,只是可能性比较小;跑得快的也可能被吃掉,只是被吃掉的可能性比较小。竞争胜出者进入种群,以一定的随机性选择配偶交配,繁殖后代。后代继承了父母的基因,称为遗传,但其生物特性和父母又不完全一样,会发生一些变化,称为变异。新生的小羚羊加入群体。新的群体再进行竞争,进入新一轮进化。这样不断进

化,羚羊群总体上越来越优秀。羚羊群进化过程中的随机性能够使得种群
具有多样性。遗传算法模拟生物进化的机理,能够得到最优化问题的最
优解。

生物的遗传物质的主要载体是染色体(chromosome),DNA 是其中最主要的遗传物质。染色体中基因的位置称作基因座,而基因所取的值又称为等位基因。基因和基因座决定了染色体的特征,也决定了生物个体(individual)的性状,如头发的颜色是黑色、棕色或者金黄色等。

以一个初始生物群体(population)为起点,经过竞争后,一部分个体被淘汰而无法再进入这个循环圈,而另一部分则胜出成为种群。竞争过程遵循生物进化中"适者生存,优胜劣汰"的基本规律,所以都有一个竞争标准,或者生物适应环境的评价标准。适应程度高的并不一定进入种群,只是进入种群的可能性比较大;而适应程度低的个体并不一定被淘汰,只是进入种群的可能性比较小。这一重要特性保证了种群的多样性。

在生物进化中,种群经过婚配产生子代群体(简称子群)。在进化的过程中,可能会因为变异而产生具有新的生物特性的个体。基因决定了生物机体的某种特征,如头发的颜色、耳朵的形状等。综合变异的作用,子群成长为新的群体而取代旧的群体。在新的一轮循环过程中,新的群体代替旧的群体而成为循环的开始。

5.2 遗传算法

5.2.1 遗传算法的发展历史

遗传算法的研究兴起在 20 世纪 80 年代末和 90 年代初,但它的起源可追溯到 20 世纪 60 年代初期。早期的研究大多以对自然遗传系统的计算机模拟为主,其特点是侧重于对某些复杂操作的研究。虽然其中像自动博弈、生物模拟、模式识别和函数优化等给人以深刻的印象,但总的来说,这是一个无明确目标的发展时期,缺乏指导性的理论。这种现象直到 20 世纪 70 年代中期,由于美国密歇根大学霍兰(J. Holland)和迪乔恩(G. DeJong)的创造性研究成果的发表才得到改观。

1967 年,霍兰教授的学生巴格利(J. D. Bagley)在他的博士论文中首次提出了"遗传算法"这一术语,并讨论了遗传算法在博弈中的应用。他提出的选择、交叉和变异操作与

目前遗传算法中的相应操作十分接近,尤其是他对选择做了十分有意义的研究。他认识到,在遗传进化过程的前期和后期,选择概率应适当地变动。为此,他引入了适应度定标的概念。尽管巴格利没有进行计算机模拟实验,但这些思想对于遗传算法后来的发展具有重要的意义。在同一时期,罗森伯格(C. Rosenberger)也对遗传算法进行了研究。他的研究依然是以模拟生物进化为主,但他在遗传操作方面提出了不少独特的设想。

1970 年,卡维基奥(G. Cavicchio)把遗传算法应用于模式识别中。1971 年,霍尔斯汀(R. B. Hollstien)第一个把遗传算法用于函数优化。他在论文《计算机控制系统中人工遗传自适应方法》中阐述了将遗传算法用于数字反馈控制的方法,但实际上,该论文主要讨论了对于二变量函数的优化问题,其中,对于优势基因控制、交叉和变异以及各种编码技术进行了深入的研究。

1975 年是遗传算法研究历史上十分重要的一年。这一年,霍兰出版了他的专著《自然系统和人工系统的适配》,系统地阐述了遗传算法的基本理论和方法,并提出了对遗传算法的理论研究和发展极为重要的模式理论。同年,迪乔恩完成了重要论文《遗传自适应系统的行为分析》,把霍兰的模式理论与自己的计算实验结合起来。这是遗传算法发展中的又一个里程碑。尽管迪乔恩和霍尔斯汀一样主要侧重于函数优化的应用研究,但他将选择、交叉和变异操作进一步完善和系统化。迪乔恩的研究工作为遗传算法及其应用打下了坚实的基础,他得出的许多结论具有普遍的指导意义。

20 世纪 80 年代以后,遗传算法进入蓬勃发展时期,无论是理论研究还是应用研究都成了十分热门的课题。遗传算法广泛应用于自动控制、生产计划、图像处理、机器人等研究领域。

5.2.2　遗传算法的基本思想

遗传算法主要借鉴了生物进化中"适者生存"的规律。在遗传算法中,染色体对应的是数据或数组,通常是由一维的串结构数据来表示的。串上各个位置对应基因座,而各位置上所取的值对应等位基因。遗传算法处理的是染色体,或者称为个体。一定数量的个体组成了群体,称为种群。种群中个体的数量称为种群的大小,也叫种群的规模。各个个体对环境的适应程度叫适应度。适应度高的个体被选择进行遗传操作,产生新个体,体现了生物遗传中"适者生存"的原理。选择两个染色体进行交叉产生一组新的染色体的过程类似于生物遗传中的交配。编码的某个分量发生变化的过程类似于生物遗传中的变异。

遗传算法对于自然界中生物遗传与进化机理进行模仿,针对不同的问题设计了许多不同的编码方法来表示问题的可行解,产生了多种不同的遗传算子来模仿不同环境下的生物遗传特性。这样,由不同的编码方法和不同的遗传算子就构成了各种不同的遗传算法。但这些遗传算法都具有共同的特点,即通过对生物遗传和进化过程中选择、交叉、变异机理的模仿来完成对问题最优解的自适应搜索过程。基于这个共同的特点,古德伯格(D. E. Goldberg)提出了基本遗传算法(Simple Genetic Algorithms,SGA),只使用选择算子、交叉算子和变异算子3种基本遗传算子,其遗传进化操作过程简单,容易理解,给各种遗传算法提供了一个基本框架。

5.2.3 编码

遗传算法中包含5个基本要素:参数编码、初始群体的设定、适应度函数的设计、遗传操作设计和控制参数设定。

> 字符显示屏。在银行、医院、机场、车站等许多场所都会用到显示屏。显示屏上排列了许多灯泡。每个灯泡只有两个状态:亮与不亮。显示不同的文字或者符号其实就是让有些灯亮,让有些灯不亮。这样,显示某些字符就归结为输出一个二进制串。例如,显示屏由100行、300列灯泡组成,则一屏字符就归结为一个30 000位的二进制串。这就是二进制编码的基本原理。
>
> 翻花。在国庆节等许多庆祝活动中,观众可以看到天安门广场上的一幅幅巨大的标语和图案,如"庆祝国庆""中华人民共和国万岁"等标语,以及五星红旗等美丽的图案,这就是翻花。几万个学生前后左右等间距地站在广场上,每个学生有红、黄、蓝、绿、黑、白六色翻花,每个学生拿出指定颜色的花就组成了不同的文字或者图案。这也是一种编码。与字符显示屏不同的是,翻花的每一位上的编码不只是0或者1,而是数字1~6。

遗传算法求解问题时不是直接作用于问题的解空间,而是作用于解的某种编码。因此,必须通过编码将问题的解表示成遗传空间中的染色体或者个体。它们由基因按一定结构组成。对于某个具体问题,编码方式不是唯一的。由于遗传算法的鲁棒性,对编码方式的要求一般并不苛刻,但编码方式有时对算法的性能、效率等会产生很大影响。

将问题的解编码为一维排列的染色体的方法称为一维染色体编码方法。

一维染色体编码中最常用的符号集是二值符号集$\{0,1\}$，即二进制编码。

1. 二进制编码

二进制编码用若干二进制数表示一个个体。

例如，将遗传算法应用于信号采集通道优化问题。使用二进制编码表示通道组合：0 表示未选择该通道，1 表示选择该通道，即，将 C_i 定义为通道 i 的状态，$C_i = 1$ 表示选择通道 i，而 $C_i = 0$ 表示不选择通道 i。$\sum_{i=1}^{16} C_i = N$ 表示在整个染色体中选择了 N 个通道。例如，选择第 2、4、6、8、9、11、12、16 这 8 个通道，可以表示为 16 位二进制编码 0101010110110001，如图 5.2 所示。通过设计这样的遗传编码，不仅给出了选择的通道数目，而且给出了选择的通道的具体分布。

通道编号	C_1	C_2	C_3	C_4	C_5	C_6	C_7	C_8	C_9	C_{10}	C_{11}	C_{12}	C_{13}	C_{14}	C_{15}	C_{16}
染色体	0	1	0	1	0	1	0	1	1	0	1	1	0	0	0	1

图 5.2　选择了通道 2、4、6、8、9、11、12、16 的染色体的二进制编码

二进制编码的优点如下：二进制编码类似于生物染色体的组成，从而使算法易于用生物遗传理论解释，并使得遗传操作（如交叉、变异等）很容易实现。另外，采用二进制编码时，算法处理的模式数量最多。

二进制编码的缺点如下：在求解高维优化问题时，二进制编码串将非常长，从而使得算法的搜索效率很低。相邻整数的二进制编码可能具有较大的海明距离。海明距离是指两个数码串中对应位的值不相同的数量。例如，15 和 16 的二进制表示为 01111 和 10000，因此，算法要从 15 改进到 16，就必须改变所有的位。这种缺陷造成了"海明悬崖"，将降低遗传算子的搜索效率。

2. 实数编码

为克服二进制编码的缺点，对问题的变量是实向量的情形，可以直接采用实数编码。采用实数表示法不必进行数制转换，可直接在解的表现型上进行遗传操作，从而可引入与问题领域相关的启发信息以增强算法的搜索能力。

3. 多参数级联编码

多参数优化问题的遗传算法常采用多参数级联编码。其基本思想是：对每个参数先进行二进制编码，得到子串，再把这些子串连成一个完整的染色体。多参数级联编码中的每个子串对应不同的编码参数，所以，可以有不同的串长度和参数的取值范围。

5.2.4 种群设定

由于遗传算法是对种群进行操作的,所以,必须为遗传操作准备一个由若干初始解组成的初始种群。种群设定主要包括以下两方面:初始种群的产生和种群规模的确定。

1. 初始种群的产生

遗传算法中初始种群中的个体一般是随机产生的,但最好采用如下策略设定:先随机产生一定数目的个体,然后从中挑选最好的个体加入初始种群中。这种过程不断迭代进行,直到初始种群中的个体数目达到了预先确定的规模。

2. 种群规模的确定

种群规模影响遗传优化的结果和效率。

种群规模太小,会使遗传算法的搜索空间范围有限,因而搜索有可能停止在未成熟阶段,出现未成熟收敛现象,使算法陷入局部最优解。当种群规模太小时,遗传算法的优化性能一般不会太好,这就如同动物种群太小时会出现近亲繁殖,影响种群质量一样。因此,必须保持种群中个体的多样性,即种群规模不能太小。

种群规模越大,遗传操作所处理的模式就越多,产生有意义的个体并逐步进化为最优解的机会就越大。但种群规模太大会带来若干弊病:一是遗传算法中所有的计算与操作都是由 CPU 完成的,所以当种群规模太大时,其适应度评估次数增加,则计算量也增加,从而影响算法效率;二是种群中个体生存下来的概率大多和适应度成正比,当种群中的个体非常多时,少量适应度很高的个体会被选择而生存下来,但大多数个体却会被淘汰,这会影响配对库的形成,从而影响交叉操作。

综合考虑以上所述的利弊,许多实际优化问题的种群规模取为 20～100。

思考:为什么动物种群规模越大越好,而遗传算法中的种群规模不能太大?

5.2.5 适应度函数

遗传算法遵循自然界优胜劣汰的原则,在进化搜索中基本上不用外部信息,而是用适应度值表示个体的优劣,作为遗传操作的依据。例如,前面提到的羚羊群的优秀的评价标准就是力气大和跑得快。个体的适应度高,则被选择的概率就高,反之就低。改变种群内部结构的操作都是通过适应度值加以控制的。可见,适应度函数的设计是非常重要的。

适应度值是对解的质量的一种度量。适应度函数(fitness function)是用来区分种群中的个体优劣的标准,是进化过程中进行选择的唯一依据。在具体应用中,适应度函数的设计要结合待求解问题本身的要求而定。

1. 将目标函数映射为适应度函数

一般而言,适应度函数是由目标函数变换而来的,但要保证适应度函数是最大化问题和非负性。最直观的方法是直接将最优化问题的目标函数作为适应度函数。

若目标函数为最大化问题,则适应度函数可以取为

$$\text{Fit}(f(x)) = f(x) \tag{5.1}$$

若目标函数为最小化问题,则适应度函数可以取为

$$\text{Fit}(f(x)) = \frac{1}{f(x)} \tag{5.2}$$

由于在遗传算法中要对个体的适应度值进行排序,并在此基础上计算选择概率,所以适应度函数的值要取非负值。但在许多优化问题求解中,不能保证所有的目标函数值都有非负值。因此,在不少场合,当采用问题的目标函数作为个体的适应性度量时,必须将目标函数转换为求最大值的形式,而且要保证函数值必须非负。

2. 适应度函数的尺度变换

> 有一份试卷的题目存在一些问题,没有拉开学生的成绩。例如,学生成绩都集中在 75～85 分,这样会影响学生的学习积极性。面对这种情况,为了调动学生的积极性,有的老师对考试成绩进行变换,例如将 75 分变换到 65 分,而将 85 分变换到 95 分,这样学生成绩差距加大。遗传算法的适应函数的尺度变换的思想与此类似。

在遗传算法中,将所有妨碍适应度值高的个体产生,从而影响遗传算法正常工作的问题统称为欺骗问题(deceptive problem)。

在设计遗传算法时,种群的规模一般为几十至几百,与实际物种的规模相差很远。因此,个体繁殖数量的调节在遗传操作中就显得比较重要。如果种群中出现了超级个体,即该个体的适应度值大大超过种群的平均适应度值,则按照适应度值进行选择时,该个体很快就会在种群中占有很大的比例,从而导致算法较早地收敛到一个局部最优点,这种现象称为过早收敛。这是一种欺骗问题。在这种情况下,应该缩小该个体的适应度值,以降低其竞争力。另外,在搜索过程的后期,虽然种群中存在足够的多样性,但种群

的平均适应度值可能会接近种群的最优适应度值。在这种情况下,种群中实际上已不存在竞争,从而搜索目标也难以得到改善,出现了停滞现象。这也是一种欺骗问题。在这种情况下,应该改变原始适应度值的比例关系,以提高个体之间的竞争力。

对适应度函数值域的某种映射变换称为适应度函数的尺度变换(scaling)或者定标。

最常用的尺度变换是线性变换,即变换后的适应度函数 f' 与原适应度函数 f 为线性关系:

$$f' = af + b \tag{5.3}$$

式中,对系数 a 和 b 可以有多种途径进行设定。例如,可由式(5.4)确定:

$$a = \frac{f_{\text{avg}}}{f_{\text{avg}} - f_{\text{min}}}, \quad b = \frac{-f_{\text{min}} f_{\text{avg}}}{f_{\text{avg}} - f_{\text{min}}} \tag{5.4}$$

式中,f_{avg} 为原适应度的平均值,f_{min} 为原适应度的最小值。

线性变换法改变了适应度值之间的差距,保持了种群的多样性,计算简便,易于实现。

5.2.6 选择

遗传算子是模拟生物基因遗传的操作,从而实现优胜劣汰的进化过程。遗传算法中主要包括 3 个基本遗传算子:选择(selection)、交叉(crossover)和变异(mutation)。

选择操作也称为复制(reproduction)操作,是从当前种群中按照一定概率选出优良的个体,使它们有机会作为父代繁殖下一代。判断个体优劣的准则是各个个体的适应度值。显然这一操作借鉴了达尔文"适者生存"的进化原则,即个体适应度值越大,其被选择的机会就越大。选择操作的实现方法有很多。优胜劣汰的选择机制使得适应度值大的解有较高的存活概率,这是遗传算法与一般搜索算法的主要区别之一。

不同的选择策略对算法的性能也有较大的影响。这里介绍几种常用的选择方法。

1. 个体选择概率分配方法

在遗传算法中,选择哪个个体进行交叉和变异是按照概率进行的。适应度值大的个体被选择的概率大,但不是说一定能够选上;适应度值小的个体被选择的概率小,但也可能被选上。所以,首先要根据个体的适应度值确定其被选择的概率。个体被选择的概率的常用分配方法有以下两种。

1) 适应度比例模型

适应度比例模型(fitness proportional model)也叫蒙特卡洛法,它是目前遗传算法中最基本也是最常用的选择方法。在该方法中,每个个体被选择的概率与其适应度值成正

比。设群体规模大小为 M,个体 i 的适应度值为 f_i,则这个个体被选择的概率为

$$p_i = \frac{f_i}{\sum_{i=1}^{M} f_i} \tag{5.5}$$

2）排序模型

排序模型(rank-based model)首先计算每个个体的适应度值,根据适应度值大小对种群中的个体进行排序,然后把事先设计好的概率按排序分配给个体,作为各自的选择概率。选择概率仅仅取决于个体在种群中的序位,而不是实际的适应度值。排在前面的个体被选择的机会较大。

它的优点是克服了适应度比例模型的过早收敛和停滞现象等问题,而且对于极大值或极小值问题不需要进行适应度值的标准化和调节,可以直接使用原始适应度值进行排序和选择。排序模型比适应度比例模型具有更好的鲁棒性,是一种比较好的选择方法。

最常用的排序模型是线性排序模型。该模型是由贝克(J. E. Baker)提出的。首先假设种群成员按适应度值从大到小依次排列为 $x_1,x_2,\cdots,x_M$,然后根据一个线性函数给第 i 个个体 x_i 分配选择概率 p_i:

$$p_i = \frac{a - bi}{M(M+1)} \tag{5.6}$$

式中,a、b 是常数,这两个系数是为了保证所有个体的概率之和等于 1,以满足概率的数学定义。

2. 选择个体方法

选择操作是根据个体的选择概率确定哪些个体被选择进行交叉、变异等操作。基本的选择方法有以下 4 种。

1）轮盘选择方法

轮盘选择(roulette wheel selection)方法在遗传算法中使用得最多。在轮盘选择方法中,先按个体的选择概率产生一个轮盘,轮盘每个扇形区域的角度与个体的选择概率成正比;然后产生一个随机数,它落入轮盘的某个区域,就选择相应的个体交叉。显然,选择概率大的个体被选中的可能性大,获得交叉的机会就大。

在实际计算时,可以按照个体顺序求出每个个体的累积概率;然后产生一个随机数,它落入累积概率的某个区域,就选择相应的个体交叉。例如,表 5.1 给出了 11 个个体的适应度值、选择概率和累积概率。为了选择交叉个体,需要进行多轮选择。例如,第 1 轮产生的随机数为 0.81,落在第 5 个和第 6 个个体之间,则第 6 个个体被选中;第 2 轮产生

的随机数为 0.32,落在第 1 个和第 2 个个体之间,则第 2 个个体被选中。

表 5.1　11 个个体的适应度值、选择概率和累积概率

个体	1	2	3	4	5	6	7	8	9	10	11
适应度值	2.0	1.8	1.6	1.4	1.2	1.0	0.8	0.6	0.4	0.2	0.1
选择概率	0.18	0.16	0.14	0.13	0.11	0.09	0.07	0.05	0.04	0.02	0.01
累积概率	0.18	0.34	0.48	0.61	0.72	0.81	0.88	0.93	0.97	0.99	1.00

2) 锦标赛选择模型

锦标赛选择模型(tournament selection model)从种群中随机选择 k 个个体,将其中适应度最高的个体保存到下一代。这一过程反复执行,直到个体数量达到预先设定的数量为止。参数 k 称为竞赛规模。

锦标赛选择模型的优点是克服了在种群规模很大时其额外计算量(如计算总体适应度值或排序)很大的问题。它常常比轮盘选择得到更多样化的种群。

显然,这种方法也使得适应值大的个体具有较大的生存机会。同时,由于它只使用适应度值的排序作为选择的标准,而与适应度值的大小不成正比,从而也能避免超级个体的影响,一定程度上避免了过早收敛和停滞现象的发生。

3) 随机竞争方法

作为锦标赛选择方法的一种特殊情况,随机竞争(stochastic tournament)的过程是:每次首先用轮盘选择方法选取一对个体,然后让这两个个体进行竞争,适应度值大者获胜。如此反复,直到选满为止。

4) 最佳个体保存方法

> 以前世界杯足球赛有一个规则:上届冠军球队直接进入决赛阶段比赛。其实,这就是遗传算法中的最佳个体保存方法。这个规则直到 2002 年韩日世界杯结束后才被取消。在 2006 年的德国世界杯上,上届冠军巴西队也参加了南美区预选赛。

前面几种选择个体的方法都存在的一个缺点是可能会把已经产生的最好的个体丢掉。为了克服这一缺点,可以采用最佳个体保存方法,即种群中适应度值最大的个体不经交叉而直接复制到下一代,保证遗传算法终止时得到的最后结果一定是历代出现过的最高适应度值的个体。使用这种方法能够明显提高遗传算法的收敛速度。

5.2.7 交叉

遗传算法中起核心作用的是交叉算子。交叉也称为重组(recombination)。通过交叉能够使父代将特征遗传给子代。子代应能够部分或者全部地继承父代的结构特征和有效基因。

1. 基本的交叉算子

基本的交叉算子包括一点交叉和两点交叉两种。

1) 一点交叉

一点交叉(single-point crossover)又称为简单交叉。其具体操作是：在两个被选择的个体中随机设定一个交叉点，进行交叉操作时，该点前后的两部分在两个个体之间进行互换，并生成两个新的个体。

如图 5.3 所示，A 和 B 两个父代个体产生两个子代个体 $A+B$ 和 $B+A$。$A+B$ 包含 A 从开始到交叉点的基因片段以及 B 从交叉点到结尾的基因片段；$B+A$ 包含 B 从开始到交叉点的基因片段以及 A 从交叉点到结尾的基因片段。

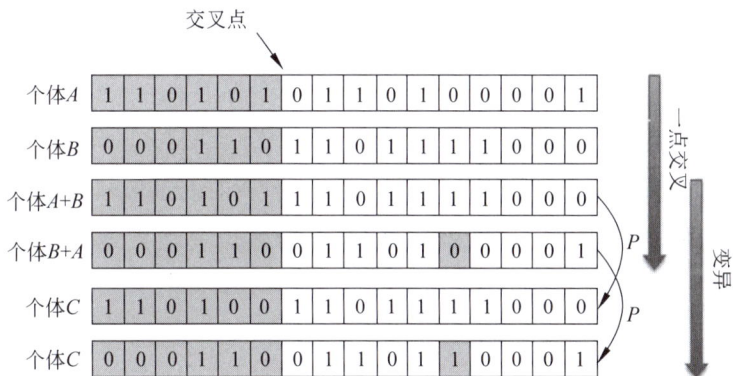

图 5.3 一点交叉和变异

2) 两点交叉

两点交叉(two-point crossover)的操作与一点交叉类似，只是设置了两个交叉点(仍然是随机设定的)，将两个交叉点之间的部分相互交换。类似于两点交叉，还可以采用多点交叉(multiple-point crossover)。

2. 修正的交叉方法

交叉可能产生不满足约束条件的非法个体。为解决这一问题，一种处理方法是对交叉产生的非法个体作适当的修正，使其自动满足优化问题的约束条件。例如，在旅行商问题中采用部分匹配交叉(Partially Matched Crossover,PMX)、顺序交叉(Order Crossover,OX)和循环交叉(Cycle Crossover,CX)等。这些方法对于其他一些问题也同样适用。下面介绍部分匹配交叉。

PMX 是由古德伯格和林格尔(R. Lingle)于 1985 年提出的。在 PMX 操作中,先随机产生两个位串交叉点,定义这两点之间的区域为匹配区域,并使用位置交换操作交换两个父串的匹配区域。例如,在任务排序问题中,两个父串及匹配区域为

$$A = 9 \quad 8 \quad 4 | 5 \quad 6 \quad 7 | 1 \quad 3 \quad 2$$
$$B = 8 \quad 7 \quad 1 | 2 \quad 3 \quad 9 | 5 \quad 4 \quad 6$$

首先交换 A 和 B 的两个匹配区域,得到两个新个体:

$$A' = 9 \quad 8 \quad 4 | 2 \quad 3 \quad 9 | 1 \quad 3 \quad 2$$
$$B' = 8 \quad 7 \quad 1 | 5 \quad 6 \quad 7 | 5 \quad 4 \quad 6$$

显然,A' 和 B' 中出现重复的任务,所以是非法的调度。解决的方法是将 A' 和 B' 中匹配区域外出现的重复任务按照匹配区域内的位置映射关系进行交换,从而使排列成为可行调度。例如,A' 的匹配区域外又出现了 2,则换成 5,因为在匹配区域内 A' 中的 2 对应 B' 中的 5,以此类推。

$$A'' = 7 \quad 8 \quad 4 | 2 \quad 3 \quad 9 | 1 \quad 6 \quad 5$$
$$B'' = 8 \quad 9 \quad 1 | 5 \quad 6 \quad 7 | 2 \quad 4 \quad 3$$

采用较大的交叉概率 P_c 可以增强遗传算法开辟新的搜索区域的能力,但优良的基因遭到破坏的可能性增加;而采用太低的交叉概率则会使搜索过早收敛。P_c 一般取 0.25～1.00。

5.2.8　变异

变异的主要目的是维持群体的多样性,对选择、交叉过程中可能丢失的某些遗传基因进行修复和补充。变异算子的基本内容是对群体中的个体串的某些基因座上的基因值进行变动。变异操作是按位进行的,即对某一位的内容进行变异。主要变异方法有:

(1) 位点变异。在个体码串中随机挑选一个或多个基因座,并对这些基因座的基因值以变异概率 P_m 作变动。对于二进制编码,若某位原为 0,则通过变异操作就变成了 1,反之亦然;对于整数编码,将被选择的基因变为以概率选择的其他基因。为了消除非法性,将其他基因所在的基因座上的基因变为被选择的基因。

如图 5.3 所示,A 和 B 两个父代个体产生两个子代个体 $A+B$ 和 $B+A$。随机选择

$A+B$ 的第 6 位进行变异,因为 $A+B$ 的第 6 位是 1,所以变异个体 C 的第 6 位变为 0;类似地,随机选择 $B+A$ 的第 12 位进行变异,因为 $B+A$ 的第 12 位是 0,所以变异个体 C 的第 12 位变为 1。

(2) 逆转变异。在个体码串中随机选择两点(称为逆转点),然后将两个逆转点之间的基因值以逆序插入原位置。

(3) 插入变异。在个体码串中随机选择一个基因,然后将此基因插入随机选择的插入点。

(4) 互换变异。随机选取个体的两个基因进行简单互换。

(5) 移动变异。随机选取一个基因,向左或者向右移动随机的位数。

在遗传算法中,变异属于辅助性的搜索操作。变异概率 P_m 一般不能太大,以防止种群中重要的、单一的基因丢失。事实上,变异概率太大将使遗传算法趋于纯粹的随机搜索。通常取变异概率 P_m 为 0.001 左右。

遗传算法的基本流程如图 5.4 所示。

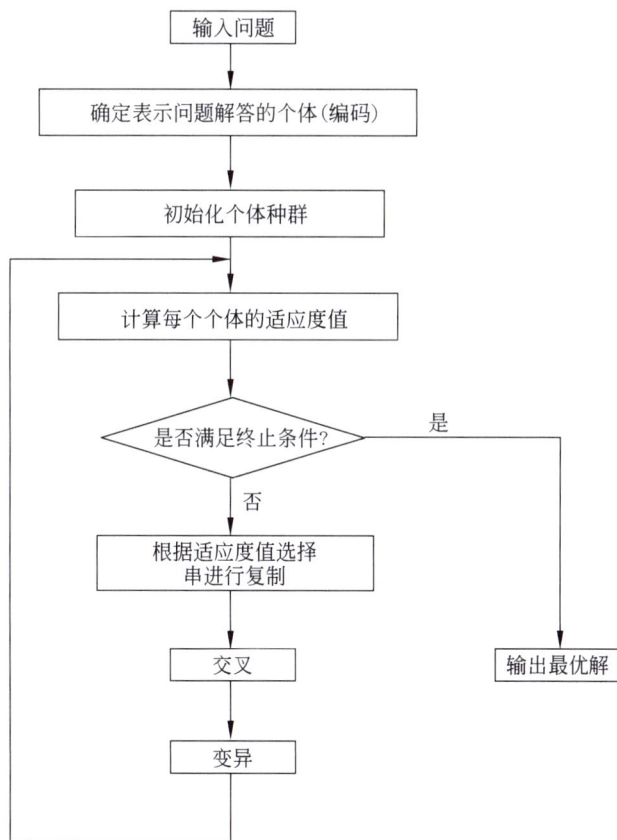

图 5.4　遗传算法的基本流程

5.3 遗传算法的主要改进算法

为了改进遗传算法的优化性能,人们提出了许多改进算法。下面介绍几种主要的改进算法。

5.3.1 双倍体遗传算法

1. 基本思想

霍兰提出的遗传算法通常被称作基本遗传算法(SGA)。SGA 的每个个体由一条染色体表示,所以是一种单倍体遗传。自然界中一些简单的植物采用这种遗传方式;而大多数动物和高级植物都采用双倍体遗传或者多倍体遗传,即每个个体由一对染色体或者多个染色体表示。

双倍体遗传算法(Double Chromosomes Genetic Algorithm,DCGA)采用显性和隐性两个染色体同时进行进化。因此,双倍体遗传算法提供了一种记忆以前有用的基因块的功能:在某些低适应度值的染色体中,其局部基因块十分有用,是最优解中的基因片段。但由于基因块在当前染色体中的位置不适等因素,导致当前染色体的适应度值不大。保留这些基因块,有利于提高种群的适应能力。因此,双倍体遗传延长了有用基因块的寿命,提高了算法的收敛能力,并且在变异概率低的情况下也能保持一定水平的多样性。

2. 双倍体遗传算法的设计

双倍体遗传算法的设计要解决以下几个主要问题。

(1) 编码/解码。对于双倍体遗传算法,种群中的每个个体都有两个染色体,一个是显性染色体,另一个是隐性染色体。显性染色体和隐性染色体的编码方式与基本遗传算法的编码方式相同。

(2) 选择算子。当进行选择操作时,仅计算显性染色体的适应度值,按照显性染色体的选择概率选择将个体放到下一代群体当中。

(3) 交叉算子。对于交叉操作,从群体中选取两个个体,两个个体的显性染色体进行交叉操作,两个个体的隐性染色体也同时进行交叉操作。显性交叉概率和隐性交叉概率可以相同,也可以不同,但一般设定为显性交叉概率小于隐性交叉概率。

(4) 变异算子。对于变异操作,个体的显性染色体按照正常的变异概率执行变异操作,而个体的隐性染色体则按照较大的变异概率执行变异操作。

（5）双倍体遗传算法显隐性重排算子。当选择、交叉、变异 3 个遗传算子都执行完成以后，比较各个个体的显性染色体的适应度值和隐性染色体的适应度值的大小。如果显性染色体的适应度值小于隐性染色体的适应度值，那么将原来的隐性染色体设置为显性染色体，而将原来的显性染色体设置为隐性染色体；如果显性染色体的适应度值大于或等于隐性染色体的适应度值，那么显性染色体和隐性染色体都保持不变。这就是显隐性重排操作。

双倍体遗传算法的流程如图 5.5 所示。

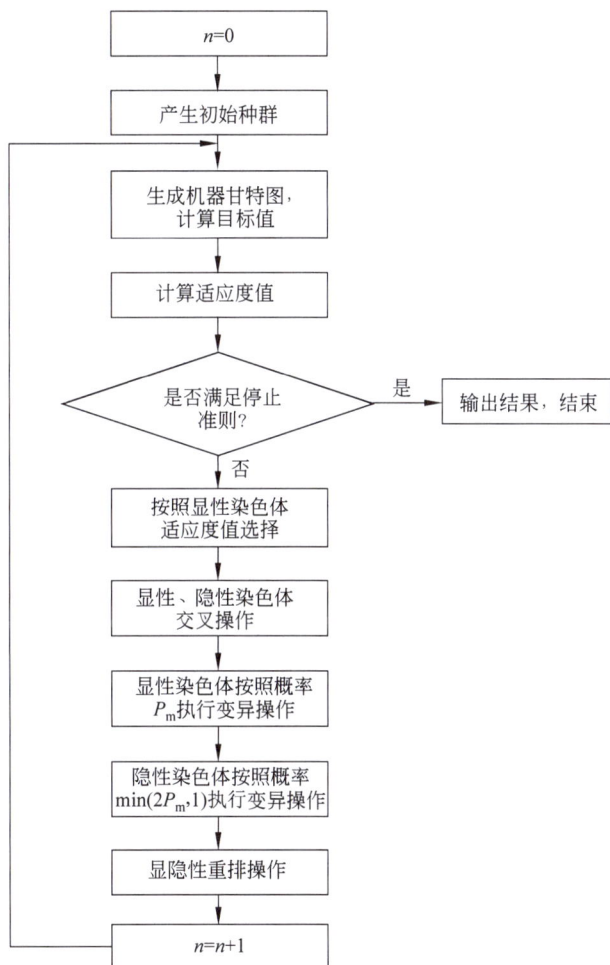

图 5.5 双倍体遗传算法的流程

5.3.2 双种群遗传算法

1. 基本思想

基本遗传算法是针对一个种群进行选择、交叉和变异 3 种操作。但在自然界中往往是多个种群同时进化的。例如,一群人随着时间的推移而不断地进化,并具备越来越多的优良特性。然而,由于他们的生长、演化、环境和原始祖先的局限性,经过相当长的时间后,他们将逐渐进化到某些特征具有相对优势的状态,称为平衡态。当一个种群进化到这种状态时,这个种群的特性就不会再有很大的变化。为了解决这个问题,可以在遗传算法中让多个种群同时进化,并交换种群之间优秀个体所携带的遗传信息,以打破种群内的平衡态,达到更高的平衡态,有利于算法跳出局部最优解。就本质而言,多种群遗传算法是一种并行算法,可以提高算法的效率。

下面介绍双种群遗传算法。

2. 双种群遗传算法的设计

建立两个遗传算法种群,分别独立地执行选择、交叉、变异操作。当每一代操作结束以后,选择两个种群中的随机个体及最优个体分别进行交换。

在算法设计中主要解决以下 3 个问题:

(1) 编码/解码设计。编码/解码方法与基本遗传算法相同。

(2) 交叉算子、变异算子。两个种群分别进行选择、交叉、变异等操作,且交叉概率、变异概率不同。

(3) 杂交算子。设有种群 A 与种群 B,当 A 与 B 都完成了选择、交叉、变异算子后,产生一个随机数 num,随机选择 A 中 num 个个体与 A 中的最优个体,随机选择 B 中 num 个个体与 B 中的最优个体,对应地进行交换,以打破平衡态。

双种群遗传算法的流程如图 5.6 所示。

5.3.3 自适应遗传算法

遗传算法的交叉概率 P_c 和变异概率 P_m 是影响遗传算法行为和性能的关键参数,直接影响算法的收敛性。P_c 越大,新个体产生的速度就越快。P_c 不是越大越好。如果 P_c 过大,遗传模式被破坏的可能性也非常大,使得具有高适应度的个体结构很快被破坏;但是,如果 P_c 过小,会使搜索过程缓慢,甚至停滞不前。对于变异来说,如果 P_m 过

```
                    ┌─────────────────┐
                    │      n=0        │
                    └────────┬────────┘
                             ↓
                    ┌─────────────────┐
                    │  用不同的随机方法  │
                    │  产生两个初始种群  │
                    └────────┬────────┘
                             ↓
                    ┌─────────────────┐
                    │  生成机器甘特图,   │
                    │    计算目标值     │
                    └────────┬────────┘
                             ↓
                    ┌─────────────────┐
                    │    计算适应度值    │
                    └────────┬────────┘
                             ↓
                       ◇ 是否满足停止 ◇  ──是──→ ┌──────────────┐
                       ◇    准则?    ◇          │  输出结果,结束  │
                             │ 否                └──────────────┘
                             ↓
                    ┌─────────────────┐
                    │  两个种群分别执行  │
                    │    选择操作      │
                    └────────┬────────┘
                             ↓
                    ┌─────────────────┐
                    │  两个种群分别执行  │
                    │    交叉操作      │
                    └────────┬────────┘
                             ↓
                    ┌─────────────────┐
                    │  两个种群分别执行  │
                    │    变异操作      │
                    └────────┬────────┘
                             ↓
                    ┌─────────────────┐
                    │  选择两个种群中的随机 │
                    │   个体及最优个体   │
                    └────────┬────────┘
                             ↓
                    ┌─────────────────┐
                    │  分别交换两个种群的 │
                    │  随机个体及最优个体 │
                    └────────┬────────┘
                             ↓
                    ┌─────────────────┐
                    │      n=n+1      │
                    └─────────────────┘
```

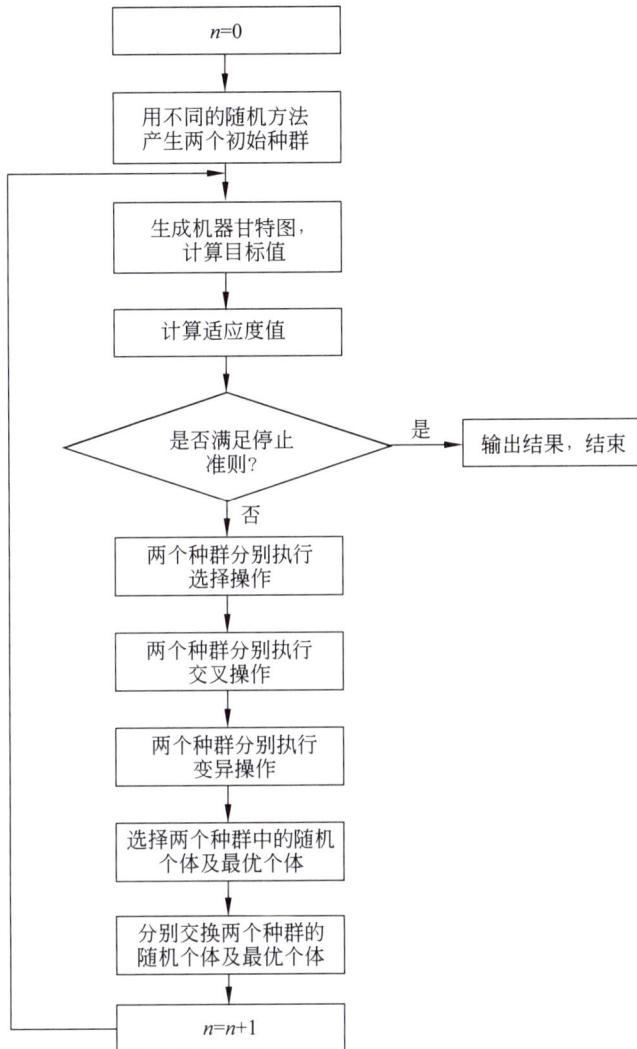

图 5.6　双种群遗传算法的流程

小,就不易产生新的个体结构;如果 P_m 过大,则遗传算法变成了纯粹的随机搜索算法。针对不同的优化问题,需要通过反复实验确定 P_c 和 P_m。这是一件烦琐的工作,而且很难找到适用于每个问题的最佳值。

Srinvivas 等在 1994 年提出了自适应遗传算法(Adaptive Genetic Algorithm, AGA)。自适应遗传算法使交叉概率 P_c 和变异概率 P_m 能够随适应度值自动改变。当种群各个体适应度值趋于一致或者趋于局部最优时,使 P_c 和 P_m 增加,以跳出局部最优;而当种群适应度值比较分散时,使 P_c 和 P_m 减少,以利于优良个体的生存。同时,对于适应度值大于群体平均适应度值的个体,选择较低的 P_c 和 P_m,使该个体受到保护,进入下一代;对于适应度值小于平均适应度值的个体,选择较高的 P_c 和 P_m,使该个体被淘汰。

因此,自适应遗传算法能够提供相对于某个解的最佳交叉概率 P_c 和变异概率 P_m。自适应遗传算法在保持种群多样性的同时,能够保证遗传算法的收敛性。

5.4　基于遗传算法的生产调度方法

由于生产调度问题的解容易进行编码,而且遗传算法可以处理大规模问题,所以遗传算法成为求解生产调度问题的重要方法。

5.4.1　流水车间调度问题

流水车间调度问题(Flow-shop Scheduling Problem,FSP)是与旅行商问题难度相当的 NP 完全问题中最困难的问题之一。自从约翰逊(S. M. Johnson)于 1954 年发表第一篇关于流水车间调度问题的文章以来,流水车间调度问题引起了许多学者的关注。整数规划和分支定界法是寻求最优解的常用方法,但流水车间调度问题是 NP 完全问题,对于一些大规模甚至中等规模的问题,整数规划和分支定界法仍是很困难的。在多数情况下很难用数学方法求解流水车间调度问题,而数学计算和人工智能算法的结合往往是有效的。

流水车间调度问题一般可以描述为:n 个工件要在 m 台机器上加工,每个工件需要经过 m 道工序,每道工序要求不同的机器,n 个工件在 m 台机器上的加工顺序相同。工件在机器上的加工时间是给定的,设为 $t_{ij}(i=1,2,\cdots,n;j=1,2,\cdots,m)$。问题的目标是确定 n 个工件在每台机器上的最优加工顺序,使最大流程时间达到最小。

对该问题常常做如下假设:

(1) 每个工件在机器上的加工顺序是给定的。

(2) 每台机器同时只能加工一个工件。

(3) 一个工件不能同时在不同的机器上加工。

(4) 工序不能预定。

(5) 工序的准备时间与顺序无关,且包含在加工时间中。

(6) 工件在每台机器上的加工顺序相同,且是确定的。

令 $\{j_1, j_2, \cdots, j_n\}$ 表示工件的调度,调度目标为确定 $\{j_1, j_2, \cdots, j_n\}$,使得最大流程时间 $c_{\max}$ 最小。

5.4.2　求解流水车间调度问题的遗传算法设计

由于遗传算法固有的全局搜索与收敛特性,由它得到的次优解往往优于传统方法得到的局部极值解,加上遗传算法的搜索效率比较高,因而它被认为是一种切实有效的方法,得到了日益广泛的研究。

下面介绍遗传算法求解流水车间调度问题的编码与适应度函数的设计。

(1) 流水车间调度问题的编码方法。对于调度问题,通常不采用二进制编码,而使用实数编码。将各个生产任务编码为相应的整数变量。一个调度方案是生产任务的一个排列,其排列中每个位置对应于每个带编号的任务。遗传算法根据一定评价函数求出最优的排列。

对于流水车间调度问题,最自然的编码方式是用染色体表示工件的加工顺序。例如,对于有 4 个工件的流水车间调度问题,第 k 个染色体 $v_k = [1,2,3,4]$,表示工件的加工顺序为 j_1, j_2, j_3, j_4。

(2) 流水车间调度问题的适应度函数。令 $c_{\max}^k$ 表示 k 个染色体的最大流程时间,那么,流水车间调度问题的适应度函数取为

$$\mathrm{eval}(v_k) = \frac{1}{c_{\max}^k}$$

5.4.3　求解流水车间调度问题的遗传算法实例

例 5.1　由 Ho 和 Chang 于 1991 年给出的 5 个工件、4 台机器的流水车间调度问题的加工时间如表 5.2 所示。

表 5.2　5 个工件、4 台机器的流水车间调度问题的加工时间

工件 j	t_{j1}	t_{j2}	t_{j3}	t_{j4}
1	31	41	25	30
2	19	55	3	34
3	23	42	27	6
4	13	22	14	13
5	33	5	57	19

为了便于比较,直接给出用穷举法求得的解:最优解为 4-2-5-1-3,加工时间为 213;最劣解为 1-4-2-3-5,加工时间为 294;平均解的加工时间为 265。

下面用遗传算法求解。选择交叉概率 $p_c = 0.6$,变异概率 $p_m = 0.1$,种群规模为 20,迭代次数 $N = 50$。运算结果如表 5.3 和图 5.7 所示。其中,三元组 (i, j, k) 表示第 i 个工件的第 j 道工序在第 k 台机器上加工。

表 5.3 遗传算法运行的结果

总运行次数	最优解	最劣解	平均解	最优解的比率	最优解的平均代数
20	213	221	213.95	0.85	12

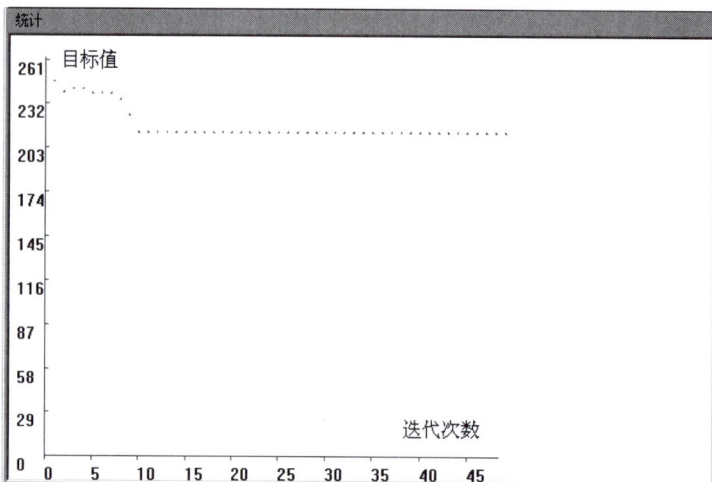

图 5.7 最优解收敛图

5.5 本章小结

1. 基本遗传算法

遗传算法主要借鉴了生物进化中"适者生存"的规律。

遗传算法的设计包括编码、适应度函数、控制参数以及选择、交叉与变异算子等。

遗传算法常用的编码方案有位串编码(二进制编码、格雷编码)、实数编码、有序串编码、结构式编码等。

在遗传算法中,初始种群中的个体可以是随机产生的。当种群规模太小时,遗传算法的优化性能一般不会太好,容易陷入局部最优解;而当种群规模太大时,则计算比较复杂。

遗传算法的适应度函数是用来区分种群中的个体优劣的标准。适应度函数一般是由目标函数变换得到的,但必须将目标函数转换为求最大值的形式,而且保证函数值必须非负。为了防止欺骗问题,对适应度函数值域可以进行某种映射变换,称为适应度函数的尺度变换或者定标。

个体选择概率的常用分配方法有适应度比例方法、排序方法等。选择个体方法主要有转盘选择方法、锦标赛选择模型、随机竞争方法、最佳个体保存方法等。

遗传算法中起核心作用的是交叉算子。主要有一点交叉、两点交叉两种基本的交叉算子,有部分匹配交叉、顺序交叉、循环交叉等修正的交叉方法。

变异操作主要有位点变异、逆转变异、插入变异、互换变异、移动变异等整数编码的变异方法,以及均匀性变异、正态性变异、非一致性变异等实数编码的变异方法。

2. 改进遗传算法

当采用双倍体遗传算法时,种群中的每个个体具有一个显性染色体和一个隐性染色体。每个染色体的编码/解码方式与基本遗传算法相同。双倍体遗传算法采用显性遗传,即计算显性染色体的适应度值,按照显性染色体的适应度值进行选择、交叉、变异操作,隐性染色体也同时进行操作。当 3 个遗传算子都执行完成以后,将个体的染色体显隐性进行重新排定,将个体中适应度值较大的染色体设定为显性染色体,将适应度值较小的染色体设定为隐性染色体。

当采用双种群遗传算法时,建立两个遗传算法种群,分别独立地进行选择、交叉、变异操作;当每一代操作结束以后,选择两个种群中的随机个体及最优个体,分别进行交换。

自适应遗传算法的交叉概率和变异概率能够随适应度值自动改变。当种群各个体适应度值趋于一致或者趋于局部最优时,使交叉概率和变异概率增大,以跳出局部最优解;而当种群适应度值比较分散时,使交叉概率和变异概率减小,以利于优良个体的生存。

讨论题

5.1　遗传算法的基本步骤和主要特点是什么?

5.2　适应度函数在遗传算法中的作用是什么? 试举例说明如何构造适应度函数。

5.3　选择的基本思想是什么?

5.4　遗传算法避免局部最优解的关键技术是什么?

5.5　解释多倍体遗传算法与基本遗传算法的异同。

5.6　解释多种群遗传算法与基本遗传算法的异同。

5.7　解释自适应遗传算法与基本遗传算法的异同。

第 **6** 章

模拟生物群体行为的群智能算法

智能优化方法中受动物群体智能启发的算法称为群智能算法。本章首先简要介绍群智能算法的生物学背景,然后详细介绍粒子群优化算法、蚁群优化算法等群智能算法及其应用。

6.1 群智能算法的生物学背景

小蜜蜂解决大问题。2010 年 10 月 25 日,英国伦敦大学皇家霍洛威学院等机构研究人员报告说,在花丛中飞来飞去的小蜜蜂显示出轻易破解旅行商问题的能力。奈杰尔·雷恩博士说,蜜蜂每天都要在蜂巢和花朵间飞来飞去。为了采蜜而在不同花朵间飞行是一件很耗精力的事情,因此实际上蜜蜂每天都在解决旅行商问题。尽管蜜蜂的大脑只有草籽那么大,也没有计算机的帮助,但它已经进化出一套很好的解决方案。研究人员利用人工控制的假花进行了实验,结果显示,不管怎样改变花的位置,蜜蜂在稍加探索后,很快就可以找到在不同花朵间飞行的最短路径。这是人们首次发现能解决这个问题的动物,相关研究报告发表在《美国博物学家》杂志上。如果能理解蜜蜂这些动物群体怎样做到这一点,将有助于人们解决许多非常困难的组合优化问题。

在众多智能计算方法中,受动物群体智能启发的算法称为群智能(Swarm Intelligence, SI)算法,如图 6.1 所示。

自然界中有许多现象令人惊奇:蚂蚁搬家,鸟群觅食,蜜蜂采蜜。这些现象不仅吸引了生物学家,也让计算机学家为之痴迷。

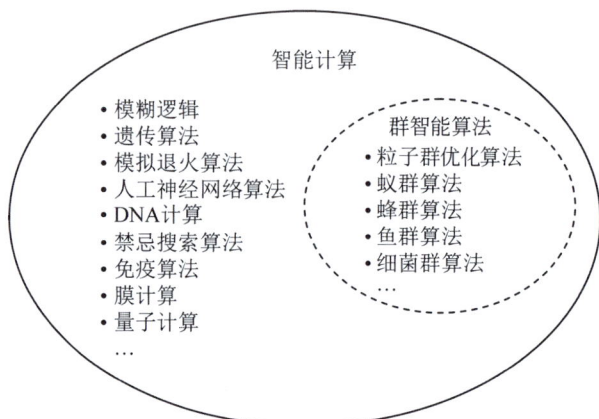

图 6.1　智 能 计 算

生物社会学家威尔逊(E. O. Wilson)也曾说过:"至少从理论上,在搜索食物的过程中群体中的个体成员可以得益于所有其他成员的发现和先前的经历。当食物源不可预测地零星分布时,这种协作带来的优势是决定性的,远大于对食物的竞争带来的劣势。"

这些在由简单个体组成的群体与环境以及个体之间的互动行为称为群智能。群智能算法是基于群体行为对给定的目标寻找最优解的启发式搜索算法,其寻优过程体现了随机、并行和分布式等特点。在智能计算领域,群智能算法包括粒子群优化算法和蚁群优化算法等。粒子群优化算法起源于对简单社会系统的模拟。最初,人们用粒子群优化算法模拟鸟群觅食的过程,但后来发现它是一种很好的优化工具。蚁群优化算法是对蚂蚁群落食物采集过程的模拟,已经成功运用在很多离散优化问题上。

从生物社会学的角度,群智能是蚂蚁、鸟等社会性动物在觅食、御敌、筑巢等活动中所表现出的一种集体形式的智能。从计算机科学的角度,群智能可以定义为由非智能主体组成的系统通过相互之间或与环境之间的交互作用表现出的集体智能行为。从应用的角度,群智能以社会性动物群体行为和人工生命理论为基础,研究各群体行为的内在原理,并以这些原理为基础设计新的问题求解方法。

图 6.2 给出了生物学层次与仿生智能计算的对应关系。

群智能算法与进化算法既有相同之处,也有明显的不同之处。

两者的相同之处是:首先,两者都是受自然现象的启发,从自然规则中抽取算法框架;其次,两者又都是基于群体的方法,且群体中的个体之间、个体与环境之间存在相互作用;最后,两者都是元启发式随机搜索方法。

两者的不同之处是:进化算法强调种群的达尔文进化模型,而群智能算法则注重对

生物群体　◀━━━▶　群智能算法

生命个体　◀━━━▶　人工生命

免疫系统　◀━━━▶　免疫算法

神经网络　◀━━━▶　人工神经网络

细胞　◀━━━▶　膜计算

DNA分子　◀━━━▶　DNA计算

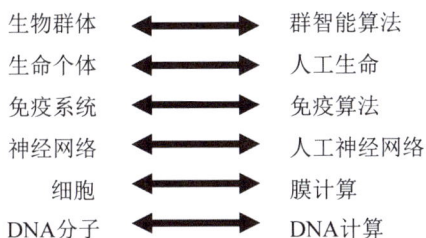

图 6.2　生物学层次与仿生智能计算的对应关系

群体中个体之间的相互作用与分布式协同的模拟。

6.2　模拟鸟群行为的粒子群优化算法

> 群鸟觅食。一群鸟在随机寻觅食物,在附近只有一块食物,所有的鸟都不知道食物在哪里,但是它们知道当前的位置离食物还有多远。那么找到食物的最优策略是什么呢? 最简单而有效的方法就是搜寻目前离食物最近的鸟的周围区域。

6.2.1　基本粒子群优化算法

粒子群优化(Particle Swarm Optimization,PSO)算法是美国普渡大学的肯尼迪(J. Kennedy)和埃伯哈特(R. Eberhart)受到他们早期对鸟类群体行为研究结果的启发,于 1995 年在 IEEE 神经网络国际会议上提出的一种仿生优化算法。这种算法利用并改进了生物学家的生物群体模型,使粒子能够"飞"向解空间并在最优解处"降落"。PSO 算法是一种全局优化算法,它通过群体中粒子间的合作与竞争产生的群智能指导优化搜索。

PSO 算法与其他进化算法相似,也是基于群体的,根据对环境的适应度将群体中的个体移动到好的区域。然而,它不像其他的演化算法那样对个体使用演化算子,例如交叉、变异等,而是将每个个体看作 n 维搜索空间中一个没有体积和质量的粒子,在搜索空间中以一定的速度飞行。

在 n 维连续搜索空间(如果 $n=3$,则是在人们熟悉的三维空间)中,对粒子群中的第 i 个粒子(对应于第 i 只鸟),定义: n 维向量 $\boldsymbol{x}^i(k)=\begin{bmatrix} x_1^i & x_2^i & \cdots & x_n^i \end{bmatrix}^{\mathrm{T}}$ 表示 k 时刻第

i 个粒子在搜索空间中的当前位置，n 维向量 $\boldsymbol{v}^i(k) = \begin{bmatrix} v_1^i & v_2^i & \cdots & v_n^i \end{bmatrix}^{\mathrm{T}}$ 表示 k 时刻第 i 个粒子的搜索方向和速度，n 维向量 $\boldsymbol{p}^i(k) = \begin{bmatrix} p_1^i & p_2^i & \cdots & p_n^i \end{bmatrix}^{\mathrm{T}}$ 表示第 i 个粒子至今所获得的具有最优适应度的位置(pbest)，n 维向量 $\boldsymbol{p}^g(k) = \begin{bmatrix} p_1^g & p_2^g & \cdots & p_n^g \end{bmatrix}^{\mathrm{T}}$ 表示群体中所有粒子经历过的最优位置(gbest)，则基本的 PSO 算法表示为

$$v_j^i(k+1) = \omega(k)v_j^i(k) + \varphi_1\mathrm{rand}(0,a_1)(\boldsymbol{p}_j^i(k) - \boldsymbol{x}_j^i(k)) +$$
$$\varphi_2\mathrm{rand}(0,a_2)(\boldsymbol{p}_j^g(k) - \boldsymbol{x}_j^i(k)) \tag{6.1a}$$

$$x_j^i(k+1) = x_j^i(k) + v_j^i(k+1) \tag{6.1b}$$

其中，$i=1,2,\cdots,m$；$j=1,2,\cdots,n$；ω 是惯性权重因子；φ_1、φ_2 是加速度常数，均为非负值；$\mathrm{rand}(0,a_1)$ 和 $\mathrm{rand}(0,a_2)$ 为 $[0,a_1]$、$[0,a_2]$ 区间内均匀分布的随机数，a_1 与 a_2 为相应的控制参数。式(6.1b)表示粒子的位置是通过速度更新的。

式(6.1)就是著名的粒子群优化算法，看上去很复杂，其实它表达的意思非常直观，容易理解。

式(6.1a)右边有 3 项，表明下一时刻的搜索方向取决于 3 个因素。

第一个因素就是该粒子当前时刻的搜索方向，下一时刻的搜索方向存在一定的惯性。这就是式(6.1a)右边的第一项，该粒子惯性的大小为 $\omega(k)$。

第二个因素就是该粒子当前位置和它自己经历过的最好位置之间的偏差，希望该粒子向它自己经历过的最好位置方向搜索。这就是式(6.1a)右边的第二项。第二项是该粒子对自己以前的经历的"认可"，所以也称为个体认知(cognition)分量，表示该粒子本身的"思考"。该粒子的自信程度用系数 φ_1 表示。φ_1 越大，表示该粒子对自己经历过的最优位置越自信。为了避免像最速下降法那样容易陷入局部最优解，这里增加了随机系数 $\mathrm{rand}(0,a_1)$，表示该粒子不是一定向自己曾经经历过的最优位置搜索，而是存在一定的随机性，以增加认知搜索方向的随机性和算法多样性。

第三个因素就是该粒子当前位置和所有粒子经历过的最好位置之间的偏差，希望该粒子向所有粒子经历过的最好位置方向搜索。这就是式(6.1a)右边的第三项。第三项是该粒子对所有粒子以前的经历的"认可"，所以也称为个体社会(social)分量，表示该粒子对群体的"思考"，体现了粒子间的信息共享与相互合作。该粒子对群体的信任程度用系数 φ_2 表示。φ_2 越大，表示该粒子对群体经历过的最优位置越信任，也就是人们经常说的"随大流"。同样，为了避免像最速下降法那样容易陷入局部最优解，这里增加了随机系数 $\mathrm{rand}(0,a_2)$，表示不是一定向群体经历过的最优位置搜索，而是存在一定的随机性，以增加社会搜索方向的随机性和算法多样性。

基于 φ_1、φ_2,肯尼迪和埃伯哈特给出以下 4 种类型的 PSO 模型。

(1) 若 $\varphi_1 > 0$,$\varphi_2 > 0$,则称该算法为 PSO 全模型。

(2) 若 $\varphi_1 > 0$,$\varphi_2 = 0$,则称该算法为 PSO 认知模型。

(3) 若 $\varphi_1 = 0$,$\varphi_2 > 0$,则称该算法为 PSO 社会模型。

(4) 若 $\varphi_1 = 0$,$\varphi_2 > 0$ 且 $g \neq i$,则称该算法为 PSO 无私模型。

下面再讨论几种特殊情况,以进一步认识 PSO 模型。

在式(6.1a)中,如果只有第一项,而没有后两项,即 $\varphi_1 = \varphi_2 = 0$,粒子将一直以当前的速度飞行,直到到达边界。由于它只能搜索有限的区域,所以很难找到最优解;反之,如果没有第一项,即 $\omega = 0$,则搜索只取决于粒子当前位置、其历史最好位置以及群体历史最好位置,搜索没有记忆性。假设一个粒子位于群体经历过的最好位置,那么它将保持静止;而其他粒子则飞向自身最好位置和群体最好位置的加权中心。在这种条件下,粒子群将收敛到当前群体经历过的最好位置,更像一个局部优化算法。在加上第一项后,粒子有扩展搜索空间的趋势,即第一项有全局搜索能力。这也使得 ω 能够针对不同的搜索问题调整算法的全局搜索能力和局部搜索能力的平衡。

如果没有第二项,即 $\varphi_1 = 0$,则粒子没有认知能力,算法就是 PSO 社会模型。在粒子的相互作用下,有能力达到新的搜索空间。它的收敛速度比 PSO 全模型更快;但对复杂问题,则它比 PSO 全模型更容易陷入局部最优点。

如果没有第三项,即 $\varphi_2 = 0$,则粒子间没有社会共享信息,算法就是 PSO 认知模型。因为个体间没有交互,一个规模为 M 的群体等价于 M 个独立飞行粒子,因而得到最优解的概率非常小。

粒子群优化算法的流程如图 6.3 所示。

6.2.2　粒子群优化算法的应用

粒子群优化算法已在诸多领域得到应用,简单归纳并举例如下。

(1) 神经网络训练。利用 PSO 算法训练神经网络;将遗传算法与 PSO 算法结合设计递归/模糊神经网络。利用 PSO 算法设计神经网络是一种快速、高效并具有很大潜力的方法。

(2) 化工系统领域。利用 PSO 算法求解苯乙烯聚合反应的最优稳态操作条件,可以获得最大的转化率和最小的聚合体分散性;利用 PSO 算法估计在化工动态模型中产生不同动态现象(例如周期振荡、双周期振荡、混沌等)的参数区域,可以提高传统动态分叉

```
┌─────────────────────────┐
│  初始化粒子群，设置算法参数  │
└─────────────────────────┘
            │
            ▼
┌─────────────────────────┐
│     计算粒子的适应度值      │
└─────────────────────────┘
            │
            ▼
┌─────────────────────────┐
│  获得个体历史最优位置(pbest)  │
│  和群体最优位置(gbest)      │
└─────────────────────────┘
            │
            ▼
┌─────────────────────────┐
│   根据定义的速度、状态计算   │
│     方法更新状态          │
└─────────────────────────┘
            │
            ▼
      ◇ 是否满足终止条件? ◇ ──否──▶
            │
            是
            ▼
┌─────────────────────────┐
│     输出结果，算法结束     │
└─────────────────────────┘
```

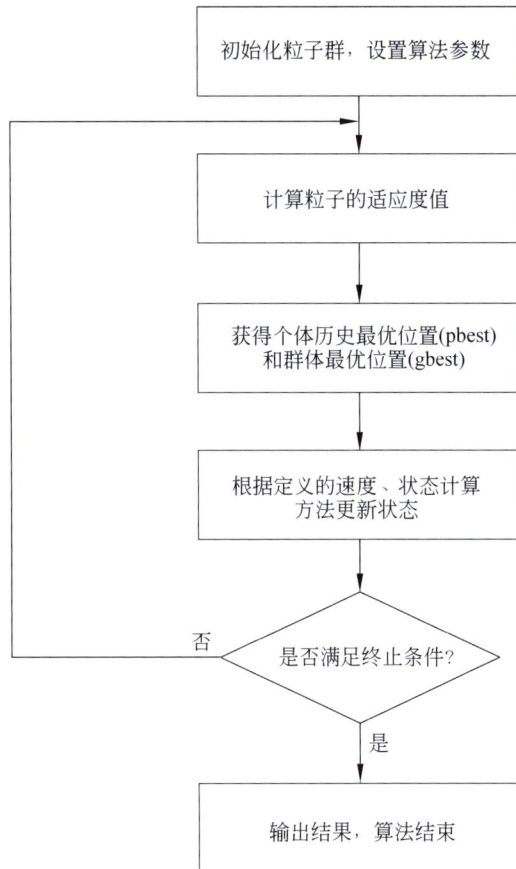

图 6.3 粒子群优化算法的流程

分析的速度;利用 PSO 算法可以辨识最优生产过程模型及其参数。

(3) 电力系统领域。将 PSO 算法用于最低成本发电扩张计划(least-cost generation expansion planning)问题,结合罚函数(penalty function)法解决带有强约束的组合优化问题;利用 PSO 算法优化电力系统稳压器参数;利用 PSO 算法解决考虑电压安全的无功功率和电压控制问题;利用 PSO 算法解决满足发电机约束的电力系统经济调度问题;利用 PSO 算法解决满足开停机热备约束的机组调度问题。

(4) 机械设计领域。利用 PSO 算法优化碳纤维强化塑料设计;利用 PSO 算法对降噪结构进行最优化设计。

(5) 通信领域。利用 PSO 算法设计电路;将 PSO 算法用于光通信系统的偏振模色散补偿问题。

（6）**机器人领域**。利用 PSO 算法和基于 PSO 算法的模糊控制器对可移动式传感器进行导航；利用 PSO 算法求解机器人路径规划问题。

（7）**经济领域**。利用 PSO 算法求解博弈论中的均衡解；利用 PSO 算法和神经元网络解决最大利益的股票交易决策问题。

（8）**图像处理领域**。利用离散 PSO 算法解决多边形近似问题，提高多边形近似结果；利用 PSO 算法对用于放射治疗的模糊认知图的模型参数进行优化；利用基于 PSO 算法的微波图像法确定电磁散射体的绝缘特性；利用结合局部搜索的混合 PSO 算法对生物医学图像进行配准。

（9）**生物信息领域**。利用 PSO 算法训练隐马尔可夫模型来处理蛋白质序列比对问题，以克服利用 Baum-Welch 算法训练隐马尔可夫模型时容易陷入局部极小解的缺点；利用基于自组织映射和 PSO 算法的混合聚类方法解决基因聚类问题。

（10）**医学领域**。利用离散 PSO 算法选择多元线性回归模型和主成分回归模型的参数，并预测血管紧缩素的对抗性。

（11）**运筹学领域**。基于可变邻域搜索（Variable Neighborhood Search，VNS）的 PSO 算法，解决满足最小耗时指标的置换问题。

（12）**物流领域**。利用 PSO 算法选择最优的运输车辆路径。

6.3 模拟蚁群行为的蚁群优化算法

蚂蚁找路。意大利科学家多里戈（M. Dorigo）、马聂佐（V. Maniezzo）等在观察蚂蚁觅食习性时发现，蚂蚁总能找到蚁穴与食物之间的最短路径。经研究发现，蚁群觅食时总存在信息素跟踪和信息素遗留两种行为。即，蚂蚁一方面会按照一定的概率沿着信息素较浓的路径觅食；另一方面会在走过的路上释放信息素，使得在一定的范围内的其他蚂蚁能够觉察到信息素并由此影响它们的行为。当一条路径上的信息素越来越浓时，后来的蚂蚁选择这条路径的概率也越来越大，从而进一步增加该路径的信息素浓度；而其他路径上蚂蚁越来越少时，路径上的信息素浓度会随着时间的推移逐渐下降。

6.3.1　蚁群优化算法的生物学背景

　　蚁群优化算法是意大利科学家多里戈等人受蚂蚁觅食行为的启发,在 20 世纪 90 年代初提出的。它是继模拟退火算法、遗传算法、禁忌搜索算法、人工神经网络算法等启发式搜索算法后的又一种应用于组合优化问题的启发式搜索算法。研究表明,蚁群优化算法在解决离散组合优化问题方面具有良好的性能,并在多方面得到应用。

　　多里戈等将蚂蚁觅食时的路径选择过程称为蚂蚁的自催化过程,其原理是一种正反馈机制,所以蚂蚁系统也称为增强型学习系统。

　　蚁群在蚁穴和食物源之间的一条直线上行进,如图 6.4(a)所示。当路径上出现新的障碍物时,刚开始蚁群以相同的概率选择左行或右行,以绕开障碍物,如图 6.4(b)所示。虽然在两条路上的蚂蚁的数量差不多,但较短路径的信息素要比较长路径上的信息素更浓,从而吸引更多的蚂蚁走较短路径,如图 6.4(c)所示。这样就进一步增加了较短路径上的信息素浓度,从而重建被障碍物隔断的路径,使得所有的蚂蚁都选择较短的路径,如图 6.4(d)所示。

　　20 世纪 90 年代后期,蚁群优化算法逐渐引起了很多研究者的注意,他们对算法做了各种改进并应用到其他领域。所有符合蚁群优化算法框架的算法都可称为蚁群优化算法。

6.3.2　基本蚁群优化算法

　　蚁群优化算法的第一个应用是著名的旅行商问题。多里戈等充分利用了蚁群搜索食物的过程与旅行商问题的相似性,通过人工模拟蚂蚁搜索食物的过程,即蚂蚁通过个体之间的信息交流与相互协作最终找到从蚁穴到食物源的最短路径,来求解旅行商问题。

　　下面用旅行商问题阐明蚁群系统的模型。

　　设 m 是蚁群中蚂蚁的数量。给定 n 个元素(城市)的集合,$d_{xy}(x,y=1,2,\cdots,n)$ 表示元素(城市)x 和元素(城市)y 之间的直线距离。η_{xy} 表示两个元素间的能见度,是启发信息函数,它等于距离的倒数,即距离越远,能见度越低。

$$\eta_{xy} = \frac{1}{d_{xy}}$$

$b_x(t)$ 表示 t 时刻位于城市 x 的蚂蚁的个数,因此有

$$m = \sum_{x=1}^{n} b_x(t)$$

（a）无障碍物的觅食路径

（b）遇到障碍物的最初时刻

（c）越来越多的蚂蚁选择较短路径

（d）重建新的路径

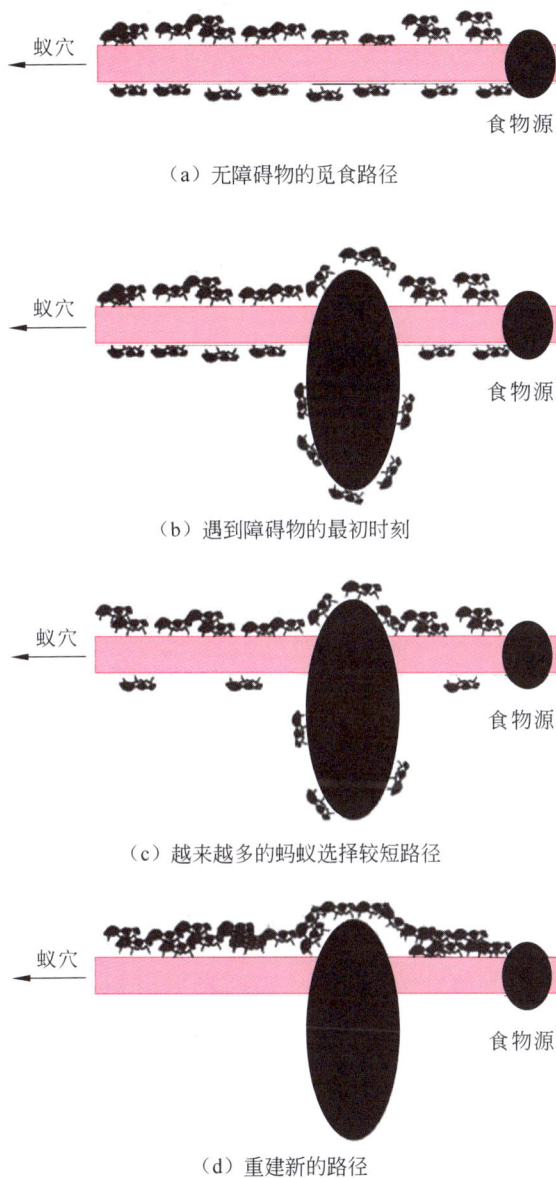

图 6.4　蚂蚁选择避开障碍物的较短路径

$\tau_{xy}(t)$表示 t 时刻在城市 x 与城市 y 路线上残留的信息素。各条路径上初始时刻的信息素相等，即 $\tau_{xy}(0)=C$，为一个常数。

蚂蚁 $k(k=1,2,\cdots,m)$ 在运动过程中,根据各条路径上的信息素和启发信息决定转移方向。每只蚂蚁在 t 时刻选择下一个城市,并在 $t+1$ 时刻到达那里。$P_{xy}^k(t)$ 表示在 t 时刻蚂蚁 k 选择从元素(城市) x 转移到元素(城市) y 的概率。$P_{xy}^k(t)$ 由 t 时刻的信息素 $\tau_{xy}(t)$ 和局部启发信息 $\eta_{xy}(t)$ 共同决定,这称为随机比例规则(random-proportional rule),可以用式(6.2)表示:

$$
P_{xy}^k(t) = \begin{cases} \dfrac{|\tau_{xy}(t)|^\alpha |\eta_{xy}|^\beta}{\sum\limits_{y \in \mathrm{allowed}_k(x)} |\tau_{xy}(t)|^\alpha |\eta_{xy}|^\beta}, & y \in \mathrm{allowed}_k(x) \\ 0, & \text{否则} \end{cases}
\tag{6.2}
$$

其中,$\mathrm{allowed}_k(x) = \{1,2,\cdots,n\} - \mathrm{tabu}_k(x)$,表示蚂蚁 k 下一步允许选择的城市,$\mathrm{tabu}_k(x)(k=1,2,\cdots,m)$ 记录蚂蚁 k 当前所走过的城市。

式(6.2)看上去很复杂,其实它表达的意思非常直观,容易理解。先看 $\alpha=\beta=1$ 的特殊情况,这时,式(6.2)表示在 t 时刻蚂蚁 k 选择从元素(城市) x 转移到元素(城市) y 的概率 $P_{xy}^k(t)$ 和在 x、y 连线上残留的信息素 $\tau_{xy}(t)$ 成正比,和 x、y 连线上的能见度 η_{xy} 成正比。在式(6.2)中这样设置比例系数是为了使得概率 $P_{xy}^k(t)$ 的取值在 $[0,1]$ 区间内。

为了对信息素和能见度有所侧重,分别设置了权重因子 α 和 β。

信息素启发因子 α 表示轨迹的相对重要性,反映了残留信息素 $\tau_{xy}(t)$ 在指导蚁群搜索中的相对重要程度。α 值越大,该蚂蚁越倾向于选择其他蚂蚁经过的路径,搜索的随机性越弱,该状态的转移概率越接近于贪婪规则。当 α 过大时,会使蚁群的搜索过早陷于局部最优。当 $\alpha=0$ 时,就不再考虑信息素,算法就成为有多重起点的随机贪婪算法。

能见度启发因子 β 的大小反映了蚁群在路径搜索中先验性、确定性因素作用的强度。其值越大,蚂蚁在某个局部点上选择局部最短路径的可能性越大。增大该值,虽然使搜索的收敛速度得以加快,但蚁群在最优路径的搜索过程中随机性减弱,易于陷入局部最优解。而当 $\beta=0$ 时,算法就成为纯粹的正反馈的启发式算法。

蚁群优化算法的全局寻优性能要求蚁群的搜索过程必须有很强的随机性,而蚁群优化算法的快速收敛性能又要求蚁群的搜索过程必须有较高的确定性,因此,α 和 β 对蚁群优化算法性能的影响和作用是相互配合、密切相关的。

随着时间的推移,以前留下的信息素逐渐挥发,但如何描述信息素浓度的变化? 原则上可以用许多公式描述,只要这些公式符合信息素逐渐挥发的过程即可。这里,用信息素挥发度 $1-\rho$ 表示信息素挥发速度,其中 ρ 为 $0\sim1$ 的常数。$1-\rho$ 越大,即 ρ 越小,信息素挥发得越快;$1-\rho$ 越小,即 ρ 越大,信息素挥发得越慢。

蚁群优化算法与遗传算法等各种模拟进化算法一样,也存在着收敛速度慢、易于陷入局部最优解等缺陷。而信息素挥发度 $1-\rho$ 的大小直接关系到蚁群优化算法的全局搜索能力及其收敛速度。由于信息素挥发度 $1-\rho$ 的存在,当要处理的问题规模比较大时,会使那些从来未被搜索到的路径(可行解)上的信息素减小到接近 0,因而降低了算法的全局搜索能力。当 $1-\rho$ 过大时,会使那些从来未被搜索到的路径(可行解)上的信息素减小到接近 0,使以前搜索过的路径被再次选择的可能性过大,也会影响到算法的随机性能和全局搜索能力;反之,通过减小信息素挥发度 $1-\rho$ 虽然可以提高算法的随机性能和全局搜索能力,但又会使算法的收敛速度降低。

信息素可以按照不同的规律变化。例如,蚂蚁完成一次循环,各路径上信息素的变化规律取为

$$\tau_{xy}(t+1)=\rho\tau_{xy}(t)+\Delta\tau_{xy}(t) \tag{6.3}$$

其中,$\Delta\tau_{xy}(t)$ 为路径 (x,y) 上信息素的增量。

显然,式(6.3)给出的信息素变化规律是满足信息素逐渐挥发这一基本要求的。

蚁群的信息素浓度更新规则为

$$\Delta\tau_{xy}(t)=\sum_{k=1}^{m}\Delta\tau_{xy}^{k}(t) \tag{6.4}$$

其中,$\Delta\tau_{xy}^{k}(t)$ 为第 k 只蚂蚁留在路径 (x,y) 上的信息素的增量。

蚂蚁按照什么规律释放信息素呢?多里戈等设计了 3 种不同的释放信息素的规律,得到 $\Delta\tau_{xy}^{k}(t)$ 的 3 种不同模型。

第一种模型称为蚂蚁圈系统(ant-cycle system)。单只蚂蚁经过的路径上的信息素浓度更新规则为

$$\Delta\tau_{xy}^{k}(t)=\begin{cases}\dfrac{Q}{L_k}, & \text{第 } k \text{ 只蚂蚁在本次循环中从 } x \text{ 到 } y \\ 0, & \text{否则}\end{cases} \tag{6.5}$$

其中,Q 为常数;L_k 为优化问题的目标函数值,表示第 k 只蚂蚁在本次循环中所走路径的长度。

第二种模型称为蚂蚁数量系统(ant-quantity system):

$$\Delta\tau_{xy}^{k}(t)=\begin{cases}\dfrac{Q}{d_{xy}}, & \text{第 } k \text{ 只蚂蚁在本次循环中从 } x \text{ 到 } y \\ 0, & \text{否则}\end{cases} \tag{6.6}$$

第三种模型称为蚂蚁密度系统(ant-density system):

$$\Delta \tau_{xy}^{k}(t) = \begin{cases} Q, & \text{第 } k \text{ 只蚂蚁在本次循环中从 } x \text{ 到 } y \\ 0, & \text{否则} \end{cases} \tag{6.7}$$

第一种模型利用的是整体信息,即蚂蚁完成一个循环后更新所有路径上的信息素浓度,通常作为蚁群优化算法的基本模型。后两种模型利用的是局部信息,蚂蚁每走一步都要更新信息素的浓度,而非等到所有蚂蚁完成对所有 n 个城市的访问以后才更新。

上述 3 种模型以蚂蚁圈系统的效果最好,这是因为它利用的是全局信息 Q/L_k,而后两种模型用的是局部信息 Q/d_{xy} 和 Q。全局信息更新方法很好地保证了信息素不会无限累积,如果一个路径没有被选中,那么它上面的信息素会随时间的推移而逐渐减小,这使算法能"忘记"不好的路径。即使一条路径经常被访问,也不会因为 $\Delta \tau_{xy}^{k}(t)$ 的累积而产生 $\Delta \tau_{xy}^{k}(t)$ 远远大于 η_{xy} 的情况,使能见度的作用无法体现。这充分体现了算法中全局范围内较短路径(较好解)的生存能力,加强了信息正反馈性能,提高了系统搜索收敛的速度。因而,在蚁群优化算法中,通常采用蚂蚁圈系统作为基本模型。

6.3.3　蚁群优化算法的应用

例 6.1　柔性作业车间调度问题。某加工系统有 6 台机床,要加工 4 个工件,每个工件有 3 道工序,如表 6.1 所示。例如,工序 p_{11} 代表第一个工件的第一道工序,可由机床 1 用 2 个单位时间完成,或由机床 2 用 3 个单位时间完成,或由机床 3 用 4 个单位时间完成。

表 6.1　柔性作业车间调度问题

工件	工序	加工时间					
		机床 1	机床 2	机床 3	机床 4	机床 5	机床 6
工件 1	p_{11}	2	3	4			
	p_{12}		3		2	4	
	p_{13}	1	4	5			
工件 2	p_{21}	3		5		2	
	p_{22}	4	3		6		
	p_{23}			4		7	11

续表

工　件	工　序	加 工 时 间					
		机床 1	机床 2	机床 3	机床 4	机床 5	机床 6
工件 3	p_{31}	5	6				
	p_{32}		4		3	5	
	p_{33}			13		9	12
工件 4	p_{41}	9		7	9		
	p_{42}		6		4		5
	p_{43}	1		3			3

　　算法运行 300 代后,得到的最优解为 17 个单元时间。最优解的甘特图和历代最优解收敛图分别如图 6.5 和图 6.6 所示。

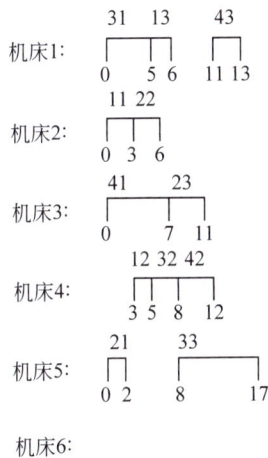

图 6.5　最优解的甘特图

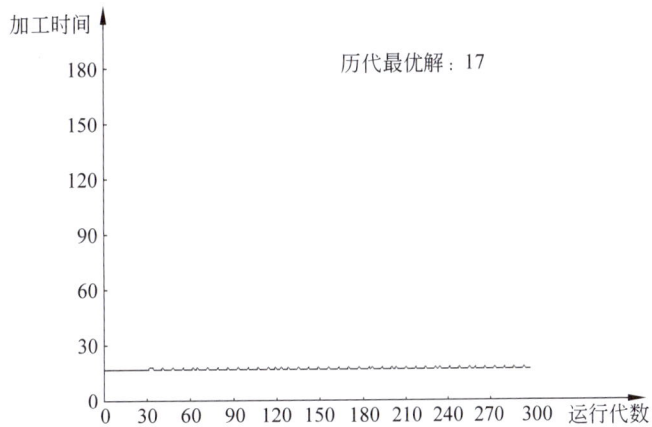

图 6.6　历代最优解收敛图

　　由图 6.5 可以看出,机床 6 并没有加工任何工件。这是因为,它虽然可以加工工序 p_{23}、p_{33}、p_{42} 和 p_{43},但从表 6.1 可知机床 6 的加工时间大于大部分其他可以完成相同加工工序的机床,特别是 p_{23} 的加工时间,因此机床 6 并未分到任何加工任务。

　　由图 6.6 可知,算法运行到大约 30 代时就收敛到最优解,且各代最优解相差不大,可见算法较为稳定。

6.4　本章小结

1. 粒子群优化算法

粒子群优化算法的步骤如下：

（1）初始化每个粒子，即在允许范围内随机设置每个粒子的初始位置和速度。

（2）评价每个粒子的适应度值，计算每个粒子的目标函数。

（3）设置每个粒子的最好位置。对每个粒子，将其当前位置的适应度值与其经历过的最好位置的适应度值进行比较，如果前者优于后者，则将该粒子的当前位置作为该粒子的最好位置。

（4）设置全局最好位置。对每个粒子，将其当前位置的适应度值与群体经历过的最好位置的适应度值进行比较，如果前者优于后者，则将该粒子的当前位置作为群体的最好位置。

（5）根据式(6.1a)和式(6.1b)更新粒子的速度和位置。

（6）检查终止条件。如果未达到设定条件(预设误差或者迭代次数)，则返回步骤(2)。

2. 蚁群优化算法

蚂蚁在运动过程中，根据各条路径上的信息素和启发信息按概率决定转移方向。

在 t 时刻蚂蚁 k 选择从元素(城市)x 转移到元素(城市)y 的概率为

$$P_{xy}^k(t) = \begin{cases} \dfrac{\mid \tau_{xy}(t) \mid^{\alpha} \mid \eta_{xy} \mid^{\beta}}{\displaystyle\sum_{y \in \text{allowed}_k(x)} \mid \tau_{xy}(t) \mid^{\alpha} \mid \eta_{xy} \mid^{\beta}}, & y \in \text{allowed}_k(x) \\ 0, & \text{否则} \end{cases}$$

α 值越大，该蚂蚁越倾向于选择其他蚂蚁经过的路径，该状态的转移概率越接近于贪婪规则。当 $\alpha=0$ 时，就不再考虑信息素，算法就成为有多重起点的随机贪婪算法；而当 $\beta=0$ 时，算法就成为纯粹的正反馈的启发式算法。

各路径上信息素变化规则为

$$\tau_{xy}(t) = \rho\tau_{xy}(t) + \Delta\tau_{xy}(t)$$

蚁群的信息素浓度更新规则为

$$\Delta\tau_{xy}(t) = \sum_{k=1}^{m} \Delta\tau_{xy}^k(t)$$

单只蚂蚁释放信息素的规律可采用以下 3 种模型。

（1）蚂蚁圈系统：

$$\Delta\tau_{xy}^k(t)=\begin{cases}\dfrac{Q}{L_k}, & \text{第 } k \text{ 只蚂蚁在本次循环中从 } x \text{ 到 } y \\ 0, & \text{否则}\end{cases}$$

（2）蚂蚁数量系统：

$$\Delta\tau_{xy}^k(t)=\begin{cases}\dfrac{Q}{d_{xy}}, & \text{第 } k \text{ 只蚂蚁在本次循环中从 } x \text{ 到 } y \\ 0, & \text{否则}\end{cases}$$

（3）蚂蚁密度系统：

$$\Delta\tau_{xy}^k(t)=\begin{cases}Q, & \text{第 } k \text{ 只蚂蚁在本次循环中从 } x \text{ 到 } y \\ 0, & \text{否则}\end{cases}$$

讨论题

6.1 群智能算法的基本思想是什么？

6.2 群智能算法的主要特点是什么？

6.3 列举几种典型的群智能算法，分析它们的主要优缺点。

6.4 简述群智能算法与进化算法的异同。

6.5 举例说明粒子群优化算法的搜索原理，并简要叙述粒子群优化算法的特点。

6.6 简述粒子群优化算法位置更新方程中各部分的影响。

6.7 举例说明蚁群优化算法的搜索原理，并简要叙述蚁群优化算法的特点。

6.8 蚁群优化算法的寻优过程包含哪几个阶段？寻优的准则有哪些？

第 **7** 章

模拟生物神经系统的人工神经网络

人工神经网络(Artificial Neural Network,ANN)是一个用大量简单处理单元经广泛连接而组成的人工网络,是对人脑或生物神经网络若干基本特性的抽象和模拟。人工神经网络理论为许多问题的研究提供了一条新的思路,目前已经在模式识别、机器视觉、语音识别、机器翻译、图像处理、联想记忆、自动控制、信号处理、软测量、决策分析、智能计算、组合优化问题求解、数据挖掘等方面获得成功应用。

人工神经网络的研究已经获得许多成果,提出了大量的神经网络模型和算法。本章着重介绍最基本、最典型、应用最广泛的 BP 神经网络及其在模式识别等方面的应用,也为第 8 章介绍深度学习奠定基础。

7.1 人工神经元与人工神经网络

7.1.1 生物神经元结构

19 世纪末 20 世纪初,西班牙神经解剖学家卡哈尔(S. R. Cajal),在意大利医学家高尔基(C. Golgi)发现神经细胞的基础上,描绘了神经元的组织结构和它们之间的联系。现代人的大脑内约有 10^{11} 个神经元,每个神经元与其他神经元之间约有 1000 个连接,这样,大脑内约有 10^{14} 个连接。人的智能行为就是由如此高度复杂的组织产生的。在浩瀚的宇宙中,也许只有像包含数千亿颗星球的银河系这样的星系的复杂性能够与大脑相比。人类大脑的活动是由这种联系产生的。为此,1906 年他们共同获得了诺贝尔生理学或医学奖。

从生物控制与信息处理的角度来看,生物神经元的结构如图 7.1 所示。

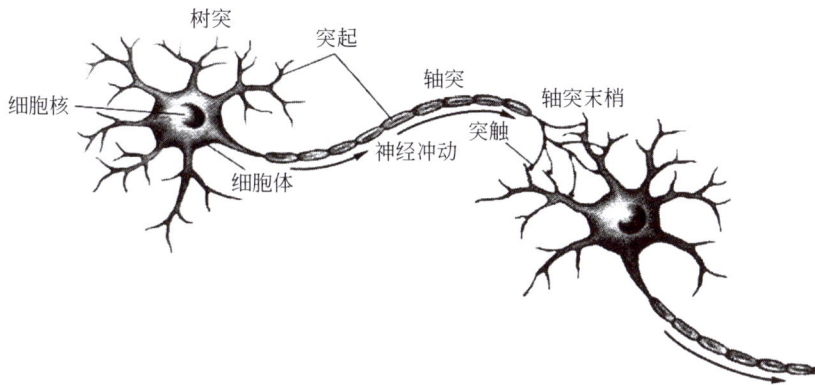

图 7.1　生物神经元的结构

生物神经元(neuron)的主体部分为细胞体。细胞体(soma)由细胞核、细胞质、细胞膜等组成。每个细胞体都有一个细胞核(cell nuclear),埋藏在细胞体之中,进行呼吸和新陈代谢等许多生化过程。神经元还包括树突(dendrite)和一条长的轴突(axon)。由细胞体向外伸出的最长的一条分支称为轴突,即神经纤维。轴突末端有许多分枝,叫轴突末梢(axon terminal)。典型的轴突有 1cm 长,是细胞体直径的 100 倍。一个神经元通过轴突末梢与 10^3 个其他神经元连接,组成一个复杂的神经网络。轴突是用来传递和输出信息的,轴突末梢为信号输出端,将神经冲动传给其他神经元。由细胞体向外伸出的其他许多较短的分支称为树突。树突相当于细胞的输入端,树突的各个部位都能接收其他神经元的冲动。神经冲动只能由前一级神经元的轴突末梢传向下一级神经元的树突或细胞体,不能作反方向的传递。

神经元具有两种常规工作状态:兴奋与抑制,即满足 0-1 律。当传入的神经冲动使细胞膜电位升高到超过阈值时,细胞进入兴奋状态,产生神经冲动并由轴突输出;当传入的神经冲动使细胞膜电位下降到低于阈值时,细胞进入抑制状态,没有神经冲动输出。

7.1.2　生物神经元的数学模型

早在 1943 年,美国神经生理学家麦克洛奇和数学家皮茨在那篇著名的论文《神经活动中思想内在性的逻辑演算》中提出了神经元的数学模型(M-P 模型),从此开创了人工神经网络研究的时代。从 20 世纪 40 年代开始,根据神经元的结构和功能不同,人们先后提出的神经元模型有几百种之多。下面介绍神经元的标准、统一的数学模型,它由 3 部分组成,即加权求和、线性环节和非线性激活函数,如图 7.2 所示。

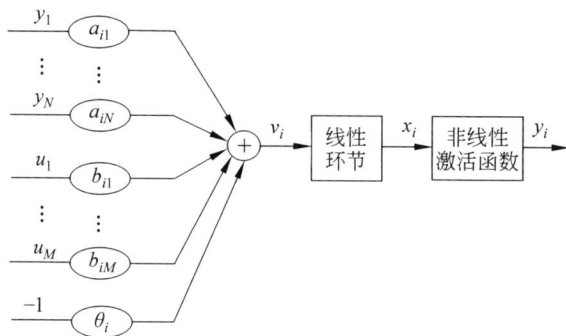

图 7.2　一个神经元的数学模型

图 7.2 是一个神经元的数学模型。$y_i(t)$ 为第 i 个神经元的输出。θ_i 为第 i 个神经元的阈值,反映了第 i 个神经元容易兴奋的程度。θ_i 越小,说明第 i 个神经元越容易兴奋。第 i 个神经元和神经元 $1,2,\cdots,N$ 分别相连。例如,第 i 个神经元和第 1 个神经元相连,也就是说,第 1 个神经元的输出信号 y_1 作为第 i 个神经元的输入信号,连接权值为 a_{i1}。$u_k(t)(k=1,2,\cdots,M)$ 为神经元受到的外部作用。b_{ik} 为输入作用的权值。

加权求和的公式如下:

$$v_i(t) = \sum_{j=1}^{N} a_{ij} y_j(t) + \sum_{k=1}^{M} b_{ik} u_k(t) - \theta_i \qquad (7.1)$$

线性环节可以取为比例环节,最简单的是取为 1;也可以取为惯性环节、时滞环节及其组合函数等。线性环节的输出 x_i 通过非线性激活函数变换,得到神经元 i 的输出 y_i。

最常用的非线性激活函数有以下几种。

（1）阶跃函数。

$$f(x_i) = \begin{cases} 1, & x_i > 0 \\ 0, & x_i \leqslant 0 \end{cases} \qquad (7.2a)$$

或

$$f(x_i) = \begin{cases} 1, & x_i > 0 \\ -1, & x_i \leqslant 0 \end{cases} \qquad (7.2b)$$

（2）S 型函数（Sigmoid 函数）。它具有平滑和渐近性,并保持单调性,是最常用的非线性函数。最常用的 S 型函数如下:

$$f(x_i) = \frac{1}{1 + e^{-ax_i}} \qquad (7.3a)$$

当需要将神经元输出限制在 $[-1,1]$ 区间时,S 型函数可以选为双曲正切函数:

$$f(x_i) = \frac{1 - \mathrm{e}^{-ax_i}}{1 + \mathrm{e}^{-ax_i}} \tag{7.3b}$$

其中，α 可以控制其斜率。

S 型函数的缺点是在输入的绝对值大于某个阈值后，会过快进入饱和状态（即函数值趋近 1 或者 -1，而不再有显著的变化），出现梯度消失情况，即梯度会趋近 0，在实际模型训练中会导致模型收敛缓慢，性能不够理想。因此，在一些现代网络结构中，S 型函数逐渐为 ReLU 等激活函数取代。

（3）ReLU 函数。2011 年，格洛罗特（Xavier Glorot）等提出 ReLU（Rectified Linear Unit，修正线性单元）函数，这是近年来深度学习研究中广泛使用的一个激活函数。ReLU 函数不是一条光滑曲线，而是一个很简单的分段线性函数，即

$$f(x_i) = \begin{cases} 0, & x_i < 0 \\ x_i, & x_i \geq 0 \end{cases} \tag{7.4}$$

ReLU 函数形式简单，在实际应用中没有饱和问题，运算速度快，收敛效果好，在卷积神经网络等深度神经网络中应用效果很好。

7.1.3　人工神经网络的结构与学习

1. 人工神经网络的结构

人工神经网络是由众多简单的神经元连接而成的一个网络。尽管每个神经元结构、功能都不复杂，但人工神经网络的行为并不是各人工神经元行为的简单相加，网络的整体动态行为是极为复杂的，可以组成高度非线性动力学系统，从而可以表达很多复杂的物理系统，表现出一般复杂非线性系统的特性（如不可预测性、不可逆性、多吸引子、可能出现混沌现象等）和作为人工神经网络系统所独有的各种性质。人工神经网络具有大规模并行处理、自适应、自组织、自学习等能力以及分布式存储等特点，在许多领域得到了成功的应用，展现了非常广阔的应用前景。

众多神经元的轴突和其他神经元或者自身的树突相连接，构成复杂的人工神经网络。根据人工神经网络中神经元的连接方式可以将人工神经网络划分为不同类型的结构。目前人工神经网络主要有前馈型和反馈型两大结构类型。

（1）前馈型。在前馈型人工神经网络中，各神经元接收上一层的输入，并输出给下一层，没有反馈。前馈网络可分为不同的层，第 i 层只与第 $i-1$ 层输出相连，输入层与输出层的神经元与外界相连。后面着重介绍的 BP 神经网络就是一种前馈型人工神经网络。

（2）反馈型。在反馈型人工神经网络中,有一些神经元的输出经过若干神经元后再反馈到这些神经元的输入端。最典型的反馈型人工神经网络是霍普菲尔德神经网络。它是全连接人工神经网络,即每个神经元和其他神经元都相连。

2. 人工神经网络的工作方式

当满足兴奋条件时,人工神经网络中的神经元就会改变为兴奋状态;当不满足兴奋条件时,神经元就会改变为抑制状态。如果人工神经网络中各个神经元同时改变状态,称为同步(synchronous)工作方式;如果人工神经网络中的神经元一个一个地改变状态,即当某个神经元改变状态时,其他神经元保持状态不变,称为异步(asynchronous)工作方式。人工神经网络在不同的工作方式下的性能有些差异。

3. 人工神经网络的学习

人工神经网络是一种知识表示方法和推理方法。人工神经网络知识表示方法与谓词、产生式、框架、语义网络等完全不同。谓词、产生式、框架、语义网络等是知识的显式表示。例如,在产生式系统中,知识独立地表示为每一条规则。人工神经网络是知识的隐式表示。在这里,将某一问题的若干知识通过学习表示在同一网络中。

人工神经网络的学习是指调整人工神经网络的连接权值或者结构,使输入和输出具有解决问题所需要的特性。

7.2　机器学习的先驱——赫布学习规则

机器学习现在已经是人工智能的主流了,为什么还要提很早的赫布学习规则? 因为赫布学习规则开启了机器学习的先河。

> 唐纳德·赫布(Donald Hebb,1904—1985)是加拿大著名生理心理学家。1944 年,赫布提出了改变神经元连接强度的赫布学习规则。赫布学习规则的基本思想很容易被接受,得到了较为广泛的应用,至今仍在各种神经网络模型的研究中起着重要的作用。

赫布认为,神经网络的学习过程最终是发生在神经元之间的突触部位,突触的连接强度随着突触前后神经元的活动而变化,变化的量与两个神经元的活性之和成正比。简单地说,如果两个神经元总是同时激活,它们之间就有某种关联;两个神经元同时激活的概率越高,它们的关联度也越高。

　　赫布学习规则可表述如下：当某一突触两端的神经元同时处于兴奋状态时，该连接的权值应该增强。权值调整量与输入和输出的乘积成正比。用数学方式描述调整权值 w_{ij} 的算法为

$$w_{ij}(k+1) = w_{ij}(k) + \alpha y_i(k) y_j(k) \quad (\alpha > 0) \tag{7.5}$$

其中，$w_{ij}(k+1)$ 为权值的下一步值，$w_{ij}(k)$ 为权值的当前值。

　　从式(7.5)可以看出：当某一突触两端的神经元同时处于兴奋状态时，$y_i(k)y_j(k) > 0$，使 $w_{ij}(k+1)$ 增加；否则，$y_i(k)y_j(k) \leqslant 0$，使 $w_{ij}(k+1)$ 减少或者保持不变。

　　赫布学习规则表明，经常出现的模式将对权值有较大的影响。学习过程需预先设置权饱和值，以防止输入和输出正负始终一致时出现权值无约束增长的现象。

　　赫布学习规则与条件反射机理一致，并且已经得到了神经细胞学说的证实。

　　生物学家巴甫洛夫设计的条件反射实验是：每次给狗喂食前都先响铃，时间一长，狗就会将铃声和食物联系起来。以后如果只响铃，但是不给食物，狗也会流口水。

　　受该实验的启发，赫布认为在同一时间被激发的神经元间的联系会被强化。例如，铃声响时一个神经元被激发，在同一时间食物的出现会激发附近的另一个神经元，那么这两个神经元间的联系就会被强化，从而记住这两个事物之间存在的联系；相反，如果两个神经元总是不能同步被激发，那么它们之间的联系将会越来越弱。

　　2000 年诺贝尔生理学或医学奖得主肯德尔(Eric Kandel)的动物实验也证实了赫布学习规则。

　　赫布学习规则是无监督学习规则。这种学习的结果是使网络能够提取训练集的统计特性，从而把输入信息按照它们的相似程度划分为若干类。这一点与人类观察和认识世界的过程非常吻合，人类在观察和认识世界时在相当程度上就是根据事物的统计特征进行分类的。

　　由赫布提出的赫布学习规则为人工神经网络的学习算法奠定了基础。在此基础上，人们提出了各种无监督机器学习算法，以适应不同网络模型的需要。

7.3　掀起人工神经网络第一次高潮的感知器

　　1957 年，美国康奈尔航空实验室(Cornell Aeronautical Laboratory)的实验心理学家、计算科学家弗兰克·罗森布拉特受赫布学习规则的启发，提出了由两层神经元组成的

人工神经网络,将其命名为感知器(perceptron),这是一种根据生物神经细胞信号传递过程而设计的学习模型。他在一台 IBM-704 计算机上模拟实现了感知器神经网络模型,完成了一些简单的视觉处理任务。

基本的感知器模型如图 7.3 所示。

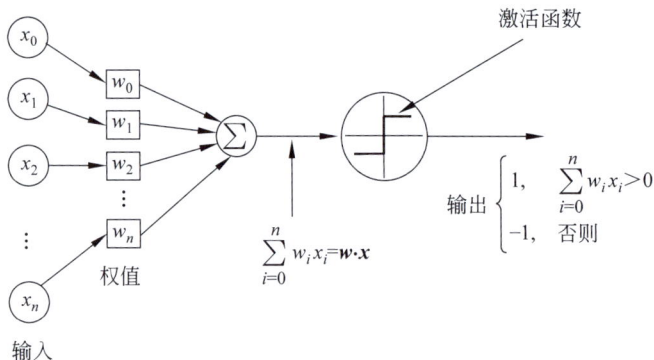

图 7.3 基本的感知器模型

激活函数采用阶跃函数,即输入大于 0 时输出 1,其他情况时输出 −1。

不同于 M-P 模型,感知器模型可以采用梯度下降法自动更新参数,从而学习给定的样本。1962 年,罗森布拉特在理论上证明了单层神经网络在处理线性可分的模式识别问题时可以做到收敛,并以此为基础做了若干感知器学习能力的实验。这在国际上引起了轰动,掀起了人工神经网络研究的第一次高潮。

罗森布拉特因感知器而名声大振,《纽约时报》等很多新闻媒体都报道了他的研究成果。但罗森布拉特的高调引起了连接主义奠基人、图灵奖得主明斯基的不满,他在一次会议上与罗森布拉特发生了争辩,他认为人工神经网络并不能解决所有问题。随后,明斯基和麻省理工学院教授西摩尔·派普特(Seymour Papert)合作,企图从理论上证明他们的观点。经过充分的理论研究,1969 年,明斯基和派普特合作撰写了影响巨大的著作《感知器:计算几何导论》(*Perceptrons:An Introduction to Computational Geometry*)。书中指出,感知器存在两个关键问题难以解决。

(1) 单层人工神经网络无法解决不可线性分割的问题,例如无法实现简单的异或门电路(XOR circuit)。

(2) 即使利用当时最先进的计算机,也没有足够的计算力提供完成多层感知器训练所需的超大计算量。

异或是一个基本逻辑问题,如果连这个问题都解决不了,那么人工神经网络的计算能力实在有限。由于明斯基的学术地位，而且他又在 1969 年刚刚获得计算机科学界最高奖项——图灵奖，他的论断直接使人工智能的研究陷入长达近 20 年的低潮，史称"人工智能冬天"（AI Winter）。

异或是一个数学运算，其符号为 $\oplus$。$a \oplus b$ 的运算法则为：如果 a、b 两个值相同，异或结果为 0；如果 a、b 两个值不同，则异或结果为 1。

异或问题的一个例子如图 7.4 所示，因为找不到一条直线能把 × 和 ○ 分开，所以，异或问题是非线性分类问题。

感知器之所以无法解决非线性分类问题，原因就是它作为一个单层人工神经网络的感知器，结构过于简单，仅仅是一个线性分类器。所谓线性分类器是指：如果样本的特征空间为二维的，则感知器给出的分类超平面对应于二维空间中的一条直线，如图 7.5 所示；如果样本的特征空间为三维的，则感知器给出的分类超平面对应于三维空间中的一个平面，如图 7.6 所示。

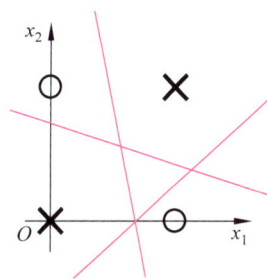

图 7.4　异或问题的一个例子

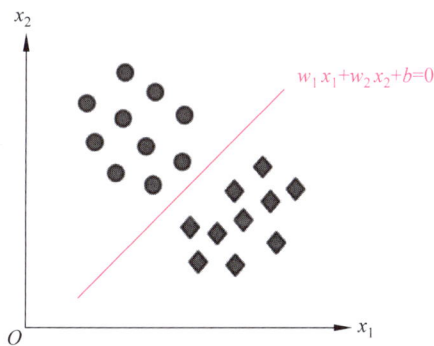

图 7.5　二维空间分类超平面

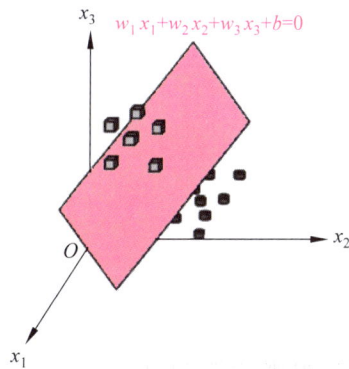

图 7.6　三维空间分类超平面

如果想提升感知器神经网络的表征能力，网络结构势必要更为复杂。可以在输入层和输出层之间添加一层神经元，将其称为隐含层（hidden layer），形成多层感知器模型。但当时缺少有效的算法和支撑复杂算法的计算能力。

感知器的失败导致人工神经网络研究进入低潮期，但没有影响生物神经网络研究的持续发展。1958 年，著名神经生物学家休伯尔（D. H. Hubel）与威泽尔（T. N. Wiesel）研究发现，动物大脑皮层对视觉信息的处理是分级、分层进行的。正是这个重要的生理学发现，使得二人获得了 1981 年的诺贝尔生理学或医学奖。这个重要科学发现的意义不仅影响了生理学领域，而且间接促成了人工智能在 50 年后的突破性发展。因为休伯尔和威泽尔等对大脑的深入认识启发了计算机科学家,为科研人员从"观察大脑"到"重现大脑"搭起了桥梁。美国电气电子工程师学会(IEEE)于 2004 年设立了罗森布拉特奖,以奖励人工神经网络领域的杰出研究。

7.4　掀起人工神经网络第二次高潮的 BP 学习算法

7.4.1　BP 学习算法的提出

1974 年,哈佛大学博士生保罗·沃波斯(Paul Werbos)在其博士论文《并行分布式处理》(*Parallel Distributed Processing*)中证明,在感知器神经网络中再增加一层,并利用误差的反向传播(Back Propagation,BP)训练人工神经网络,可以解决异或问题。令人遗憾的是,沃波斯的研究并没有得到应有的重视。原因很简单,那时正值人工神经网络研究的低潮期,这篇论文没有引起更多的人关注。多年后,他获得了由 IEEE 人工神经网络学会颁发的先驱奖。

直到 1985 年,加拿大多伦多大学教授杰弗里·辛顿和戴维·鲁梅尔哈特等重新设计了 BP 学习算法,在多层感知器中使用 S 型函数代替原来的阶跃函数,以人工神经网络模仿大脑工作机理。1986 年,鲁梅尔哈特、辛顿和罗纳德·威廉姆斯(Ronald Williams)联名发表了具有里程碑意义的经典论文——《通过反向传播误差学习表示》(*Learning Representations by Back-Propagating Errors*),通过实验展示反向传播算法,可以在神经网络的隐含层中学习到对输入数据的有效表达,实现了明斯基多层感知器的设想。BP 学习算法唤醒了沉睡多年的人工智能研究,又一次掀起了人工神经网络研究高潮。

人工神经网络在 20 世纪 80 年代的复兴还要归功于生物物理学家霍普菲尔德(J. J. Hopfield)。1982 年,在加州理工学院担任生物物理学教授的霍普菲尔德提出了后来被称为霍普菲尔德网络的新的人工神经网络,引入了计算能量函数的概念,给出了网络稳定性判据,可以解决一大类模式识别问题,还可以给出一类组合优化问题的近似解。1984 年,霍普菲尔德用模拟集成电路实现了自己提出的模型,为神经计算机的研究奠定了基础,同时开拓了将人工神经网络用于联想记忆和优化计算的新途径,从而有力地推动了人工神经网络的研究。这种模型是目前最重要的神经优化计算模型之一。

7.4.2　BP 神经网络

BP 神经网络(Back-Propagation Neural Network,反向传播神经网络)就是多层前向

神经网络,其结构如图 7.7 所示。

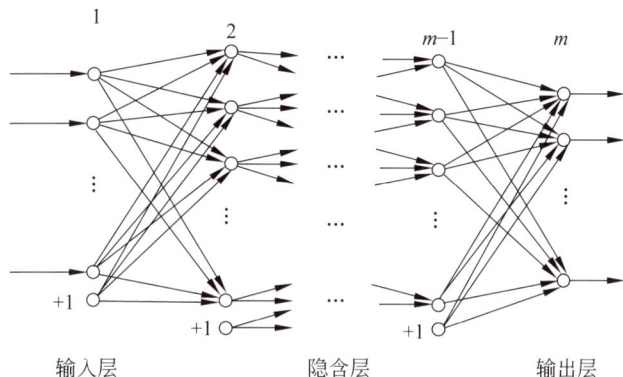

图 7.7 BP 神经网络结构

设 BP 神经网络有 m 层。第一层称为输入层,最后一层称为输出层,中间各层称为隐含层。标有 $+1$ 的圆圈称为偏置节点。没有其他单元连向偏置节点。偏置节点没有输入,它的输出总是 $+1$。输入层起缓冲存储器的作用,把数据源加到网络上,因此,输入层的神经元的输入输出关系一般是线性函数。隐含层中各个神经元的输入输出关系一般是非线性函数。隐含层 k 与输出层中各个神经元的非线性输入输出关系记为 $f_k(k=2,3,\cdots,m-1)$,一般取为 S 型函数,即

$$y_i^k = f_k(u_i^k) = \frac{1}{1+\mathrm{e}^{-u_i^k}} \tag{7.6}$$

由第 $k-1$ 层的第 j 个神经元到第 k 层的第 i 个神经元的连接权值为 w_{ij}^k。设第 k 层中第 i 个神经元输入的总和为 u_i^k,输出为 y_i^k,则各变量之间的关系为

$$y_i^k = f_k(u_i^k)$$
$$u_i^k = \sum_j w_{ij}^{k-1} y_j^{k-1} \quad (k=2,3,\cdots,m-1) \tag{7.7}$$

当 BP 神经网络输入数据 $\boldsymbol{X}=\begin{bmatrix} x_1 & x_2 & \cdots & x_{p_1} \end{bmatrix}^{\mathrm{T}}$(设输入层有 p_1 个神经元),从输入层依次经过各隐含层节点,可得到输出数据 $\boldsymbol{Y}=\begin{bmatrix} y_1^m & y_2^m & \cdots & y_{p_m}^m \end{bmatrix}^{\mathrm{T}}$(设输出层有 p_m 个神经元)。因此,可以把 BP 神经网络看成一个从输入到输出的非线性映射。

给定 N 组输入输出样本 $\{\boldsymbol{X}_i, \boldsymbol{Y}_i\}, i=1,2,\cdots,N$,如何调整 BP 神经网络的权值,使 BP 神经网络输入为样本 $\boldsymbol{X}_i$ 时,输出为样本 $\boldsymbol{Y}_i$,这就是 BP 神经网络的学习问题。可见,BP 学习算法是一种监督学习。

要解决 BP 神经网络的学习问题,关键是解决两个问题。

第一,是否存在一个 BP 神经网络的结构能够逼近给定的样本或者函数?

下述定理可以回答这个问题。

BP 定理：给定任意 $\varepsilon > 0$，对于任意的连续函数 f，存在一个 3 层前向神经网络，它可以在任意 ε 平方误差精度内逼近 f。

BP 定理说明，只要用 3 层 BP 神经网络就能够精确地逼近任意的连续函数，但可能需要大量的隐含层神经元，可以用多层 BP 神经网络减少隐含层神经元数。对多层 BP 神经网络，如何合理地选取 BP 网络的隐含层数及隐含层的节点数，目前尚无有效的理论和方法。

第二，在选择了 BP 神经网络的结构后，如何调整其权值，使 BP 神经网络的输入与输出之间的关系与给定的样本相同？

下面介绍的 BP 学习算法给出了具体的调整方法。

7.4.3 BP 学习算法

BP 学习算法是通过反向学习过程使误差最小，即为目标函数选择适当的神经网络权值，使神经网络的期望输出与神经网络的实际输出之差的平方和最小，用数学表达式表示为

$$J = \frac{1}{2} \sum_{j=1}^{n} (y_j^m - y_{sj})^2 \tag{7.8}$$

其中，y_{sj} 为神经网络输出层的第 j 个神经元的期望输出，y_j^m 为神经网络输出层(第 m 层)的第 j 个神经元的实际输出。

BP 学习算法实际上是求目标函数 J 的极小值，约束条件是式(7.7)。对于这个优化问题，可以利用传统的牛顿最快下降法，即使权值沿目标函数的负梯度方向改变，因此，神经网络权值的修正量为

$$\Delta w_{ij}^{k-1} = -\varepsilon \frac{\partial J}{\partial w_{ij}^{k-1}} \quad (\varepsilon > 0) \tag{7.9}$$

其中，ε 为学习步长，一般小于 0.5。

但要直接求偏导数 $\dfrac{\partial J}{\partial w_{ij}^{k-1}}$ 是很困难的。而采用递归算法，可以推导得到 BP 学习算法：

$$\Delta w_{ij}^{k-1} = -\varepsilon d_i^k y_j^{k-1} \tag{7.10a}$$

$$d_i^m = y_i^m (1 - y_i^m)(y_i^m - y_{si}) \tag{7.10b}$$

$$d_i^k = y_i^k (1 - y_i^k) \sum_l d_l^{k+1} w_{li}^k \quad (k = m-1, m-2, \cdots, 2) \tag{7.10c}$$

从式(7.10c)可以看出,求第 k 层的误差信号 d_i^k,需要上一层的 d_l^{k+1}。因此,误差函数的求取是一个始于输出层的反向传播的递归过程,所以称为反向传播(BP)学习算法。通过多个样本的学习,修改权值,不断减小偏差,最后达到满意的结果。

BP 学习算法的学习过程非常直观:首先随机设置神经网络的初始权值,然后将某个样本输入作为神经网络的输入,求出各层神经元的输出,一直到求出输出层神经元的输出 y_j^m,该值与样本的输出一般不会相等。下面进行训练。首先用式(7.10b)求出 d_i^m,代入式(7.10a),可以求出神经网络输出层和倒数第二层之间的连接权值的增量;由式(7.10c),令 $k=m-1$,可以求出 d_i^{m-1},代入式(7.10a),可以求出神经网络倒数第二层和倒数第三层之间的连接权值的增量;以此类推,可以求出各层之间的权值的增量,完成一次训练。再将这个样本作为神经网络的输入,求出各层神经元的输出,一直到求出输出层神经元的输出 y_j^m,与样本的输入一般不相等。重复上面的训练过程,直到输出层所有神经元的输出与样本的输出基本相等(误差在允许范围内)。

BP 学习算法的流程如图 7.8 所示。

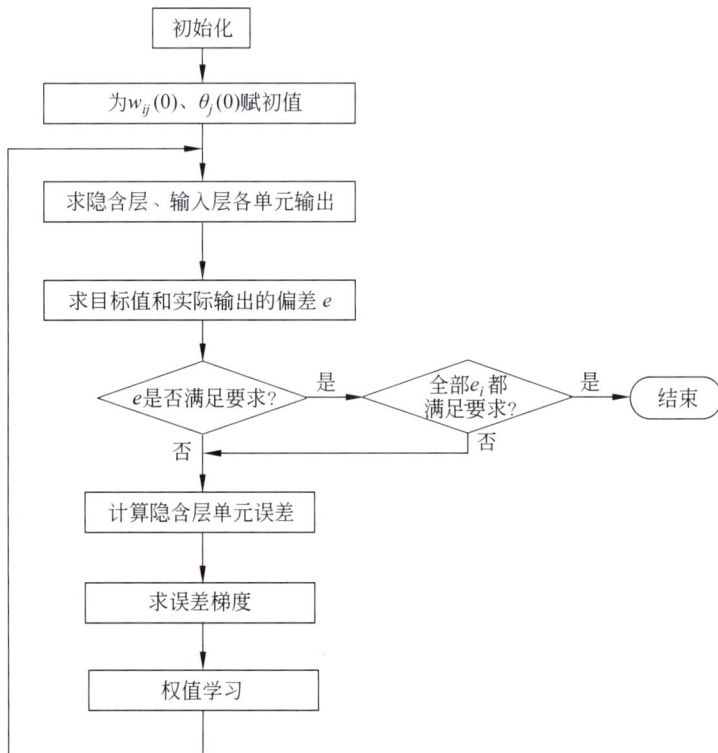

图 7.8　BP 学习算法的流程

7.4.4　BP学习算法在模式识别中的应用

模式识别主要研究用计算机模拟生物和人的感知,对模式信息,如图像、文字、语音等,进行识别和分类。传统人工智能的研究部分地显示了人脑的归纳、推理等智能。但是,对于人类底层的智能,如视觉、听觉、触觉等,现代计算机系统的信息处理能力还不如一个幼儿。

人工神经网络模型模拟了人脑神经系统的特点,如处理单元的广泛连接、并行分布式信息存储和处理、自适应学习能力等。人工神经网络的研究为模式识别开辟了新的研究途径。与模式识别的传统方法相比,人工神经网络方法具有较强的容错能力、自适应学习能力和并行信息处理能力。

例7.1　设计一个3层BP神经网络对数字0~9进行识别。训练数据如图7.9所示,测试数据如图7.10所示,注意,图7.10所示测试数据发生了变化,表示加进了噪声,以检验BP学习算法的鲁棒性。

解:这是一个分类问题,有10个类,且每个目标向量应该是这10个向量中的一个。目标值由数字1~9的9个向量中的一个表示,0由所有节点的输出全为0表示。每个数字用9×7的网格表示,灰色像素用0表示,黑色像素用1表示,将网格表示为0、1组成的位串。位映射由左上角开始向下直到网格的整个一列,然后重复其他列。

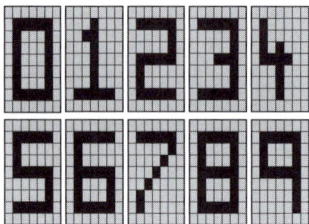

图7.9　数字识别训练数据

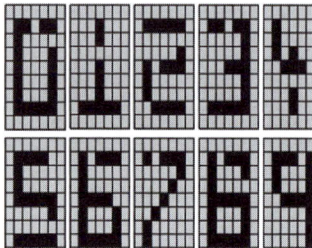

图7.10　数字识别测试数据

例如,数字"1"的网格的位串为

$$\{0,0,0,0,0,0,0,0,0;$$
$$0,0,0,0,0,0,0,1,0;$$
$$0,0,1,0,0,0,0,1,0;$$
$$0,1,1,1,1,1,1,1,0;$$
$$0,0,0,0,0,0,0,1,0;$$

$$0,0,0,0,0,0,0,0,1,0;$$
$$0,0,0,0,0,0,0,0,0,0\}$$

选择网络结构为 63-6-9。有 9×7 个输入节点,对应上述网格的映射。有 9 个输出节点,对应 10 种分类。如果输出节点的值大于 0.9,则取为 1;如果输出节点的值小于 0.1,则取为 0。使用的学习步长为 0.3。训练 1000 个周期。

当训练成功后,对如图 7.10 所示的测试数据进行测试。每个测试数据都有一个或者多个位丢失。测试结果表明:除了数字"8"以外,所有数字都能够被正确地识别。对于数字"8",第 8 个输出节点的输出值为 0.41,而第 6 个输出节点的输出值为 0.53,表明这个样本是模糊的,可能是数字"6",也可能是数字"8",但不完全确信是两者之一。实际上,人识别这个数字时也会发生这种错误。

BP 学习算法于 1991 年被研究者发现存在梯度消失问题,只能设计成层数不多的浅层神经网络,难以学习复杂的问题。这成为影响 BP 神经网络发展的主要原因,影响了人工神经网络的应用,使人工神经网络的研究第二次进入低潮。直到 2006 年,随着深度学习的提出,才再次掀起了人工神经网络研究的新浪潮。

7.5　本章小结

1. 神经网络的概念

神经元的数学模型由加权求和、线性环节和非线性激活函数 3 部分组成。

在前馈型神经网络中,各神经元接收上一层的输入,并输出给下一层,没有反馈。

在反馈型神经网络中,一些神经元的输出经过若干神经元后再反馈到自身的输入端。最典型的反馈型神经网络是霍普菲尔德神经网络。它是全连接神经网络。

2. BP 神经网络的学习

BP 神经网络的学习是指调整 BP 神经网络的连接权值或者结构,使输入和输出具有解决问题所需要的特性。

赫布学习规则是:当某一突触两端的神经元同时处于兴奋状态时,该连接的权值应该增强。

存在一个 3 层 BP 神经网络,可以逼近任意的连续函数。

BP 学习算法可以归纳为式(7.10a)、式(7.10b)、式(7.10c)。

讨论题

7.1　一个全连接的前向神经网络具有 6 个源节点;有两个隐含层,一个隐含层有 4 个神经元,另一个隐含层有 3 个神经元;有一个输出神经元。画出这个神经网络的结构图。

7.2　简述人工神经网络的知识表示形式和推理机制,试举例说明。

7.3　BP 学习算法是什么类型的学习算法? 它主要有哪些不足?

7.4　为什么说人工神经网络是一个非线性系统? 如果 BP 神经网络中所有节点都是线性函数,那么,BP 神经网络还是一个非线性系统吗?

第 **8** 章

深度学习与大语言模型

机器学习(machine learning)是人工智能的重要研究领域,一直受到人工智能及认知心理学研究者的普遍关注。近年来,随着专家系统的发展,对智能系统的学习能力提出了更高的要求,这促进了机器学习的研究,使之获得了较快的发展,出现了多种学习系统。近年来,深度学习特别是大语言模型的迅猛发展使机器学习掀起了新的研究与应用热潮。

机器学习与计算机科学、心理学等多个学科有密切的关系,牵涉面比较宽,许多理论及技术上的问题尚处于研究之中。本章首先介绍机器学习的基本概念和分类;然后介绍知识发现与数据挖掘;着重介绍目前正在兴起的深度学习方法,包括卷积神经网络、生成对抗网络等深度神经网络。最后介绍大语言模型及其在写作、文生图、文生视频等方面的应用。

8.1 机器学习的基本概念

8.1.1 学习

学习是人类的一种重要的智能行为,但对于"学习"至今还没有一个精确的、得到公认的定义。这一方面是由于来自不同学科(例如神经学、认知心理学、计算机科学等)的研究人员分别从不同的角度对学习给出了不同的解释;另一方面,也是更重要的原因,是学习是一个多侧面、综合性的心理活动,它与记忆、思维、知觉、感觉等多种心理行为都有着密切联系,使得人们难以把握学习的机理与实质,因而无法给出确切的定义。

目前,对学习的定义有较大影响的观点主要有以下几个。

(1) 学习是系统改进其性能的过程。这是西蒙关于学习的观点。1980 年,他在卡内基·梅隆大学召开的机器学习研讨会上作了题为"为什么机器应该学习"的发言。在发言中,他把学习定义为:学习是系统中的任何改进,这种改进使得系统在重复同样的工作或进行类似的工作时能完成得更好。这一观点在机器学习研究领域有较大的影响。学习的基本模型就是基于这一观点建立的。

(2)学习是获取知识的过程。这是专家系统研究人员提出的观点。由于知识获取一直是专家系统建造中的难点,因此专家系统研究人员把机器学习与知识获取联系起来,希望通过对机器学习的研究来实现知识的自动获取。

(3)学习是技能的获取。这是心理学家关于如何通过学习获得熟练技能的观点。人们通过大量实践和反复训练可以改进机制和获取技能,例如骑自行车、弹钢琴等都是这样。但是,学习并不仅仅是获得技能,这个定义只反映了学习的一方面。

(4)学习是事物规律的发现过程。在 20 世纪 80 年代,由于对智能机器人的研究取得了一定的进展,同时又出现了一些发现系统,于是人们开始把学习看作一种从感性知识到理性知识的认识过程,从表层知识到深层知识的特化过程,即发现事物规律、形成理论的过程。

综合上述观点,可以将学习定义为:一个有特定目的的知识获取过程,其内在行为是获取知识、积累经验、发现规律,其外部表现是改进性能、适应环境、实现系统的自我完善。

8.1.2　机器学习

机器学习使计算机能模拟人的学习行为,自动地通过学习获取知识和技能,不断改善性能,实现自我完善。

作为人工智能的一个研究领域,机器学习主要研究以下 3 方面问题。

(1)学习机制。这是对人类学习机制的研究,即人类获取知识、技能和抽象概念的能力。通过这一研究,将从根本上解决机器学习中存在的种种问题。

(2)学习方法。研究人类的学习过程,探索各种可能的学习方法,构建独立于具体应用领域的学习算法。

(3)学习系统。根据特定任务的要求,建立相应的学习系统。

8.1.3　学习系统

1. 学习系统的定义

为了使计算机系统具有某种程度的学习能力,使它能通过学习增长知识,改善性能,提高智能水平,需要为它建立相应的学习系统。

能够在一定程度上实现机器学习的系统称为学习系统。

1973 年,萨利斯(Saris)对学习系统给出如下定义:如果一个系统能够从某个过程或环境的未知特征中学到有关信息,并且能把学到的信息用于未来的估计、分类、决策或控制,以便改善系统的性能,那么它就是学习系统。

1977 年,施密斯(Smith)等又给出了一个类似的定义:如果一个系统在与环境相互作用时能利用过去与环境作用时得到的信息,并提高自身的性能,那么它就是学习系统。

2. 学习系统的条件和能力

由上述定义可以看出,一个学习系统应具有如下条件和能力。

(1) 具有适当的学习环境。无论是在萨利斯的定义中还是在施密斯等的定义中,都使用了"环境"这一术语。这里所说的环境是指学习系统进行学习时的信息来源。如果把学习系统比作学生,那么环境就是为学生提供学习信息的教师、教材及各种应用、实践过程。没有这样的环境,学生就无从学习新知识,也无法应用新知识。同样,如果学习系统不具有适当的环境,它就失去了学习和应用的基础,不能实现机器学习。

对于不同的学习系统及不同的应用,环境一般是不相同的。例如,当把学习系统用于专家系统的知识获取时,环境就是领域专家以及有关的文字资料、图像等;当把学习系统用于博弈时,环境就是博弈的对手以及千变万化的棋局。

(2) 具有一定的学习能力。环境只是为学习系统提供了学习及应用的条件。学习系统要从环境中学到有关信息,还必须有合适的学习方法及一定的学习能力,否则它仍然学不到知识,或者学得不好。这和人类的学习一样,一个学生即使有好的教师和教材,如果没有掌握适当的学习方法或者学习能力不强,仍然不能取得理想的学习效果。

学习过程是系统与环境相互作用的过程,是边学习、边实践,然后再学习、再实践的过程。就以学生的学习来说,学生首先从教师及教材那里取得有关概念和技术的基本知识,经过思考、记忆等过程把它变成自己的知识,然后在实践(如做作业、实验、课程设计等)中检验学习的正确性;如果发现问题,就再次向教师或教材请教,修正原来理解上的错误或者补充新的知识。学习系统的学习过程与此类似,它也要通过与环境多次相互作用逐步学到有关知识,而且在学习过程中要通过实践验证、评价所学知识的正确性。一个完善的学习系统只有同时具备这两种能力,才能学到有效的知识。

(3) 能应用学到的知识求解问题。学习的目的在于应用,对人是这样,对学习系统也是这样。在萨利斯的定义中,就明确指出了学习系统应"能把学到的信息用于未来的估计、分类、决策或控制",强调学习系统应该做到学以致用。事实上,如果一个人或者一个学习系统不能应用学到的知识求解遇到的现实问题,那他或它也就失去了学习的作用及意义。

（4）能提高系统的性能。这是学习系统应达到的目标。学习系统通过学习应能增长知识,提高技能,改善系统的性能,能完成原来不能完成的任务,或者比原来做得更好。例如一个博弈系统,如果它第一次失败了,那么它应能从失败中吸取经验教训,通过与环境的作用学到新的知识,做到"吃一堑,长一智",使得它以后不重蹈覆辙。

3. 学习系统的基本模型

由以上分析可以看出,一个学习系统一般由环境、学习、知识库、执行与评价 4 个基本部分组成,其基本模型如图 8.1 所示,其中,箭头表示信息的流向。

图 8.1　学习系统的基本模型

环境指外部信息的来源。它将为系统的学习机构提供有关信息。系统通过对环境的搜索取得外部信息,然后经分析、综合、类比、归纳等思维过程获得知识,并将这些知识存入知识库中。

知识库用于存储由学习得到的知识。在存储时要进行适当的组织,使它既便于应用又便于维护。

执行与评价实际上是由执行与评价这两个环节组成的。执行环节用于处理学习系统面临的现实问题,即应用学到的知识求解问题,如定理证明、智能控制、自然语言处理、机器人行动规划等;评价环节用于验证、评价执行环节执行的效果,如结论的正确性等。目前对评价的处理有两种方式:一种是把评价时所需的性能指标直接建立在学习系统中,由学习系统对执行环节得到的结果进行评价;另一种是由人协助完成评价工作。如果采用后一种方式,则图 8.1 中可略去评价环节,但环境、学习、知识库、执行环节是不可缺少的。

最核心的学习部分根据反馈信息决定是否要从环境中索取进一步的信息进行学习,以修改、完善知识库中的知识。这是学习系统的一个重要特征。

8.1.4　机器学习的发展

关于机器学习的研究,可以追溯到 20 世纪 50 年代中期。当时人们从仿生学的角度开展了研究,希望搞清楚人类大脑及神经系统的学习机理。但由于受到客观条件的限制,当时的研究者未能如愿。以后几经波折,直到 20 世纪 80 年代,机器学习才获得了蓬勃发展。若以机器学习的研究目标及研究方法来划分,其发展过程可分为如下 3 个阶段。

1. 神经元学习的研究

这一阶段始于 20 世纪 50 年代中期,主要研究工作是应用决策理论的方法研制可适应环境的通用学习系统。它的基本思想是：如果给系统一组刺激、一个反馈源和修改自身组织的自由度,那么系统就可以自适应地趋向最优组织。这实际上是希望构造一个神经网络和自组织系统。

在此期间有代表性的工作是 1957 年罗森布拉特提出的感知器模型。它由阈值神经元组成,试图模拟动物和人脑的感知及学习能力。此外,这一阶段最有影响的研究成果是塞缪尔研制的具有自学习、自组织、自适应能力的跳棋程序。该程序在分析了约 175 000 个不同棋局后,归纳出推荐的走法,能根据下棋时的实际情况决定走子的策略,准确率达到 48%。这是机器学习发展史上一次卓有成效的探索。

1969 年,明斯基和派普特发表了颇有影响的论著《感知器：计算几何导论》,对神经元模型的研究作出了悲观的论断。由于明斯基在人工智能界的地位及影响以及神经元模型自身的局限性,致使它的研究开始走向低潮。

2. 符号学习的研究

这一阶段始于 20 世纪 70 年代中期。当时对专家系统的研究已经取得了很大成功,迫切要求解决知识获取问题。这一需求刺激了机器学习的发展,研究者力图在高层知识符号表示的基础上建立人类的学习模型,用逻辑的演绎及归纳推理代替数值的或统计的方法。莫斯托夫(D. J. Mostow)提出的指导式学习、温斯顿(P. H. Winston)和卡鲍尼尔(J. G. Carbonell)提出的类比学习以及米切尔(T. M. Mitchell)等提出的解释学习都是在这一阶段出现的。

3. 连接学习的研究

这一阶段始于 20 世纪 80 年代。当时由于人工智能的发展与需求以及超大规模集成电路技术、超导技术、生物技术、光学技术的发展与支持,使机器学习的研究进入了更高层次的发展时期。当年从事神经元模型研究的学者经过 10 多年的潜心研究,克服了神经元模型的局限性,提出了多层网络的学习算法,使机器学习进入了连接学习的研究阶段。连接学习是一种以非线性大规模并行处理为主流技术的神经网络的研究,特别是深度学习,目前仍在继续研究之中。

在这一阶段中,符号学习的研究也取得了很大进展,它与连接学习各有所长,具有较大的互补性。连接学习适用于连续发音的语音识别及连续模式的识别,而符号学习在离散模式识别及专家系统的规则获取方面有较多的应用。现在人们已开始把两者结合起来进行研究。

1980 年,在卡内基·梅隆大学召开了第一届机器学习国际研讨会,此后每两年召开一次会议,探讨机器学习研究中的问题。1986 年,《机器学习》(*Machine Learning*)创刊,对机器学习的研究与交流发挥了重要作用。该杂志的主编蓝利(P. Langley)在发刊词中宣称:机器学习过去几年的发展已引起了人工智能及认知心理学界的极大兴趣,现在它已进入了一个令人鼓舞的发展时期。

8.2 机器学习的分类

8.2.1 机器学习的一般分类方法

机器学习可从不同的角度,按不同的方式进行分类。

1. 按系统的学习能力分类

机器学习按系统的学习能力可分为监督学习、无监督学习和弱监督学习,这是当前最常用的分类方法。

监督学习在学习时需要教师的示教或训练,这往往需要很大的工作量,甚至不可能实现。

无监督学习是用评价标准代替人的监督工作,一般效果比较差。

弱监督学习则结合监督学习与无监督学习的优点,利用不完全的有标签数据进行监督学习,同时利用大量的无标签数据进行无监督学习。弱监督学习主要有半监督学习、迁移学习和强化学习 3 种方法。

> 图灵奖得主杨立昆(Yann LeCun)有一个非常著名的比喻:"假设机器学习是一个蛋糕,强化学习就是蛋糕上的一粒樱桃,监督学习就是外面的一层糖衣,无监督学习才是蛋糕坯。"

2. 按学习方法分类

正如人们有各种各样的学习方法一样,机器学习也有多种学习方法。若按学习时所用的方法进行分类,则机器学习可分为机械式学习、指导式学习、示例学习、类比学习、解释学习等。这是温斯顿在 1977 年提出的一种分类方法。

若按学习方法是否用符号表示分类,则机器学习可分为符号学习与非符号学习。

3. 按推理方式分类

若按学习时所采用的推理方式进行分类,则机器学习可分为基于演绎的学习及基于归纳的学习。

基于演绎的学习是指以演绎推理为基础的学习。解释学习在其学习过程中主要使用演绎推理,因而可将它划入基于演绎的学习这一类。

基于归纳的学习是指以归纳推理为基础的学习。示例学习、发现学习等在其学习过程中主要使用归纳推理,因而可划入基于归纳的学习这一类。

早期的学习系统一般都使用单一的推理方式,现在则趋于集成多种推理技术来支持学习。例如,类比学习就既用到演绎推理又用到归纳推理;解释学习也是这样,只是因为它的演绎推理部分所占的比例较大,所以把它归入基于演绎的学习。

4. 按综合属性分类

随着机器学习的发展以及人们对它的认识的提高,需要对机器学习进行更科学、更全面的分类。因而近年来有人提出按学习的综合属性进行分类的方法。它综合考虑了学习的知识表示、推理方法、应用领域等多种因素,能比较全面地反映机器学习的实际情况。用这种方法进行分类,不仅可以把过去已有的学习方法都包括在内,而且反映了机器学习的最新进展。

按照这种分类方法,机器学习可分为归纳学习、分析学习、连接学习以及遗传算法与分类器系统等。

其中,分析学习是一种基于演绎和分析的学习。学习时从一个或几个实例出发,运用过去求解问题的经验,通过演绎对当前面临的问题进行求解,或者产生能更有效地应用领域知识的控制性规则。分析学习的目标不是扩充概念描述的范围,而是提高系统的效率。

5. 其他分类方法

机器学习还有其他分类方法。例如,若按所学知识的表示方式分类,则机器学习可分为逻辑表示法学习、产生式表示法学习、框架表示法学习等;若按机器学习的应用领域分类,则机器学习可分为应用于专家系统、机器人学、自然语言处理、图像识别、博弈、数学、音乐等领域的机器学习。

下面着重介绍按学习能力分类的机器学习方法。

8.2.2 监督学习与无监督学习

1. 监督学习

监督学习(supervised learning)如图 8.2 所示。监督学习根据教师提供的正确响应调整学习系统的参数和结构。监督学习就是在已知输入和输出的情况下训练出一个模型,将输入映射到输出。典型的监督学习包括归纳学习、示例学习、支持向量机学习、BP学习等。

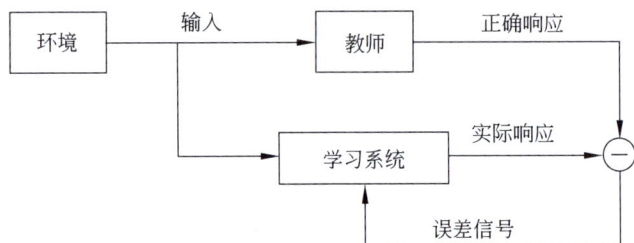

图 8.2 监督学习

监督学习是机器学习中最重要、应用最广泛的方法,已经形成了数以百计的不同方法,占据了目前机器学习算法的绝大部分。监督学习技术通过学习大量标记的训练样本构建预测模型,在很多领域获得了巨大的成功。但是,由于数据标注的本身往往需要很高的成本,在很多任务中很难获得全部真值标签这样比较强的监督信息。

随着物联网与大数据等相关技术的飞速发展,收集大量未标记样本已经相当容易;而获取大量有标记样本则较为困难,往往需要大量的人力物力。例如,在医学影像处理中,随着医学影像技术的发展,获取成像数据变得相对容易,但是对病灶等数据的标注往往需要专业的医疗知识,而要求医生进行大量的标注往往非常困难。由于时间和精力的限制,在多数情况下,医生只能标注相当少的影像,如何在医学影像的分析中发挥半监督学习的优势尤为重要。另外,在大量的互联网应用当中,无标记数据的量是极为庞大的,甚至是无限的,要求用户对数据进行标注非常困难,利用半监督学习技术在少量的用户标注的情况下实现高效推荐、搜索、识别等复杂任务,具有重要的应用价值。

2. 无监督学习

无监督学习(unsupervised learning)如图 8.3 所示。无监督学习系统完全按照环境提供的数据的某些统计规律调节自身的参数或者结构(自组织),以表示外部输入的某种固有特性,例如聚类或者某种统计上的分布特征。无监督学习方法包括各种自组织学习方法,如聚类学习、自组织神经网络学习、自编码器等。

图 8.3　无监督学习

无监督学习不需要人工进行数据标注,而是通过模型不断地自我认知、自我巩固,最后进行自我归纳以实现其学习过程,但无监督学习由于缺乏指定的标签,在实际应用中的性能往往存在很大的局限。

虽然目前无监督学习还处于研究阶段,但是它代表了机器学习未来的发展方向,正在引起越来越多的关注。2015 年,杨立昆等在《自然》杂志撰文,对深度学习的未来进行展望,指出:无监督学习对于重新掀起深度学习的热潮起到了促进作用。人们期望无监督学习在未来越来越重要,使人们能够通过观察发现世界的内在结构,而不是被告知每一个客观事物的名称。

8.2.3　弱监督学习

> 父母教小孩认识猫是监督学习。但是,父母给小孩看的猫或者猫的照片是不完全的标签数据,小孩看到的其他不同的猫或者猫的照片是无标签数据,小孩会不断地自我发现、学习,调整自己对猫的认识,这又是无监督学习。如果仅仅采用监督学习,则要求父母一次次反复地告诉小孩什么是猫,也许要高达数万次甚至数十万次。很显然,弱监督学习的模式更接近小孩的学习方式。

针对监督学习和无监督学习各自的优缺点,研究人员提出了弱监督学习的概念。

在弱监督学习中,允许数据标签是不完全的,即训练集中只有一部分数据是有标签的,而其余的数据甚至是绝大部分数据是没有标签的。

弱监督学习更接近人类的学习方式。例如,父母教小孩认识猫,会指着一只小猫或者拿着一张猫的照片,告诉他这是猫。以后小孩遇到不同的猫或者猫的照片的时候,尽管父母不会每次都告诉他这也是猫,但小孩会不断地自我发现、学习,调整自己对猫的认识,从而最终理解什么是猫。

弱监督学习减少了人工标记的工作量,同时又可以引入人类的监督信息以提高无监督学习的性能,成为当前机器学习领域的重要研究方向,已经被广泛应用在自动控制、调度、金融、网络通信等领域;在认知、神经科学领域,弱监督学习也有重要研究价值。

弱监督学习涵盖的范围很广泛,可以说,只要标注信息是不完全、不确切或者不精确的标记学习都可以看作弱监督学习。下面仅介绍半监督学习、迁移学习和强化学习这 3 种典型的弱监督学习。

1. 半监督学习

半监督学习是一种典型的弱监督学习方法。在半监督学习中,只有少量有标注的数据,还有大量未标注的数据可供使用。因为仅仅学习这些少量有标注的数据还不足以训练出好的模型,还需要用大量未标注的数据改善模型性能。因此,半监督学习不仅能最大限度地发挥有标注数据的作用,而且能从体量巨大、结构繁多的未标注数据中挖掘出隐藏的规律。半监督学习成为近年来机器学习领域比较活跃的研究方向,被广泛应用于社交网络分析、文本分类、计算机视觉和生物医学信息处理等领域。

近年来,随着大数据相关技术的飞速发展,很容易收集大量的未标注数据。例如,在大量的互联网应用中,未标注的数据量是极为庞大甚至是无限的。而获取大量有标记的样本则较为困难,往往需要大量的人力、物力和财力。例如,在医学影像处理中,影像数据非常多,而标注数据又非常少,所以适合采用半监督学习进行医学影像分析。

2. 迁移学习

迁移学习侧重于将已经学习过的知识迁移应用到新的问题中。

人们通常所说的举一反三的能力就是迁移学习。例如,学会了打羽毛球,再学打网球就会变得比较容易;学会了中国象棋,再学习国际象棋也会变得比较容易。对于计算机来说,同样希望机器学习模型在学习到一种能力之后,稍加调整就可用于一个新的领域。人类对举一反三的理论研究要追溯到 1901 年,心理学家桑代克(E. L. Thorndike)和伍德沃思(R. S. Woodworth)提出了学习迁移(transfer of learning)的概念。他们主要研究了人们在学习某个概念时如何对已经学习的其他概念产生迁移,这些理论对后来教育学的发展产生了重要影响。

1990 年以来,大量研究都涉及迁移学习的概念,如自主学习、终身学习、多任务学习、知识迁移等,但没有形成一个完整的迁移学习体系。直到 2010 年,研究者提出了迁移学习的形式化定义,迁移学习才成为机器学习中一个重要的分支领域。

随着大数据时代的到来,迁移学习变得越来越重要。人们现在可以很容易地获取大量的城市交通、社会治安、行业物流等不同类型的数据,互联网也在不断产生大量的图像、文本、语音等数据。这些数据往往是没有标注的。而现在很多机器学习方法都是监督学习,需要以大量的标注数据为前提。如果能够将在标注数据上训练得到的模型有效地迁移到无标注数据上,无疑具有重要的价值。

在迁移学习中,通常称有知识和数据标注的领域为源域,是要迁移的对象;而称最终要赋予知识和标注的领域为目标域。迁移学习的核心目标就是将知识从源域迁移到目标域。目前迁移学习主要通过以下 3 种方式实现。

(1) 样本迁移。在源域中找到与目标域相似的数据,并赋予其更高的权重,从而完成从源域到目标域的迁移。这种方法的优点是简单且容易实现,但是权重和相似度的选择往往高度依赖于经验,使得算法的可靠性降低。

(2) 特征迁移。通过特征变换将源域和目标域的特征映射到同一个特征空间中,然后再用经典的机器学习方法求解。这种方法的优点是对大多数方法适用,而且效果较好;但是在实际问题当中通常难以求解。

(3) 模型迁移。假设源域和目标域共享模型参数,即将在源域中通过大量数据训练好的模型应用到目标域。从源数据中挑选出和目标数据相似的样本参与训练,而剔除和目标数据不相似的样本。例如,在一个千万量级的标注样本集上训练,得到了一个图像分类系统;在一个新领域的图像分类任务中,可以直接用之前训练好的模型,再利用目标域的几万个标注样本进行微调,即可得到精度很高的模型。模型迁移是目前最主流的迁移学习方法,可以很好地利用模型之间的相似度,具有广阔的应用前景。

迁移学习可以充分利用已有模型的知识,使得机器学习模型在面临新的任务时只需要进行少量的微调即可完成相应的任务,具有重要的应用价值。目前,迁移学习已经在机器人控制、机器翻译、图像识别、人机交互等诸多领域获得了广泛的应用。

3. 强化学习

训练一只小狗时,人们并不能直接告诉狗应该做什么,不应该做什么,而是用食物等诱导它。每当它做错一个动作,就用棍子敲它一下(惩罚);每当它做对一个动作,就给它吃美味食物(奖励)。这样,小狗最终会学会

> 人们期望它做的动作。从小狗的视角来看,它并不了解自己所处的环境,但能够通过大量尝试学会如何适应这个环境,这就是强化学习。

强化学习(Reinforcement Learning,RL)是弱监督学习的一类典型算法。强化学习算法理论的形成可以追溯到 20 世纪七八十年代,但是直到最近才引起了广泛关注。2016 年 3 月,DeepMind 公司开发的阿尔法狗利用强化学习算法击败了人类世界围棋冠军,使强化学习成为解决通用人工智能问题的关键路径。目前,强化学习算法在游戏、机器人等领域取得了突出成果,已经成为机器学习领域的新热点。

强化学习如图 8.4 所示。监督学习是对每个输入模式都有一个正确的目标输出;而强化学习中的环境对系统输出结果只给出评价信息(奖励或者惩罚),而不是正确答案,学习系统通过评价信息改善自身的性能。基于遗传算法的学习方法就是一种强化学习。

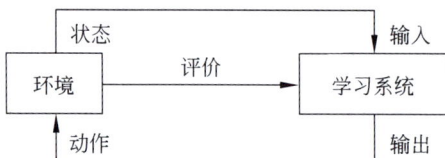

图 8.4 强化学习

与监督学习不同,强化学习中的系统通过尝试来发现各个动作产生的结果。因为没有标注数据告诉系统应当做哪个动作,只能通过设置合适的奖励或惩罚函数,使得机器学习模型在函数的引导下自主地学习到相应的策略。

强化学习的目标就是研究智能体在与环境的交互过程中如何学习到一种行为策略,以最大化得到的奖励。强化学习就是在训练的过程中不断地尝试,错了就扣分,对了就奖励,从而得到在各个状态环境当中最好的决策。

在强化学习的过程中,系统通常有两种不同的策略:一是探索,也是就是尝试不同的事情,看它们是否会获得比以前更好的回报;二是利用,也就是尝试过去的经验中最有效的行为。

> 找餐馆。你在一些餐馆吃过饭,知道这些餐馆中最好吃的可以打 8 分。你没有去过的餐馆也许可以打 10 分,也许只能打 2 分。那么,你应该如何选择餐馆呢?如果每次都期望得分最高,那么就会一直在打 8 分那家

餐馆吃饭,但你去的餐馆永远突破不了 8 分,不会吃到更好吃的菜。要想吃到更好吃的菜,只有去探索那些没有去过的餐馆,但同时带来的风险就是也有可能吃到很不合口味的菜。这就是探索和利用这两个策略的矛盾,是强化学习要解决的一个难点问题。

8.3　知识发现与数据挖掘

随着计算机和网络技术的迅速发展,出现了以数据库和数据仓库为存储形式的海量数据,而且这种数据仍然在以惊人的速度不断增长。如何对这些海量数据进行有效处理,特别是如何从这些数据中归纳、提取出高一级的、更本质的、更有用的规律性信息,就成了信息领域的一个重要课题。事实上,海量数据不仅承载着大量的信息,同时也蕴藏着丰富的知识。正是在这样的背景下,知识发现与数据挖掘技术应运而生。

知识发现与数据挖掘现已成为人工智能和信息科学领域的热门方向,其应用对象非常广泛,如企业数据、商业数据、科学实验数据、管理决策数据等。

8.3.1　知识发现与数据挖掘的概念

知识发现的全称是从数据库中发现知识(Knowledge Discovery in Database,KDD)。数据挖掘(Data Mining,DM)是从数据库中挖掘知识。知识发现和数据挖掘的本质含义是一样的,只是知识发现的概念主要流行于人工智能和机器学习领域,而数据挖掘则主要流行于统计、数据分析、数据库和管理信息系统领域,所以,现在的有关文献中一般都把二者并列。

知识发现和数据挖掘的目的就是从数据集中抽取和精化一般规律或模式,其涉及的数据形态包括数值、文字、符号、图形、图像、声音甚至视频和 Web 网页等。数据组织方式可以是结构化的、半结构化的或非结构化的。知识发现的结果可以表示成各种形式,包括概念、规则、定律、公式、议程等。本节仅对知识发现与数据挖掘技术作简单介绍。

8.3.2 知识发现的一般过程

知识发现的过程可粗略地划分为数据准备、数据挖掘以及结果的解释和评价 3 个步骤。

1. 数据准备

数据准备又可分为 3 个子步骤：数据选取、数据预处理和数据变换。

数据选取就是确定目标数据，即操作对象，它是根据用户的需要从原始数据库中抽取的一组数据。

数据预处理一般包括消除噪声、推导计算缺失数据、消除重复记录、完成数据类型转换等。当数据挖掘的对象是数据仓库时，一般来说，数据预处理已经在生成数据仓库时完成了。

数据变换的主要目的是数据降维，即从初始特征中找出真正有用的特征，以减少数据挖掘时要考虑的特征或变量个数。

2. 数据挖掘

数据挖掘阶段首先要确定挖掘的任务或目的是什么，如数据总结、分类、聚类、关联规则或序列模式等。确定了挖掘任务后，就要决定使用什么样的挖掘算法。同样的任务可以用不同的算法实现。选择实现算法有两个考虑因素：一是不同的数据有不同的特点，因此需要用与之相关的算法开采；二是用户或实际运行系统有不同的要求，有的用户系统的目的是获取描述型的、容易理解的知识，而有的用户系统的目的是获取预测准确度尽可能高的预测型知识。

3. 结果的解释和评价

数据挖掘阶段发现的知识模式中可能存在冗余或无关的模式，所以还要经过用户或机器的评价。若发现所得模式不满足用户要求，则需要退回到数据挖掘阶段之前，例如，重新选取数据，采用新的数据变换方法，设定新的数据挖掘参数值，甚至换一种数据挖掘算法。另外，由于知识发现最终是面向人的，因此可能要对发现的模式进行可视化，或者把结果转换为用户易懂的表示形式，如把分类决策树转换为 if-then 规则。

8.3.3 知识发现的任务

所谓知识发现的任务，就是知识发现所要得到的具体结果。它至少可以是以下几种。

（1）数据总结。其目的是对数据进行浓缩，给出它的紧凑描述。传统的也是最简单的数据总结方法是计算出数据库的各个字段的和、平均值、方差等统计量，或者用直方图、饼状图等图形方式表示。数据挖掘主要关心从数据泛化的角度描述数据。数据泛化是把数据库中的有关数据从低层次抽象到高层次的过程。

（2）概念描述。有两种典型的描述：特征描述和判别描述。特征描述是从与学习任务相关的一组数据中提取出关于这些数据的特征式，这些特征式表达了该数据集的总体特征；而判别描述则描述了两个或多个类之间的差异。

（3）分类。这是数据挖掘中一项非常重要的任务，目前在商业领域应用得最多。分类的目的是提出一个分类函数或分类模型（也常常称作分类器），该函数或模型能把数据库中的数据项映射到给定类别中的一个。

（4）聚类。聚类是根据数据的不同特征，将其划分为不同的类。它的目的是使得属于同一类别的个体之间的差异尽可能小，而不同类别上的个体间的差异尽可能大。聚类方法包括统计方法、机器学习方法、神经网络方法和面向数据库的方法等。

（5）相关性分析。其目的是发现特征之间或数据之间的相互依赖关系。数据相关性代表一类重要的可发现的知识。如果从元素 A 的值可以推出元素 B 的值，则称 B 依赖于 A。这里的元素可以是字段，也可以是字段间的关系。

（6）偏差分析。包括分类中的反常实例、例外模式、观测结果对期望值的偏离以及量值随时间的变化等，其基本思想是寻找观察结果与参照量之间的有意义的差别。通过偏差分析发现异常，可以引起人们对特殊情况的注意。

（7）建模。建模就是通过数据挖掘，构造出能描述一种活动、状态或现象的数学模型。

8.3.4　知识发现的对象

知识发现的对象主要有数据库、数据仓库、Web 信息、图像和视频数据。

1. 数据库

数据库是当然的知识发现对象。当前研究得比较多的是关系数据库的知识发现。主要研究课题有超大数据量、动态数据、噪声、数据不完整性、冗余信息和数据稀疏等。

2. 数据仓库

随着计算机技术的迅猛发展，到 20 世纪 80 年代，许多企业的数据库中积累了大量的数据。于是,便产生了进一步使用这些数据的需求,人们希望通过对这些数据的分析和推理,为决策提供依据。但对于这种需求,传统的数据库系统却难以实现。这是因为:①传统数据库一般只存储短期(即近期)数据,而决策需要大量历史数据;②决策信息涉及许多部门的数据,而不同系统的数据难以集成。在这种情况下,数据仓库技术便应运而生。

目前,人们对数据仓库有很多不同的理解。比尔·恩门(Bill Inmon)将数据仓库明确定义为:数据仓库是面向主题的、集成的、内容相对稳定的、不同时间的数据集合,用以支持经营管理中的决策过程。

具体来讲,数据仓库收集不同数据源中的数据,将这些分散的数据集中在一个更大的库中,最终用户从数据仓库中进行数据查询和分析。数据仓库中的数据应是良好定义的、一致的、不变的,数据量也应足以支持数据分析、查询、报表生成,在使用过程中可忽略许多技术细节。总之,数据仓库有 4 个基本特征:①数据仓库的数据是面向主题的;②数据仓库的数据是集成的;③数据仓库的数据是稳定的;④数据仓库的数据是随时间不断变化的。

数据仓库是面向决策分析的。数据仓库对事务型数据进行抽取和集成,得到分析型数据;随后,需要利用各种决策分析工具对这些数据进行分析和挖掘,才能得到有用的决策信息。而数据挖掘技术具备从大量数据中发现有用信息的能力,于是数据挖掘自然成为在数据仓库中进行数据深层分析的一种必不可少的手段。

数据挖掘往往依赖于经过良好组织和预处理的数据源,数据的好坏直接影响数据挖掘的效果,因此数据的前期准备是数据挖掘过程中非常重要的阶段。而数据仓库具有从各种数据源中抽取数据并对数据进行清洗、聚集和转移等处理的能力,为数据挖掘提供了良好的进行前期数据准备工作的环境。

因此,数据仓库和数据挖掘技术的结合成为必然的趋势。数据挖掘为数据仓库提供深层次数据分析的手段,数据仓库为数据挖掘提供经过良好预处理的数据源。目前许多数据挖掘工具都采用了基于数据仓库的技术。中国科学院计算技术研究所智能信息处理开放实验室开发的知识发现平台 MSMiner 就是一个典型的例子。

3. Web 信息

随着 Web 的迅速发展,分布在互联网上的 Web 网页已构成了一个巨大的信息空间。在这个信息空间中也蕴藏着丰富的知识。因此,Web 信息也就理所当然地成为知识发现的对象。

　　Web 知识发现主要分为内容发现和结构发现。内容发现是指从 Web 文档的内容中提取知识,结构发现是指从 Web 文档的结构信息中推导知识。Web 内容发现又可分为对文本文档(包括 TXT、HTML 等格式)和多媒体文档(包括图像、音频、视频等类型)的知识发现。Web 结构发现包括对文档之间的超链接结构、文档内部的结构、文档 URL 中的目录路径结构等的知识发现。

4. 图像和视频数据

　　图像和视频数据中也存在有用的信息需要挖掘。例如,地球资源卫星每天都要拍摄大量的图像。对同一个地区而言,这些图像存在着明显的规律性,白天和黑夜的图像不一样,当可能发生洪水时与正常情况下的图像又不一样。通过分析这些图像的变化,可以推测天气的变化,可以对自然灾害进行预报。对于这类问题,在通常的模式识别与图像处理中都需要通过人工方法分析变化规律,从而不可避免地会漏掉许多有用的信息。

8.4　动物视觉机理与深度学习的提出

　　一个生理学发现:动物视觉机理。1958 年,神经生物学家斯佩里(R. W.Sperry)等研究了瞳孔区域与大脑皮层神经元的对应关系。他们在猫的后脑头骨上开了一个 3mm 的小洞,向洞里插入电极,测量神经元的活跃程度。经历了很多天反复的实验,他们发现了一种被称为方向选择性细胞的神经元。当瞳孔发现了物体的边缘,而且这个边缘指向某个方向时,这种神经元就会兴奋。因此,他们认为,神经—中枢—大脑的工作过程或许是一个不断迭代、不断抽象的过程。从原始信号开始进行低级抽象,逐渐向高级抽象迭代。1981 年,斯佩里等因为发现了视觉系统的可视皮层是分级的而获得诺贝尔生理学或医学奖。

　　人类的逻辑思维经常使用高度抽象的概念。例如,从原始信号摄入开始(瞳孔摄入像素),接着是初步处理(大脑皮层某些细胞发现边缘和方向),然后是抽象(大脑判定眼前的物体的形状是圆形的),最后是进一步抽象(大脑进一步判定该物体是一只气球)。也就是说,高层特征是低层特征的组合,从低层到高层的特征表示越来越抽象,越来越能表现语义或者意图。而抽象层次越高,存在的可能猜测就越少,就越有利于分类。这个生理学发现促成了人工智能在 40 年后的突破性发展。

8.4.1　浅层学习的局限性

20 世纪 80 年代末期提出的 BP 学习算法可以让一个人工神经网络模型从大量训练样本中学习统计规律,从而对未知事件作出预测。这种基于统计的机器学习方法比起过去基于人工规则的系统,在很多方面显示出优越性。与利用人工规则构造特征的方法相比,利用大数据学习特征,能够更好地刻画数据的丰富内在信息。

继 BP 学习算法提出之后,20 世纪 90 年代,研究者又提出了各种各样的机器学习方法,例如支持向量机(Support Vector Machine,SVM)、自适应提升(Boosting)算法、最大熵方法(如逻辑斯谛回归)等。这些模型的结构基本上可以看成只有一层隐含层节点(如SVM、自适应提升算法)或没有隐含层节点(如逻辑斯谛回归),所以称为浅层学习(shallow learning)方法。由于神经网络理论分析的难度大,训练方法又需要很多经验和技巧,在有限样本和有限计算单元情况下对复杂函数的表示能力有限,在针对复杂分类问题时,其泛化能力受到一定制约。

另外,BP 神经网络以数值作为输入。如果要处理与图像相关的信息,则要先从图像中提取特征。随着神经网络的层数加深,训练过程存在严重的梯度扩散(gradient diffusion)现象,即网络的预测误差通过反向传播,当到达最前面的几层时,梯度会逐渐消失,不能引导网络权值的训练,从而导致网络训练过程不能收敛。因此,BP 学习算法一般只能用于浅层人工神经网络结构(通常为 3 层)的学习,这就限制了 BP 学习算法的数据表征能力,影响了它在诸多工程领域中的应用。此外,由于 BP 学习算法依赖于梯度调参,也容易陷入局部最优解。这个时期浅层人工神经网络的研究进展较为缓慢。

8.4.2　深度学习的提出

许多研究通过一些数学和工程技巧增加神经网络隐含层的层数(也就是深度),所以相应的神经网络称为深度神经网络(Deep Neural Network,DNN),相应的学习算法被称为深度学习(Deep Learning,DL)算法。

2006 年 7 月,加拿大多伦多大学杰弗里·辛顿教授和他的博士生萨拉赫丁诺夫

(Ruslan Salakhutdino)在《科学》(*Science*)杂志上发表文章《用神经网络降低数据维度》(*Reducing the Dimension of Data with Neural Network*)。这篇文章指出：梯度消失的问题可以通过先使用无监督训练对权值进行初始化，再使用监督训练进行微调的方法解决。这篇文章掀起了深度学习的新浪潮。

2011 年，辛顿等提出用 ReLU 激活函数取代 S 型函数，有效解决了深度学习梯度消失的问题。深度学习能够发现大数据中的复杂结构。2011 年后，微软公司首次将 DNN 应用到语音识别，获得重大突破。

> ImageNet 是在斯坦福大学华裔科学家李飞飞和普林斯顿大学华裔科学家李凯于 2007 年起合作开发的大型图像识别项目基础上创办的权威竞赛，这项竞赛已经成为图像识别领域最高水平的竞技场。

深度学习的爆点发生在 2012 年。2012 年，辛顿教授为了证明卷积神经网络的效果，带领他的 Alex Krizhevsky 等学生组成多伦多大学小组参加 ImageNet 大赛。他们设计了 8 层深度卷积神经网络（Deep Convolutional Neural Network，DCNN）模型——AlexNet，不仅能识别出猴子，而且区出分蜘蛛猴和吼猴，还可以识别各种各样不同品种的猫，一举夺得大赛冠军。他们利用 ImageNet 提供的大规模训练数据，并采用两块 GPU（Graphics Processing Unit，图形处理器）卡进行训练，将 ImageNet 大赛的图像分类任务的 Top5 错误率降低到了 15.3％，而传统方法的错误率高达 26.2％。2012 年 10 月，在意大利佛罗伦萨的研讨会上，竞赛组织者李飞飞宣布了这一惊人的结果，在计算机视觉领域产生了极大的震动，并迅速影响到整个 AI 界和产业界。这一结果让研究者看到了深度学习的巨大威力，以致 2013 年这个竞赛再次举行时，成绩靠前的队伍几乎全部采用了深度学习方法，其中图像分类任务的冠军是来自纽约大学的 Fergus 研究组，它采用进一步优化的 DCNN 模型，将 Top5 错误率降到了 11.7％。

2014 年，Google 公司依靠 22 层的深度卷积神经网络 GoogLeNet 将 Top5 错误率降低到 6.6％。2015 年，微软亚洲研究院的何凯明等设计了 152 层的 ResNet 模型，将这一错误率降低到 3.6％。4 年内，ImageNet 图像分类任务的 Top5 错误率从 26.2％降到 15.3％，再降到 11.7％，又降到 6.6％，最后降到 3.6％，每年错误率都大幅下降，取得跨越式的进步。深度学习的热潮从此掀起，一波接一波向前迅猛推进，进入一个又一个领域并连战连捷，形成锐不可当的 AI 狂潮。

深度学习的提出也得益于高性能计算和大数据技术的快速发展。例如,GPU、大规模集群直接支撑了深度卷积神经网络的训练。深度学习是一个数据驱动(data-driven)的计算模型,它需要使用大量数据进行训练。目前,海量、高增长率和多样化的信息为大规模深度卷积神经网络训练提供了充分的数据。

深度神经网络在计算机视觉、模式识别等应用上的重大突破,直接引发了人工智能研究与应用的新高潮。由于这一贡献,2019 年的图灵奖授予了以辛顿为代表的三位深度学习先驱。

8.5 卷积神经网络及其应用

8.5.1 卷积神经网络的结构

卷积神经网络(Convolutional Neural Networks,CNN)是一种多层神经网络,每层由多个二维平面组成,而每个平面由多个独立神经元组成。卷积神经网络的一般结构如图 8.5 所示。

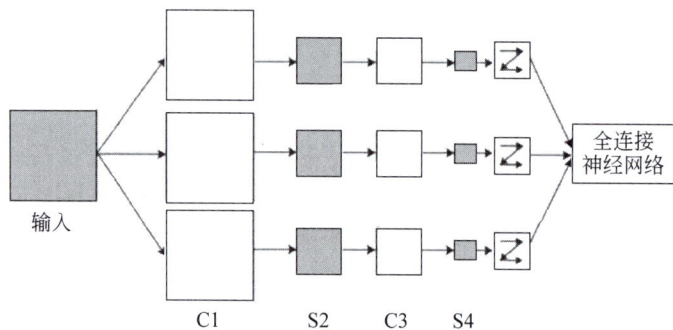

图 8.5 卷积神经网络的一般结构

输入层通常是一个矩阵,例如一幅图像的像素组成的矩阵。

C 层完成特征提取,称为卷积层,对输入图像进行卷积,提取局部的特征。

S 层完成特征映射,称为池化(pooling)层或者下采样(subsampling)层,对提取的局部特征进行综合。网络的每个 S 层由多个特征映射组成,每个特征映射为一个平面,平面上所有神经元的权值相等。

卷积神经网络中的每一个 C 层都紧跟着一个 S 层。C 层和 S 层中的每一层都由多个二维平面组成,每一个二维平面是一个特征图(feature map)。这种特有的两次特征提取结构能够允许识别过程中输入的样本有较严重的畸变。

　　输入图像通过 3 个卷积核(convolution kernel)和可加偏置进行卷积,然后在 C1 层产生 3 个特征图。C1 层的 3 个特征图分别经过池化,得到 S2 层的 3 个特征图。这 3 个特征图通过一个卷积核卷积得到 C3 层的 3 个特征图。与前面类似,这 3 个特征图经过池化,得到 S4 层的 3 个特征图。最后,S4 层的特征图光栅化后变成向量。将这个向量输入传统的全连接神经网络(fully connected neural network)中进行进一步分类,得到输出结果。

　　图 8.5 中的 C1、S2、C3、S4 层中的所有特征图都可以用"像素数×像素数"定义图像大小。由于这些特征图组成了卷积神经网络的卷积层和池化层,这些特征图中的每一像素恰恰代表了一个神经元,每一层所有特征图的像素个数就是这一层网络的神经元个数。

　　典型的卷积神经网络结构如图 8.6 所示。

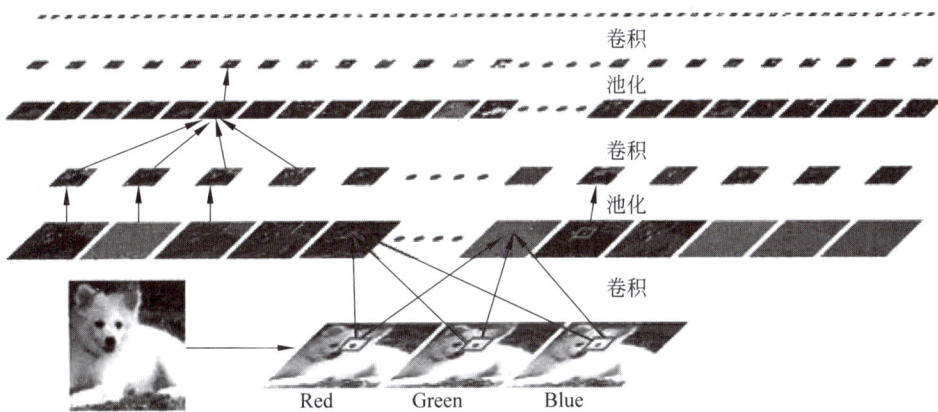

图 8.6　典型的卷积神经网络结构

8.5.2　卷积的物理、生物与生态学等意义

　　convolutional 源自拉丁文 convolvere,其含义就是"卷在一起"(roll together)。卷积是数学上的一个重要的运算,由于其具有丰富的物理、生物、生态等意义,所以具有非常广泛的应用。以图像处理为例,它的作用就是对原始图像或卷积神经网络中一层的特征图进行变换,也就是特征提取。这就是卷积之后的结果被称为特征图的原因。

　　以下是几个说明卷积的物理、生物、生态等意义的例子。记卷积运算符为" ＊ "。

1. 卷积的物理意义

在一根铁丝某处不停地弯折,设弯折发热函数是 $f(t)$,发热后有散热,散热函数是 $g(t)$,那么,此时此处的温度是 $f(t) * g(t)$。

在一个特定环境下,发声体的源声函数是 $f(t)$,该环境下对声音的反射效应函数是 $g(t)$,那么,这个环境下的回声是 $f(t) * g(t)$。

向水中投石会产生水波,最近投的那个石块对当前的水波影响更大。投石的冲击函数是 $f(t)$,水面反射效应函数是 $g(t)$,当前的水波是所有石块激起的水波到目前为止的叠加,即 $f(t) * g(t)$。

在一个线性系统中,如果输入函数是 $f(t)$,脉冲响应函数是 $g(t)$,那么这个系统的输出是 $f(t) * g(t)$。

2. 卷积的生物学意义

记忆也可视为一种卷积的结果。假设认知函数是 $f(t)$,它代表对已有事物的理解和消化,遗忘函数是 $g(t)$,那么人脑中的记忆就是 $f(t) * g(t)$。

眼睛看到的一幅图像是待认知的函数 $f(t)$,人脑中已有的认知可对该图像加以理解、标注和消化,是 $g(t)$,当前尚需要认知的函数是 $f(t) * g(t)$。

静脉滴注是注射的离散化,一滴药液在人体血液里以动力学形态衰减。要与病毒或细菌打持久战,因此需要多次滴注或连续给药。给药函数是 $f(t)$,衰减函数是 $g(t)$,累积效应是 $f(t) * g(t)$。

一个人吃进食物的函数是 $f(t)$,消化吸收的函数是 $g(t)$,这个人胃里现有的食物量是 $f(t) * g(t)$。

人的头皮上被撞击起了包,慢慢在消肿,但又不停地遭到新撞击,头皮被撞的起包函数是 $f(t)$,撞击函数是 $g_n(t)$,目前包的肿起状况是 $f(t) * g_1(t) * g_2(t) * \cdots * g_n(t)$。

3. 卷积的生态学意义

如果一个地区的栽树函数是 $f(t)$,伐木函数是 $g(t)$,那么这个地区现有的树木是 $f(t) * g(t)$。

如果一个地区的污染函数是 $f(t)$,治污函数是 $g(t)$,那么这个地区的生态函数是 $f(t) * g(t)$。

8.5.3　卷积神经网络的卷积运算

下面介绍卷积神经网络中用到的卷积运算方法。

一幅灰度图片可以用一个像素矩阵表示。矩阵中的每个数字的取值范围为 $0\sim255$，0 表示黑色，255 表示白色，其他整数表示不同深浅的灰色。如果是彩色图片，则用 (R,G,B) 形式的像素矩阵表示，例如 $(255,0,0)$ 表示红色，$(218,112,214)$ 表示淡紫色。像素矩阵行数和列数表示图像的分辨率。

人类通过长期的进化，当眼睛看到图像时，大脑就自动提取出很多用以识别类别的特征；但对计算机而言，从数字矩阵中提取特征不是一件简单的事情。在计算机看来，图像是数字矩阵，提取图像的特征实际上就是对数字矩阵进行运算，其中非常重要的运算就是卷积。

为计算简单起见，考虑一个 5×5 的像素矩阵，它的像素值仅为 0 或 1（实际灰度图像的像素值的范围是 $0\sim255$）。卷积核是一个 3×3 的矩阵，其中的值也是 0 或 1（实际上可以是其他值），如图 8.7 所示。

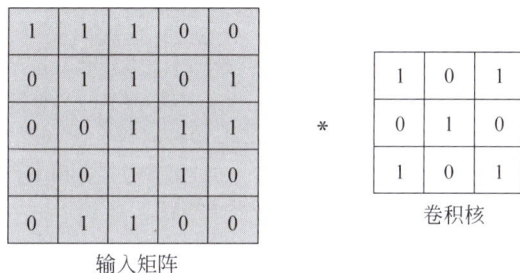

图 8.7　输入矩阵和卷积核

用卷积核在输入矩阵上从左到右、从上到下滑动，每次滑动 s 像素，称为步幅（stride）。卷积特征矩阵是输入矩阵和卷积核重合部分的内积，即卷积特征矩阵每个位置上的值是两个矩阵重合部分的相应元素乘积之和。卷积特征矩阵就是特征图。

例如，卷积特征矩阵中第一行的第一个元素为 $(1\times1+1\times0+1\times1)+(0\times0+1\times1+1\times0)+(0\times1+0\times0+1\times1)=2+1+1=4$，如图 8.8(a) 所示；然后将卷积核向右移动一格（设步幅 $s=1$），可以得到卷积特征矩阵中第一行的第二个元素，为 $(1\times1+1\times0+0\times1)+(1\times0+1\times1+0\times0)+(0\times1+1\times0+1\times1)=1+1+1=3$，如图 8.8(b) 所示；再将卷积核向右移动一格，可以得到卷积特征矩阵第一行的第三个元素，为 4，如图 8.8(c) 所示。将卷积核移至最左边并往下移一格，如图 8.8(d) 所示，同样可以计算卷积特征矩阵第二行第一个元素，为 2。其余计算以此类推。

很显然，卷积特征矩阵比原来的输入矩阵维数低。如果希望得到的卷积特征矩阵维数和原来的输入矩阵一样，可以在原输入矩阵四周用 0 填充，扩大输入矩阵的维数。这种操作称为补零（zero padding）。例如，在上面这个例子中，可以在原输入矩阵四周用 0 填充，将输

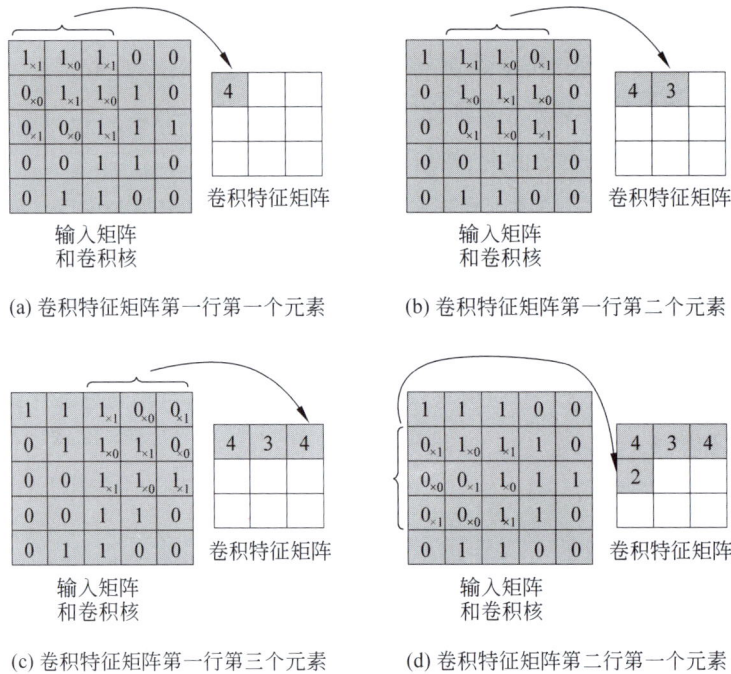

(a) 卷积特征矩阵第一行第一个元素　　　(b) 卷积特征矩阵第一行第二个元素

(c) 卷积特征矩阵第一行第三个元素　　(d) 卷积特征矩阵第二行第一个元素

图 8.8　矩阵卷积运算

入矩阵扩大为 7×7 的矩阵,这样经过 3×3 的卷积核卷积后,就可以得到 5×5 的卷积特征矩阵。

在卷积核和输入矩阵进行卷积操作的过程中,图像中的所有像素点会被线性变换组合,得到图像的一些特征。例如,利用图 8.9 中的两个卷积核,可以分别得到图像的竖向边缘和横向边缘。

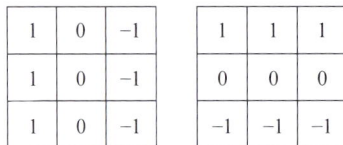

图 8.9　卷积核

在没有边缘的比较连续的区域,像素值的变化比较小;而横向边缘上下两侧的像素以及竖向边缘左右两侧的像素差异均比较大。在图 8.9 左边的卷积核中,用 3 行 1,0,−1 组成的卷积核和输入图像进行卷积,实际是计算输入图像中每个 3×3 区域内的左右像素的差值,所以得到了输入图像的竖向边缘;在图 8.9 右边的卷积核中,用 3 列 1,0,−1 组成的卷积核和输入图像进行卷积,实际是计算输入图像中每个 3×3 区域内的上下像素的差值,所以得到了输入图像的横向边缘。

8.5.4　卷积神经网络中的关键技术

在图像处理中,往往把图像表示为像素的向量。例如,图 8.10(a)所示的 1000×1000 像素的图像可以表示为一个 $1\,000\,000$ 维的向量。在 BP 神经网络中,如果隐含层中的神经元数目与输入层一样,即也是 $1\,000\,000$ 时,那么输入层到隐含层的权值参数数据为 $1\,000\,000\times1\,000\,000=10^{12}$,这么多的权值参数很难训练。

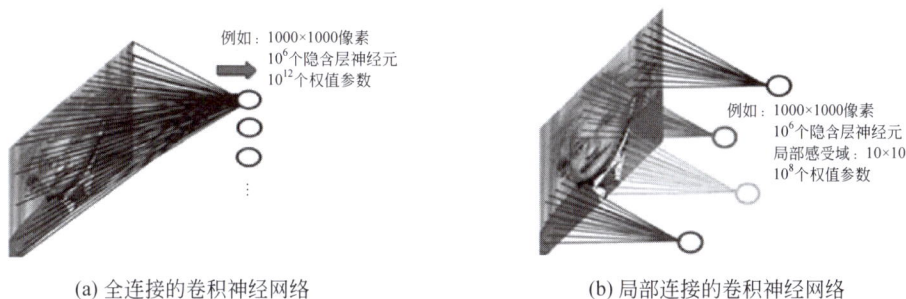

例如:1000×1000像素
10^6个隐含层神经元
10^{12}个权值参数

例如:1000×1000像素
10^6个隐含层神经元
局部感受域:10×10
10^8个权值参数

(a) 全连接的卷积神经网络　　　　　　　　(b) 局部连接的卷积神经网络

图 8.10　全连接和局部连接的卷积神经网络

在卷积神经网络中使用以下 4 个关键技术以利用自然信号的属性:局部连接、权值共享、多卷积核以及池化。

1. 卷积神经网络的局部连接

一般认为,人对外界的认知是从局部到全局的;而图像的空间联系也是局部的像素联系较为紧密,而距离较远的像素相关性则较弱。视觉皮层的神经元就是局部接收信息的,这些神经元只对某些特定区域刺激作出响应。因而,每个神经元不是对全局图像进行感知,而是只对局部进行感知,然后在更高层将局部的信息综合起来,得到全局信息。这样可以减少神经元之间的连接数,从而减少卷积神经网络需要训练的权值参数的个数。

局部连接如图 8.10(b)所示,假如局部感受域是 10×10,隐含层每个局部感受域只需要和这 10×10 的局部图像相连接,所以 10^6 个隐含层神经元就只有 10^8 个连接,即 10^8 个权值参数,是原来的 $1/10^4$,但需要训练的参数仍然很多,可以进一步简化。

2. 卷积神经网络的权值共享

卷积神经网络受生物学中的视觉系统结构的启发,规定每个映射面上的神经元共享权值,因而减少了网络自由参数的个数。

隐含层的每一个神经元只和 10×10 像素连接,也就是说每一个神经元存在 $10\times10=$

100 个权值参数。如果将每个神经元的 100 个权值参数都设置成相同的值,那么,不管隐含层的神经元个数有多少,两层间的连接都只有 100 个权值参数,这就是卷积神经网络的权值共享。上述讨论未考虑每个神经元的偏置部分,所以共享权值个数需要加 1,这也是同一种卷积核所共享的。

权值共享隐含的原理是:图像的一部分的统计特性与其他部分是一样的。这也意味着在这一部分学习到的特征也能用在另一部分上,所以对于这个图像上的所有位置都能使用同样的特征。

更直观一些,当从一个大尺寸图像中随机选取一小块(如 8×8)作为样本,并且从这个小块样本中学习到了一些特征,这时可以把从这个 8×8 样本中学习到的特征应用到这个图像的任意地方。特别是,可以用从 8×8 样本中学习到的特征与大尺寸图像做卷积,从而对这个大尺寸图像上的各个位置获得不同特征的激活值。

每个特征图上神经元的数目和输入图像的宽(width)、图像的高(height)、卷积核的宽(filter_width)、卷积核的高(filter_height)、卷积核的步幅(stride)均有关,且等于原图像上可取的卷积区域的数目。

3. 卷积神经网络的多卷积核

当只有 100 个参数时,表明只有一个 100×100 的卷积核,显然,这时的特征提取是不充分的。卷积神经网络的多卷积核技术就是添加多个不同的卷积核,分别提取不同的特征,每个卷积核都会将原图像转换为另一幅图像。

4. 卷积神经网络的池化

通过卷积获得了特征之后,如果直接利用这些特征训练分类器,计算量是非常大的。例如,对于一个 96×96 的图像,假设已经通过学习得到了 400 个定义在 8×8 输入图像区域上的特征,每一个特征和图像卷积都会得到一个 $(96-8+1)×(96-8+1)=7921$ 维的卷积特征向量,由于有 400 个特征,所以每个样本都会得到一个 $7921×400=3\,168\,400$ 维的卷积特征向量。学习一个超过 300 万个特征的分类器是非常困难的,并且容易出现过拟合。为了解决这个问题,对不同位置的特征进行聚合统计,这种聚合的操作就称为池化。有时采用平均池化或者最大池化方法。例如,可以计算图像一个区域上的某个特定特征的平均值(或最大值)。这些聚合的统计特征不仅具有低得多的维度(相比使用所有提取得到的特征),同时还会改善结果(不容易出现过拟合)。

卷积神经网络在池化层会丢失大量的信息,从而降低了空间分辨率,导致的结果是:对于输入的微小变化,输出几乎是不变的。

8.5.5　卷积神经网络的应用

下面介绍一种典型的手写数字识别系统的卷积神经网络——杨立昆于 1998 年提出的 LeNet-5 卷积神经网络。美国大多数银行当年用它识别支票,美国邮政用它识别手写数字,达到了商用水平,说明该算法具有很高的准确性。

LeNet-5 共有 7 层,不包含输入层,每层都包含可训练的参数(连接权值),如图 8.11 所示。准确地说,LeNet-5 还不能称为深度神经网络。这里只是作为一个例子用来说明卷积神经网络的原理。

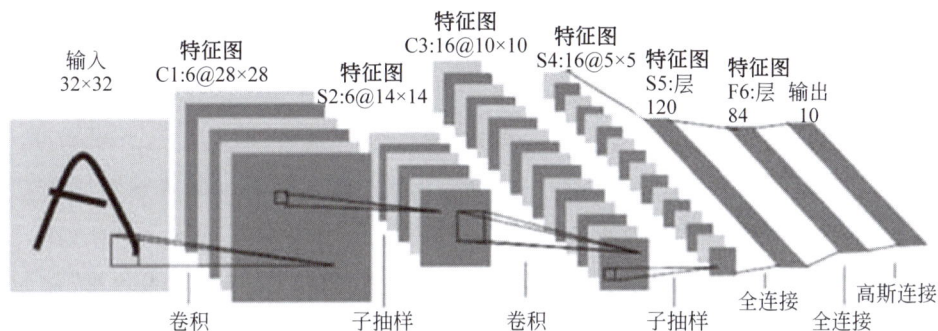

图 8.11　LeNet-5 卷积神经网络

输入图像大小为 32×32,这样能够使一些重要特征,如笔画、断点或角点等,能够出现在最高层特征监测子感受域的中心。

C1 层是一个卷积层,由 6 个特征图构成。在输入层和 C1 层之间有单通道卷积核,步幅为 5。卷积核大小为 $5\times5\times1=25$,有一个可加偏置,6 种卷积核得到 C1 层的 6 个特征图。通过卷积运算,可以使原信号特征增强,并且降低噪声。特征图中每个神经元与输入中 5×5 的邻域相连。特征图的大小为 28×28,这样能防止输入的连接掉到边界之外。C1 层有 $(5\times5\times1+1)\times6=156$ 个可训练参数。C1 层共有 $156\times(28\times28)=122\,304$ 个连接。

S2 层是池化层,有 6 个 14×14 的特征图。对图像进行池化,可以减少数据处理量,同时保留有用信息。特征图中的每个单元与 C1 层中对应特征图的 2×2 邻域相连接。C1 层每个单元的 4 个输入相加,乘以一个可训练参数,再加上一个可训练偏置,可得到 S2 层。各个单元的 2×2 感受域并不重叠,因此 S2 层中每个特征图的大小是 C1 层中特征图大小的 1/4(行和列各为 1/2)。S2 层有 $6\times(1+1)=12$ 个可训练参数和 $14\times14\times$

$6 \times (2 \times 2 + 1) = 5880$ 个连接。

C3 层也是卷积层。它同样通过 5×5 的卷积核卷积 S2 层,然后得到的特征图只有 10×10 个神经元,但是它有 16 种不同的卷积核,所以就存在 16 个特征映射。

引爆深度学习在计算机视觉领域应用热潮的 AlexNet 即是 LeNet-5 的扩展和改进,而后来的 GoogLeNet、VGG、ResNet、DenseNet 等深度模型在基本结构上都属于卷积神经网络,只是在网络层数、卷积层结构、非线性激活函数、连接方式、损失函数、优化方法等方面有了新的发展。最特别的是,ResNet 通过跨层连跳(shortcut 结构)使得优化非常深的模型成为可能。

8.6　生成对抗网络及其应用

> 金庸的武侠小说《射雕英雄传》里描写的"老顽童"周伯通在被困于桃花岛期间创造了"左右互搏"之术,即用自己的左手跟自己的右手打架,在左右手互搏过程中提高自己的功力。生成对抗网络的基本原理类似于"左右互搏"之术。生成器类似于左手,扮演攻方;判别器类似于右手,扮演守方。这也像造假钞技术和验钞技术。生成器扮演造假钞的机器,造出以假乱真的假钞;判别器扮演验钞机,判别纸币是不是假钞。造假钞技术和验钞技术在对抗中提高各自的生成和判别能力。

深度学习的模型可大致分为生成模型和判别模型,目前,深度学习取得的成果主要集中在判别模型上。判别模型是将一个高维的感官输入映射为一个类别标签。对生成模型的研究不多,主要原因是对深度神经网络使用最大似然估计时难以解决麻烦的概率计算问题。而生成对抗网络中设置了两个角色:生成器和判别器,巧妙地绕过了这个问题。

8.6.1　生成对抗网络的基本原理

著名物理学家费曼(Richard P. Feynman)指出,要想真正理解一样东西,我们必须能够把它创造出来。因此,要想让机器理解现实世界,并基于此进行推理与创造,从而实现真正的人工智能,必须使机器能够通过观测现实世界的样本,学习其内在统计规律,并基于此生成类似样本。这种能够反映数据内在概率分布规律并生成全新数据的模型称为生成模型。

生成模型是一个极具挑战性的机器学习问题。首先,对现实世界进行建模需要大量先验知识,建模的好坏直接影响生成模型的性能;其次,现实世界的数据往往非常复杂,简单的函数很难把这些随机点恰好都变到真实图像的位置,所以需要非常复杂的模型,拟合模型所需计算量往往非常大,甚至难以承受。针对上述两大困难,伊恩·古德费洛(Ian Goodfellow)于 2014 年提出了一种新型生成模型——生成对抗网络(Generative Adversarial Network,GAN)。

生成对抗网络在生成模型之外引入了一个判别模型,通过两者之间的对抗训练达到优化目的。生成对抗网络是一种属于无监督学习的深度学习模型,通过让生成模型和判别模型两个神经网络以相互博弈的方式进行学习。

生成对抗网络的核心思想源于博弈论的纳什均衡(Nash equilibrium)。在二元零和博弈中,博弈双方的利益之和为零或一个常数,即一方有所得,则另一方必有所失。基于这个思想,生成对抗网络的框架中包含一对相互对抗的模型:生成器和判别器。生成器的目的是使生成的数据的分布尽可能逼近真实数据的潜在分布;判别器的目的则是正确区分真实数据和生成数据,从而最大化判别准确率。

为了在博弈中胜出,二者需不断提高各自的生成能力和判别能力,优化的最终目标是寻找二者间的纳什均衡。这类似于造假钞和验假钞的博弈。生成器类似于造假钞的机器,希望制造出尽可能以假乱真的假钞;而判别器类似于验钞机,希望尽可能鉴别纸是否为假钞。双方在博弈中不断提升各自的能力。对于生成对抗网络来说,当生成模型恢复了训练数据的分布(即生成和真实数据相同的样本),判别模型判别准确率为 50%(即相当于盲猜)时,两个网络都实现利益最大化,于是不再改变自己的策略,即不再更新自己的权值。

> 博弈论的研究始于 1944 年冯·诺依曼(von Neumann)和奥斯卡·摩根斯坦(Oscar Morgenstern)合著的《博弈论和经济行为》。诺贝尔经济学奖得主、普林斯顿大学数学系教授纳什(John Forbes Nash)在普林斯顿大学攻读博士学位时用严密的数学语言和简明的文字准确地定义了纳什均衡的概念并给出了存在性定理的证明,奠定了非合作博弈理论的基础。

8.6.2　生成对抗网络的结构

生成对抗网络由生成网络(generative network)和判别网络(discriminative network)两部分构成,如图 8.12 所示。其中,前者负责随机生成观测数据,例如"创作"出某个人的照片;而后者负责辨别数据的真伪,即判别一张图片是真实数据还是由生成网络"伪造"的数据。例如,判断一张照片是某个人的真实照片还是计算机"创作"的照片。

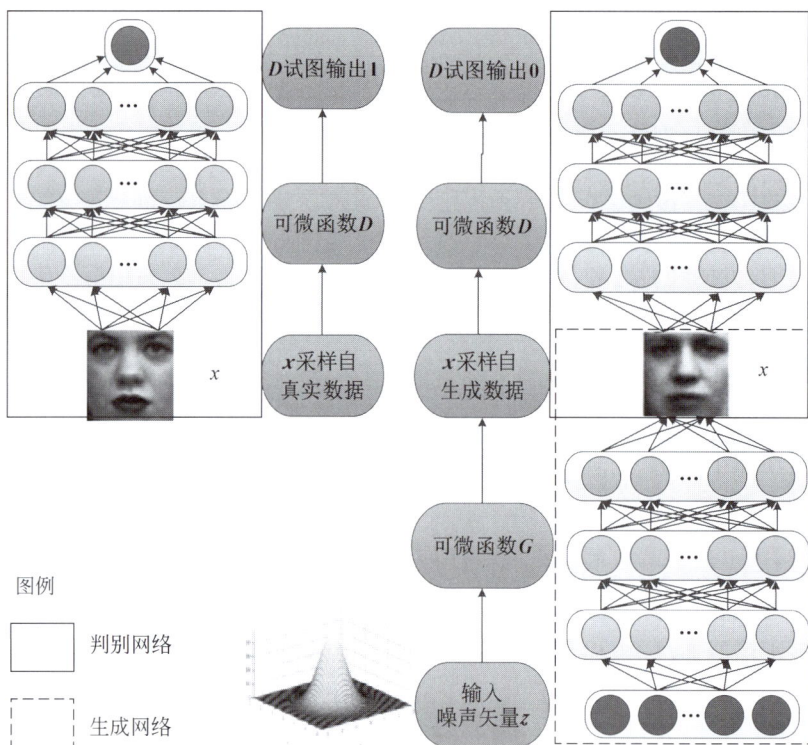

图 8.12　生成对抗网络结构示意图

生成网络(图 8.12 中虚线框内的多层感知器)的输入是一个来自常见概率分布的随机噪声向量 z,输出是计算机生成的伪数据。判别网络(图 8.12 中实线框内的多层感知器)的输入是图片 x,x 可能采样自真实数据,也可能采样自生成数据;判别网络的输出是一个标量,用来代表 x 是真实图片的概率,即当判别网络认为 x 是真实图片时输出 1,反之输出 0。判别网络和生成网络不断优化,当判别网络无法正确区分数据来源时,可以认为生成网络捕捉到的是真实数据样本的分布。

该算法的目标是令生成网络生成与真实数据几乎没有区别的样本,得到一个"造假"

水平一流的生成模型。

8.6.3　生成对抗网络的训练

生成对抗网络的训练过程包括两个相互交替的阶段：一个是固定生成网络，用来训练判别网络；另一个是固定判别网络，用来训练生成网络。两个网络相互对抗的过程就是两个网络分别不断调整参数的过程，而参数的调整过程就是学习过程。

（1）固定生成网络，训练判别网络。在训练判别网络时，不断给它输入两类图片，并标注不同的分值，一类是生成网络生成的图片，另一类是真实图片。将生成图片和真实图片组成一个二分类的数据集，以训练判别网络。将生成图片和真实图片分别输入判别网络。如果输入图片来自真实数据集，则样本输出为 1；如果输入图片来自生成网络，则样本输出为 0。通过这样的训练提高判别网络的判别能力，同时给生成网络的进一步训练提供信息。

（2）固定判别网络，训练生成网络。持续地生成一些随机数据，用生成网络将这些数据变换为生成图片，分值越高，说明图片越逼真。将这些图片输入判别网络，得到这个图片为真实图片的概率，概率越大，说明图片越逼真。例如，概率为 0.5，表示这个图片有 50% 的概率是来自真实数据集，也有 50% 的概率是来自生成网络。生成网络利用这些信息调整自己的参数，使得后面生成的图片更接近真实图片。

生成对抗网络在训练中也容易出现一些问题。训练过程具有强烈的不稳定性，实验结果是随机的，难以复现，具体表现在以下几方面。

（1）训练过程难以收敛，经常出现震荡。

（2）训练收敛，但是出现模式崩溃（mode collapse）。用数据集训练，训练后的生成对抗网络模型只能生成训练数据集中的部分数据，而失去其他模式。例如，用 MNIST 数据集训练生成对抗网络模型，但只能生成 10 个数字中的某一个或者某几个。其主要原因是深度神经网络只能逼近连续映射，而传输映射本身是具有间断点的非连续映射。针对该问题，目前已经提出了一些改进算法。

（3）训练收敛，但是生成对抗网络还会生成一些没有意义或者现实中不可能出现的图像。

目前，深度学习已经得到非常广泛的应用，而且新的应用正在雨后春笋般不断出现。生成对抗网络因为其内部对抗训练的机制，可以解决一些传统的机器学习面临的数据不足的问题，因此可以应用在半监督学习、无监督学习以及多视角、多任务学习的任务中。下面仅列出几方面的应用。

8.6.4　生成对抗网络的应用

生成对抗网络最先被应用于图像处理领域,后被推广到语音处理和自然语言处理等。与语音处理和图像处理不同,自然语言的生成结果是离散序列,从而导致梯度没法从判别模型直接传递到生成模型。

作为一个生成模型,生成对抗网络可以生成一些图像和视频以及一些自然语句和音乐等。目前,生成对抗网络应用最成功的领域是生成以假乱真的图像和视频、三维物体模型等,可以实现超分辨率、图像修复、图像风格迁移、图像翻译等功能,以及构成各种逼真的室内外场景,从物体轮廓恢复物体图像,等等。

1. 超分辨率

超分辨率(super resolution)是一个能把低分辨率图像重建为高清图像的技术。在机器学习中,实现超分辨率需要用成对样本对系统进行训练:一个是原始高清图像,另一个是降采样后的低分辨率图像。将低分辨率图像输入生成网络,重建出高分辨率图像。目标函数由对抗损失函数和内容损失函数共同构成,其中,对抗损失函数通过训练判别网络区分真实图像和由生成网络进行超分辨率重构的图像,通过峰值信噪比和结构相似性等指标对重建的图像进行评估。最后,将重建图像和原始图像输入判别网络,判断哪一幅是原始图像。

2. 图像修复

丹顿(E. L. Denton)等将生成对抗网络应用到图像修复中,以图像缺失部分的周边像素为条件训练生成式模型,生成完整的修复图像,再利用对抗思想训练判别网络对真实样本和修复样本进行判断。经对抗训练后,生成网络所生成的修复图像与缺失部分周边是连续的,而且是符合语义的,如图 8.13 所示。

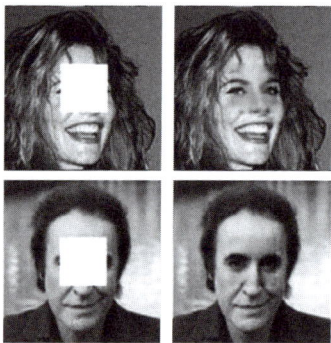

图 8.13　图像修复

人脸图像去遮挡是图像修复的延伸应用。有研究者训练判别网络区分真实无遮挡人脸图像和基于有遮挡图像复原的人脸图像,能有效移除人脸图像中的遮挡物并用于人脸识别。生成对抗网络应用于人脸图像编辑的效果如图 8.14 所示。

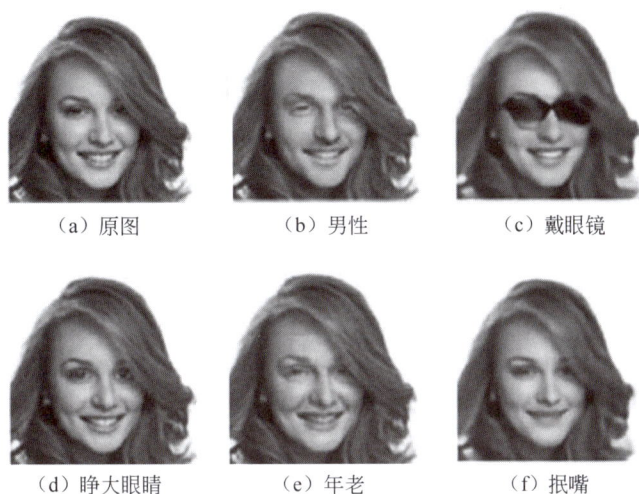

（a）原图　　　　　　（b）男性　　　　　　（c）戴眼镜

（d）睁大眼睛　　　　（e）年老　　　　　　（f）抿嘴

图 8.14　生成对抗网络应用于人脸图像编辑的效果

3. 图像风格迁移

生成对抗网络除了能够生成高质量的现实图像（例如手写字体、卧室、人眼和人脸等）外，还能生成抽象的艺术作品。图 8.15 是生成对抗网络应用于图像风格迁移的效果。其中，图 8.15(f)是运用深度学习算法，将 19 世纪英国著名画家透纳的作品《沉船》变成另一种风格的作品。

（a）将莫奈的画转为照片　　　　　　（b）将斑马转为马

（c）将照片转为莫奈风格的画　　　　　（d）将马转为斑马

图 8.15　生成对抗网络应用于图像风格迁移的效果

（e）透纳的画作《沉船》　　　　　　　　（f）另一风格的《沉船》

图 8.15 　（续）

4. 图像翻译

图像翻译是将一幅图像转变为另一幅图像。

图 8.16 是生成对抗网络应用于根据航拍图像生成地图、根据轮廓图像生成照片以及根据白天图像生成夜景,大大增强了生成图像的多样性。由 Google 公司开发的 AI 算法 AutoDraw 可以根据艺术家绘制的草图制作艺术作品,如图 8.16(b)所示。它基于自动完成原则,根据草图或轮廓猜测所需的输出并提供艺术作品选项。

（a）根据航拍图像生成地图　　（b）根据轮廓图像生成照片　　（c）根据白天图像生成夜景

图 8.16 　生成对抗网络应用于图像翻译的效果

图 8.17 进一步将图像翻译拓展到多模态图像翻译,增强了生成图像的多样性。

除了二维图像之间的翻译外,盖德哈(M. Gadelha)等提出的 PrGAN 能够以一种完全无监督的训练方式将给定的一系列甚至一幅二维图像翻译为该物体的三维形状和深度信息。

人工智能将速度、效率和精度等技术原则带入了艺术创作领域。

5. 艺术创作

艺术和创意不是人类思想的专属领域,艺术将是人工智能"攻占"的下一个领域。人工智能已经闯入艺术和创意的天地,在音乐、诗歌、歌曲、艺术品创作中取得了令人震惊

|（a）输入 | （b）多模态输出 |

图 8.17　多模态图像翻译的效果

的成绩。

图 8.18 是 Google 公司人工智能系统 Deep Dream 的画作。

图 8.18　Deep Dream 的画作

2018 年 7 月,英国举办了机器人艺术比赛 RobotArt,展示机器人研究领域的工程师开发的会作画的机器人,这些机器人可以像画家一样拿画笔作画,而不是在计算机中生成图像。比赛规则明确要求上颜料或作画的动作必须由机器人系统使用一支或多支真实的画笔进行。全球 19 个机器人团队共提交了 100 多幅作品。图 8.19 是作画机器人用多支真实的画笔创作的作品。

6. 医学影像识别

人工智能在医疗中的应用是最有前景和最有价值的领域。

基于深度学习等人工智能技术处理 X 光、核磁、CT、超声等医学影像多模态大数据,能够提取二维或三维医学影像中隐含的疾病特征。例如,在进行黑色素瘤识别时,将 1 万张有标记的影像交给机器进行学习,然后让 3 名医生和计算机一起看另外的 3000 张影

图 8.19　作画机器人的作品

像。医生的识别精度为 84%,计算机的识别精度达到 97%。

施莱格尔(T. Schlegl)等将生成对抗网络用于医学影像的异常检测,通过学习健康数据集的特征抽象出病变特征。例如,该系统能够检测到测试样本中的视网膜积液,而这种病变特征在训练样本集中并没有出现过。

7. 药物匹配

Insilico 医药公司的研究人员提出了一种运用生成对抗网络进行药物匹配的方法。他们的目标是训练生成网络,尽可能精确地从一个药物数据库中按病取药。经过训练后,可以使用生成网络获得一种以前不可治愈的疾病的药方,并使用判别网络确定生成的药方是否治愈了这种疾病。

8.7　大语言模型及其应用

8.7.1　大语言模型的发展

> 大语言模型(Large Language Model, LLM)简称大模型(Large Model),是指在人工智能领域,特别是在深度学习领域中,参数量非常大的人工神经网络模型,能够在大量的文本数据上进行训练,能够学习到数据的复杂特征,可以执行多种更复杂、更抽象的任务,包括自然语言处理、文本总结、翻译、语音识别、情感分析等,以及理解和生成人类语言。

参数是神经网络中用于计算和存储信息的基本元素,它们在训练过程中不断调整以适应数据。因此,大模型的最重要特征是其参数数量的规模。大模型是一种人工神经网络模型,具有参数量大、训练数据量大、计算能力要求高、泛化能力强、应用广泛等特点。通过增加网络的深度和宽度,以及使用更多神经元,大模型可以提供更强大的计算能力,从而更好地学习和理解数据,包括文本、图像、语音等多种类型的数据。

事实上,2013 年之前提出的 CNN/RNN/LSTM 是大模型的基础。2013 年 Google 提出的高效训练向量模型 Word2Vec 非常流行,直到 2018 年 Google 推出基于 Transformer 架构的具有 3.4 亿个参数的预训练语言模型表征模型 BERT 等出现。2017 年 Google 提出的 Transformer 中引入了自注意力机制和位置编码,改进了 RNN 和 LSTM 不可并行计算的缺陷。

2018 年 6 月,OpenAI 公司(一家人工智能研究和部署公司)发布 GPT-1 大模型,具有 1.1 亿个参数。2018 年 11 月 OpenAI 公司发布 GPT-2 大模型,具有 15 亿个参数。2019 年 6 月 10 日 OpenAI 公司发布 GPT-3 大模型,具有 1750 亿个参数,并向部分合作伙伴提供了访问权限。2019 年 9 月 OpenAI 公司开放了 GPT-2 大模型的全部代码和数据,并发布了更高级的版本。2020 年 5 月 OpenAI 公司宣布推出 GPT-3 大模型的 beta 版本,该模型拥有 1750 亿个参数。2022 年 11 月 30 日 OpenAI 公司通过 GPT-3.5 系列大型语音模型微调而成的全新对话式通用人工智能模型 ChatGPT 正式发布,将大模型的发展推向又一个高潮。

2023 年 3 月 15 日,OpenAI 公司推出了多模态大模型 GPT-4,不仅能够阅读文字,还能识别图像,并生成文本结果,现已接入 ChatGPT 向 Plus 用户开放。ChatGPT 的名字是由两部分组成的:Chat 即"聊天";GPT 为英文"Generative Pre-trained Transformer"的首字母缩写,意即"生成式预训练转换器"。ChatGPT 是由 OpenAI 公司开发的一个人工智能聊天机器人程序。ChatGPT 的技术关键是使用了"人类反馈强化学习"RLHF 进行训练。它可以理解人类输入的文字,并根据文字的提问和指令,以文字的方式输出答案和反馈,从而实现借助自然语言的多轮次的人机对话。

2023 年 11 月,OpenAI 公司发布处理速度更快、费用更低的 GPT-4 Turbo 模型。2024 年 2 月 OpenAI 公司发布文生视频大模型 Sora,能够准确理解用户指令中所表达的需求,并以视频的形式进行展示。根据用户提出的要求,Sora 可以创建长达 60 秒的文生视频,其中包含高度详细场景、复杂摄像机运动以及充满活力的多个角色。由 Sora 创作的视频不仅包含复杂的场景和多个角色,而且对角色的动作、瞳孔、睫毛、皮肤纹理进行了细节刻画。

2024 年 5 月 14 日凌晨 OpenAI 公司发布的"Magic(魔法)"包括 ChatGPT 新 UI、桌面版 GPT 以及 GPT-4o。GPT-4o 是一个全能的多模态大模型,o 表示全能模型(omni model),可以接收文本、音频和图像的任意组合作为输入,并实时生成文本、音频和图像的任意组合输出。GPT-4o 对音频输入最短为 232ms,平均 320ms,实现近乎自然的语音交互,以往产品 2s 以上。特别是它能够与人类共情,即能够识别人类感情,并作出有感情的反应。GPT-4o 可以应用于各种场所,如智能客服、在线教育、医疗咨询、智慧康养等。

大模型引领了人工智能生成内容(Artificial Intelligence Generated Content,AIGC)快速发展。利用 AIGC 可以生成具有一定创意和质量的作品,涵盖文字、图像、音频、视频等多个领域。

8.7.2 国内外主要大模型平台

在当今人工智能领域,多模态大模型已成为研究和应用的热点。本节将介绍 6 个具有代表性的多模态大模型: ChatGPT、文心一言、盘古、通义千问、混元和 DeepSeek。ChatGPT 是基于 OpenAI 公司开发的 GPT 模型,能够进行自然语言生成和理解。盘古是华为公司推出的大型预训练模型,具有强大的自然语言理解和生成能力。通义千问是阿里云推出的多模态大模型,能够理解和生成自然语言文本,同时还能处理图像和视频数据。混元是腾讯公司推出的大型预训练模型,能够进行自然语言理解和生成,同时也具备图像和视频处理能力。这些多模态大模型的出现,为人工智能的应用带来了更多的可能性,同时也推动了人工智能技术的发展。

1. ChatGPT

ChatGPT(http://chatyy.xingmengsw.cn/)是由 OpenAI 开发的基于 GPT (Generative Pre-trained Transformer)的聊天机器人程序,于 2022 年 11 月 30 日发布。

GPT 模型是一种采用 Transformer 结构的生成模型,通过预训练学习大量文本数据中的语言规律,然后可以根据输入的上下文生成自然的文本回复。ChatGPT 不仅能通过理解和学习人类的语言流畅地与用户对话,甚至能写诗、撰写邮件、视频脚本、文案、翻译、代码,写论文等任务。

将人工智能应用于音频处理和音频生成的研究,促进了自动语音识别和原创音乐作品的发展。

2. 文心一言

文心一言(https://yiyan.baidu.com/)是基于百度文心大模型打造的 AI 产品。文心一言生成式人工智能正蓬勃发展,在提升生活品质和工作效率方面,特别是在资料查询、工作总结、工作计划、发言稿、新闻稿、作文、翻译、课程大纲、教案、出题、编程(含校对、比对)等方面具有很大作用。

文心大模型对话类产品具有广泛的适用性,用户将生成式 AI 作为办公助手、休闲娱乐和内容创作。百度文库基于文心大模型升级为一站式 AI 内容获取和创作平台,推出了智能 PPT、智能写作、思维导图、研究报告、拍图生文等上百项多模态 AI 内容创作能力。

智能体作为 AI 应用的主流形态之一,也将迎来爆发点。随着技术的迭代创新,智能体将在各行各业中发挥越来越重要的作用,成为连接用户与服务的新桥梁。文心智能体技术的突破,促进了文心大模型能力全面提升,充分释放大模型潜力,加速应用爆发,比如代码智能体、农民院士智能体、个人助手等。大模型、智能体等技术,将激发更多创新,为社会经济发展带来巨大价值。

3. 盘古

盘古(https://www.gulingai.com/)是华为公司推出的大型预训练模型,具有强大的自然语言理解和生成能力。面向企业市场的分布式存储系统,旨在满足企业日益增长的存储需求。盘古系统是具有高可靠性、高性能、易管理的分布式存储系统,可为企业提供稳定、高效的存储服务,具有扩展灵活、兼容性强,数据安全的特点。

华为盘古系统能够应用于企业数据中心、云计算平台、分布式存储集群、数据仓库和分析等应用场景,助力企业应对日益增长的存储挑战。

盘古大模型采用了三层架构:L0 层包括五个基础大模型,涵盖自然语言处理、视觉、多模态、预测以及科学计算等领域;L1 层针对特定行业,提供通用或定制化的行业大模型;L2 层为特定应用场景提供细化模型服务。

包含七大应用场景:盘古 NLP 大模型用于内容生成和理解;盘古 CV 大模型应用于图像分类、分割和检测,具备模型按需抽取能力。盘古多模态大模型:结合语言与视觉信息,支持图像生成和理解等应用;盘古预测大模型基于 Transformer 架构,用于销售预测、财务异常检测等;盘古科学计算大模型解决气象、医药等领域的科学计算问题;盘古气象大模型实现秒级天气预报,精度超越传统方法;盘古药物分子大模型加速药物研发过程。

4. 通义千问

通义千问(https://tongyi.aliyun.com/qianwen/)是阿里云推出的多模态大模型,能够理解和生成自然语言文本,同时还能处理图像和视频数据。通义千问面向企业级应用的深度学习平台,为开发者提供一站式、高性能的深度学习解决方案。通义千问平台集成了阿里云在人工智能领域的深厚积累,具备强大的计算能力、丰富的模型库和易用的开发工具,安全可靠,能够灵活部署,助力企业加速创新,提升业务价值。

通义千问拥有丰富的预训练模型库,涵盖自然语言处理、计算机视觉、语音识别等多个领域。通义千问支持自定义模型训练,满足个性化需求,为企业提供了丰富的预训练模型、强大的计算资源和易用的开发工具,在智能客服、图像识别、语音识别、推荐系统和文本分析等领域具有广泛的应用前景。

通义千问能够通过自然语言处理处理技术,实现智能客服系统的构建,处理大量客户咨询,提供实时、精准的回答,提升客户满意度。企业可以使用通义千问平台计算机视觉功能,实现产品图片的自动分类和标签生成,提高运营效率。通义千问支持语音识别技术,可应用于企业会议记录、智能语音助手等领域。通过实时语音转文字功能,企业可以节省会议记录时间,提高工作效率。通义千问推荐系统可根据用户行为和喜好,构建个性化的推荐系统,为用户提供个性化商品推荐、内容推荐等服务,提升用户体验。

5. 混元

混元(https://hunyuan.tencent.com/)是腾讯公司推出的大型预训练模型,能够进行自然语言理解和生成,同时也具备图像和视频处理能力。混元是一套面向企业级应用的混合云解决方案,帮助企业实现灵活、高效的云计算部署。混元解决方案充分考虑了企业级应用的特点,具备高度的可扩展性、稳定性和安全性。

混元平台支持多种云计算部署模式,包括公有云、私有云、混合云等,满足企业不同场景下的需求。同时,混元还支持与其他云服务和第三方服务的无缝集成,构建强大的生态系统。

混元平台结合了腾讯云丰富的产品体系和技术优势,提供一站式、跨平台的云计算服务,助力企业应对日益多样化的业务需求。混元平台可以帮助企业构建智能化的 IT 基础设施,实现大规模数据的存储、处理和分析,助力企业挖掘数据价值,实现数字化转型,支持企业构建智能应用。

6. DeepSeek

深度求索人工智能基础技术研究有限公司于 2004 年 12 月 26 日发布了开源大模型

DeepSeek-V3（https://deepseek.com），2025 年 1 月 20 日正式发布。DeepSeek-V3 运用了多项先进技术，大幅提升了模型的性能和训练效率，在多个基准测试中，DeepSeek-V3 在数学、代码、推理等许多方面均具有很好的性能，特别是在后训练阶段使用了强化学习技术，在仅有极少标注数据的情况下，极大地提升了模型推理能力，大幅度地降低了训练成本，不足知名大模型的二十分之一，引起国际上强烈反响。

DeepSeek 能够直接面向用户或者支持开发者，提供智能文本生成与创作、语义理解、编程与代码生成等功能，支持联网搜索与深度思考模式，同时支持文件上传，能够扫描读取文件与图片中的内容。

文本生成与创作包括：文本创作（如文章故事诗歌等写作、营销文案、剧本或者对话设计、社交媒体内容）、摘要与改写（论文与报告的长文本摘要和简化、多语言翻译）、结构化生成（表格、列表生成、代码注释、文档撰写等）。

语义理解包括：语义分析（语义解析、评论等情感分析、客服对话与用户查询等意图识别、人名地点事件等实体提取）、文本分类（新闻分类等主题标签生成、网络垃圾内容检测）、知识推理（逻辑问题解答、因果分析）。

编程与代码生成包括：代码生成（生成代码片段、自动补全与注释生成）、代码调试（错误分析与修复建议、代码性能优化提示）、技术文档处理（API 文档生成、代码库解释与示例生成）。

还有一些大语言模型，如科大讯飞星火（xinghuo.xfyun.cn/desk）、Kimi Chat（https://kimi.moonshot.cn/）、蓝心（https://developers.vivo.com/product/ai/bluelm）、智谱清言（https://chatglm.cn/main/detail）、百川大模型（https://www.baichuan-ai.com/home）、豆包（https://www.doubao.com/）、天工（https://www.tiangong.cn/）、商汤商量（https://chat.sensetime.com/wb/login）、360 智脑（https://chat.360.com/?src=ai_360_com），等等。

8.7.3　大语言模型提示工程

提示（Prompt）在大语言模型出现前就已经存在了，是用户向计算机程序传入的一个/组指令，以引导其朝着用户的期望进行响应或行动。在大语言模型时代，提示一般指用户与大语言模型互动的文本，如问题、指令或闲聊。

大型语言模型提示工程（Prompt Engineering）又称提示语工程，是一种利用大语言模型进行自然语言处理任务的新方法，通过开发与优化提示词，从而让大模型输出预期结果的过程,可以实现如摘要、问答、翻译等多种任务。

大型语言模型提示工程包括提示工程原则、自动提示生成、用例调查、基础设施、安全和最后的思考。

提示工程提示顺序、样例选择和模型校准对性能有显著影响。如何写出好的提示?提示工程的三个关键点如下。

(1) 前提条件:明确自己的需求。

(2) 核心工作:开发与优化提示词。

(3) 目标:让大模型返回用户期望的结果。

为了能够提高模型输出效率,可以按照下列提示词框架编写提示词:

(1) 指令(Instruction):明确描述模型需要执行的任务,指令应简洁、明确,确保模型能理解任务的目标和要求。

(2) 背景信息(Context):提供给模型的上下文信息,可以帮助模型更好地理解任务和生成响应,背景知识可以包括任务的背景、目的、相关知识和其他相关信息。

(3) 输入数据(Input Data):输入数据是可选的,如果模型不需要特定的输入数据,可以省略此部分内容。

(4) 输出引导(Output Indicator):要求模型如何组织和呈现输出结果。

大模型规模庞大,例如,ChatGPT3 有 96 层、12 288 个隐含层维度、1750 亿个参数,帮助它们学习语言数据中的复杂模式。大模型参数量的增加带来了训练和推理的复杂度,需要更多的存储和计算资源和计算时间。因此,大模型通常需要使用高性能计算机和大规模计算集群来进行训练,也需要使用各种优化算法加速训练过程和提高模型的准确率。大模型需要通过海量数据及高质量标注语料库进行训练。大模型很难在单个 GPU 上进行预训练,需要使用 GPU 集群中进行分布式训练。大模型基于 Transformer 架构进行构建,由多层神经网络架构叠加而成。

与传统的小模型相比,大模型更能够捕捉到数据的细节及其复杂的特征,因此在处理复杂任务上有明显优势。大模型能够解决更加复杂和具有挑战性的任务,极大地提升了人工智能的应用能力,大模型的应用非常广泛。

需要指出的是,提示词对于大模型的生成结果和质量具有重要影响,选择合适的提示词被称为提示工程。一个好的提示词可以帮助模型更好地理解用户的意图,并生成更符合意图的结果。提示词是一种优化和改进大模型生成性能的重要方法。这种方法不是对大模型参数进行修改或者重新训练,而是针对特定任务的了解通过特殊设计的提示词引导模型生成更好的结果。大型语言模型提示工程是技巧性很强的工作,有待在运用大模型的实践中逐渐提高。

8.7.4　知识蒸馏技术

　　　　2025 年 2 月 6 日,李飞飞等斯坦福大学和华盛顿大学的 AI 研究团队宣布:通过蒸馏技术,仅用不到 50 美元的云计算费用训练出了一个名为 s1 的人工智能推理模型。s1 是通过蒸馏技术从谷歌的 Gemini 2.0 中 Flash Thinking Experimental 模型中提炼出来的,使用 16 个英伟达 H100 GPU 训练了 26 分钟。该模型在数学和编程能力测试中表现与 OpenAI 的 o1 和国产大模型 DeepSeek 的 r1 等推理模型相似,而以低训练成本的 DeepSeek 的 r1(训练成本只有国际同级别大模型的 1/70)的训练成本也需要 560 万美金,极大地降低了大语言模型的训练费用。

　　对于大模型开发,面临一个非常重要的实际问题: 在有限的算力资源下,如何以低成本快速训练大语言模型?

　　2006 年,Bucilua 等首次提出通过模型压缩技术迁移大型或者集成模型中的信息去训练小型模型时,精度不会显著下降。2015 年,Hinton 等发表论文 *Distillation the Knowledge in a Neural Network* 正式提出知识蒸馏(Knowledge Distillation)的概念,目前已经成为一种常用的模型压缩方法。

　　知识蒸馏的结构如图 8.20 所示。

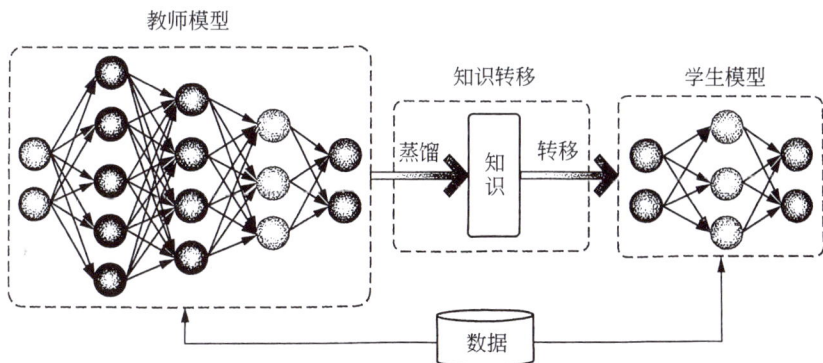

图 8.20　知识蒸馏的结构

　　图 8.20 中,教师模型是已经训练完成的大型模型,学生模型是是小型待训练的模型。

知识蒸馏是将教师模型中的知识"蒸馏"到学生模型中去,其本质就是在训练小型学生模型时,用大型教师模型指导,从而实现知识的传递。

对于一个分类任务,训练数据集中的标签称为 Hard label,教师模型的预测概率输出为 Soft label。Hard label 是在训练集中,除了正标签以外,其他负标签都是 0。Transformer 代表用来调整 Soft label 平滑程度的超参数。

知识蒸馏的主要目的是使教会学生模型如何更好地泛化新的数据。因此,知识蒸馏方法不仅能够学习到正确的分类结果,而且可以通过学习教师模型的输出结果学习到数据之间的复杂关系和不确定性,为学生模型提供了更为丰富的信息。Soft label 的概率发布熵越大,表明其包含的信息量越大,训练学生模型的效果越好。在输出结果中,每个类别基本上都分配到一定的概率,从而提供更为丰富的信息。

如果学生模型能够同时参考教师模型的输出和实际标签值,就可以有效降低被教师模型的偶然错误所误导的可能性,并能够学习教师模型的泛化能力。

8.7.5 写作大语言模型

人工智能新闻系统。2014 年 3 月 17 日清晨,梦乡中的洛杉矶市民被轻微的地面晃动惊醒。地震发生后不到 3 分钟,《洛杉矶时报》就报道了这次地震,不但提及了地震台网观测到的详细数据,还给出了旧金山区域近 10 天的地震观测情况。人们十分惊讶,为什么这则新闻如此神速? 其实这要归功于人工智能新闻系统。在地震发生的瞬间,人工智能系统从地震台网的数据接口中获得地震信息,然后飞速生成英文报道全文。刚刚从睡梦中惊醒的记者看见屏幕上的报道文稿,快速审回,署名后点击发布,这则新闻就在第一时间面世了。

2011 年,思科公司的工程师罗比·艾伦创办了 Automated Insights 人工智能小公司,公司名称首字母为 AI,专门开发写作程序,用机器自动撰写新闻稿件。2013 年,机器自动撰写的新闻稿件已达 3 亿篇,超过所有主要新闻机构的稿件产出量。2014 年,更是超过 10 亿篇,大大减轻人类记者和编辑的劳动强度。

在自然语言处理领域中,大模型可以用于机器翻译、文本生成、对话系统等任务上取得了显著的成果。BERT、GPT 等大模型在文本的语义理解、情感分析、机器翻译等任务。这些大模型能够学习语言的上下文信息和语义特征,从而提高自然语言处理的准确性和效果。在语音识别领域中,大模型可以用于语音识别、语音合成、语音转换等任务。

由于图像和视频数据的取值是连续的,可直接应用梯度下降对可微的生成器和判别器进行训练,而语言生成模型中的音节、字母和单词等都是离散值,难以直接应用到基于梯度的生成对抗网络。目前,人工智能不仅广泛用于体裁比较固定的写新闻写作,而且能够进行诗歌写作等文学创作。

人工智能写作系统具有较强的语言生成能力,能够根据提示词撰写电子邮件、博客文章或其他中长篇内容,并加以提炼和润色。还有内容摘要生成能力,能够将长文章、新闻报道、研究报告、公司文档甚至客户历史记录汇总成根据输出格式定制长度的完整文本。

例如,"学习强国"中刊登了一篇中国教育报社上的文章《ChatGPT 与名师同写作文》。

作文题目:阅读下面的材料,根据要求写作。

冲浪是冲浪者站在冲浪板上驾驭海浪的水上运动,已被列为 2024 年巴黎奥运会的正式比赛项目。在惊涛骇浪之上翱翔,需要具备以下条件:海浪够高够大,且在冲浪者可驾驭的范围内;冲浪板尺寸合适,能被冲浪者灵活操控;冲浪者有足够的勇气,也有良好的身体素质。当今世界正经历百年未有之大变局,我国正处于实现中华民族伟大复兴的关键时期。在时代的浪潮中,我们应该如何做好一名冲浪者?

请结合材料写一篇文章,体现你的感悟与思考。要求:选准角度,确定立意,明确文体,自拟标题;不要套作,不得抄袭;不得泄露个人信息;不少于 800 字。

ChatGPT 生成文章《做好时代的冲浪者》,深圳第二外国语学校语文教师、国家"万人计划"教学名师龚志民写的文章《审时而冲,量力而浪,合身择板,顺势而为》,然后由深圳市特级教师陈继英进行点评:ChatGPT 生成的文章能够从材料分解出做好时代冲浪者的"五个必备条件",而且每段都有分论点,然后加以一一阐述,层次清晰,可以和大部分高三学生可以打个平手。"而评价龚志民的文章是"令人拍案叫绝"。虽然,ChatGPT 生成的文章比人类名师的文章还有相当的差距,但写作大语言模型发展进步很快,会快速改进。

人工智能不仅广泛用于体裁比较固定的写新闻写作,而且能够进行诗歌写作等文学创作。例如:"早春江上雨初晴,杨柳丝丝夹岸莺。画舫烟波双桨急,小桥风浪一帆轻。"谁能想到,这是人工智能诗歌创作系统以"早春"为关键词创作的一首诗。作者"九歌",

由清华大学计算机科学与技术系孙茂松教授于 2015 年 9 月带领学生团队历时三年研发而成。2017 年 4 月在中央电视台《机智过人》公开亮相,同年 9 月九歌 V1.0 正式上线。

九歌人工智能诗歌创作系统输入了 30 多万首唐朝以来的古诗作为语料库,利用深度学习模型让计算机学习。除了对诗句平仄、押韵规定外,并未人为给出任何规则,而是让计算机自己学习古诗中的"潜规则"。孙茂松教授说:每首古诗像一串项链,项链上的珠子就是字词。深度学习模型先把项链彻底打散,然后通过自动学习,将每颗珠子与其他珠子的隐含关联赋予不同权重。作诗时,再将不同珠子重穿成新项链。

写作大模型能够快速生成不同类型的文章,大幅提高写作质量。目前已经有许多写作大模型,除了 ChatGPT,百度公司的文心一言、阿里云公司的通义千问等也是功能很强的写作大模型。只要明确写作目标,让写作大模型能够了解需求,从而生成符合需求的文章。为了得到更好的文章,可以逐步优化提问,例如修改提示词、添加详细描述等,引导大模型生成更符合预期的内容。

8.7.6　文生图大语言模型

生成式人工智能可以将文本翻译成图像。给计算机输入一段文字描述或者提示词,计算机自动生成与文字描述相近的图片。相比从图像到图像的转换,从文本到图像的转换困难得多,因为以文本描述为条件的图像分布往往是高度多模态的,有太多的例子符合文本描述的内容,符合同样文本描述的生成图像之间差别可能很大。另外,虽然从图像生成文字也面临着同样问题,但由于文本能按照一定语法规则分解,因此,从图像生成文本是一个比从文本生成图像更容易定义的预测问题。

通过生成式人工智能的生成器和判别器分别进行文本到图像、图像到文本的转换,二者经过对抗训练后能够生成以假乱真的图像。例如,根据文字"这只小鸟有着小小的鸟喙、胫骨和双足,蓝色的冠部和覆羽以及黑色的脸颊"生成图 8.21(a)所示的图片。输入"这朵花有着长长的粉色花瓣和朝上的橘黄色雄蕊。"则输出图 8.21(b)所示的图片。

通过对输入变量进行可解释的拆分,能改变图像的风格、角度和背景。当然,目前所合成的图像尺寸依然较小,该研究的下一步工作是尝试合成像素更高的图像和增加文字所描述的特征数量。根据文本创作图像的方法可以验证生成模型模拟真实数据样本的性能。

随着 GPT 等大语言模型技术的发展,文生图取得突飞猛进的发展。大模型已经广泛应用于图像分类、目标检测、图像生成等任务。在计算机视觉领域,ResNet、

(a)

(b)

图 8.21　从文字描述生成图片

InceptionV3 等大模型在图像分类、对象检测等任务上表现出色。这些大模型能够提取图像中的视觉特征,并进行准确的分类和识别。使用大模型的推荐系统通过对用户行为数据的分析和学习,能够更好地理解用户的喜好和行为模式,对用户的兴趣和需求进行更准确的推荐。

将 GPT 生成的提示语言贴到 Midjourney 进行绘图,取得重大进展。例如,用 Midjourney 生成阿房宫(见图 8.22)、四大名著里的 23 个经典人物画像(见图 8.23)。

图 8.22　用 Midjourney 生成阿房宫

8.7.7　文生视频大语言模型

生成式人工智能能从静态照片中生成多帧视频。首先,识别静态图片的对象,然后,生成 32 帧的视频,这些生成视频中对象的动作非常合乎常理。这种对动作的预测能力

图 8.23　用 Midjourney 生成四大名著里经典人物画像

是机器未来融入人类生活的关键,因为这使机器能辨别什么动作于人于己都是没有伤害的。

南加州大学的 Pinscreen 团队以 GAN 等技术实现实时 3D 变脸技术。输入一张实验者的照片,GAN 变脸软件能够生成实验者的 3D 视频,并且通过软件控制 3D 视频中人物的动作,例如,眨眼、张嘴、微笑等。用生成的实验者的 3D 视频代替实验者本人能够通过刷脸测试。为了防止变脸技术造成的信息安全,美国国防部开发了 AI 侦测工具,识别是实验者本人的视频,还是计算机生成的实验者视频,反变脸精度达到 99%。

2019 年 8 月 30 日晚,一款 AI 换脸软件在社交媒体刷屏,用户只需要一张正脸照就可以将视频中的人物替换为自己的脸。许多 App 都用手机号+面部图像注册登录。不少人担心 AI 换脸软件会被不法分子利用,通过技术合成完成刷脸支付等。

2018 年 11 月,在乌镇第五届世界互联网大会上,新华社对外宣布:中国首个"人工智能主持人"正式上岗。2019 年 2 月 19 日新华社又发布站立式合成主播上岗,如图 8.24(a)和图 8.24(b)所示。真正的主持人主持一段节目,用 3D 扫描仪收集节目的视觉数据,计算机生成的主持人化身看上去与其真正的主持人真假难辨。采集真正的主持人的嗓音作为深度学习的输入数据,然后人工智能会学习你的嗓音特征,并能以你的嗓音生成新的内容——说话或者唱歌,并记录主体的行为和动作等个人数据,由此就可以再现他们的说话模式和性格特点。特别是计算机生成的主持人以真正的主持人的嗓音用真正的主持人根本不会讲的语言生成内容,例如不仅能够讲中文,而且能够讲英语、日语或韩语等各种语言。

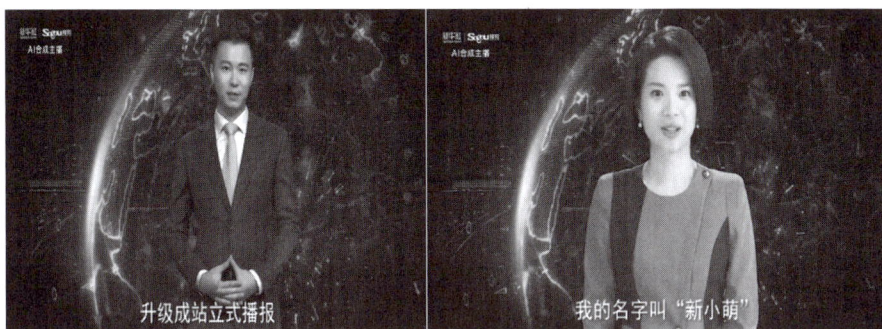

(a) 邱浩——新小浩站立式　　　　　　(b) 屈萌——新小萌站立式

图 8.24　人工智能主持人

2024 年 2 月 16 日 OpenAI 公司发布文本生成视频大模型 Sora,如图 8.25 所示。通过用户提出要求,Sora 可以创建长达 60s 的文生视频,其中包含高度详细场景、复杂摄像机运动的多角度镜头以及充满活力的多个角色,标志着人工智能在视频生成领域的动态内容的创造上取得重大突破。

图 8.25　视频生成

2024 年 5 月 14 日凌晨 OpenAI 公司发布的"Magic"(魔法)包括 ChatGPT 新 UI、桌面版 GPT 以及 GPT-4o。Magic 具有下列特点。

(1) 全能:是一个全新的多模态大模型,即全能模型,可以接收文本、音频和图像的任意组合作为输入,并实时生成文本、音频和图像的任意组合输出 。

(2) 快速:对音频输入最短为 232ms,平均 320ms,实现近乎自然的语音交互,以往产品 2s 以上。

(3) 共情:能够分析语言确定客户的语气,进行情感分析,识别人类感情,并作出有感情的反应。

（4）好用：可以应用于各种场所，如智能客服、在线教育、医疗咨询、智慧康养等。人工智能聊天机器人，可以回答客户询问、执行后端任务并以自然语言提供详细信息，作为集成式自助客户服务解决方案的一部分。

2024 年 9 月 13 日凌晨 OpenAI 公司发布"o1 系列"预览模型。o1 模型是 GPT-5 中关键的一步。GPT-4 智力水平类似于高中生智能，GPT-5 智力水平则是从"高中生跃升至博士"的成长。在通用复杂推理过程中，每次回答要花更长时间思考，就像人类思考解决问题的过程一样。参加国际奥数竞赛，GPT-4o 只能拿到 13％ 的分数，而 o1 可拿到 83％ 的分数。特别是参加编程比赛 Codeforces，GPT-4o 只有 11％，而 o1 拿到 89％ 的成绩。像人类程序员一样，在写代码前把整个流程思考一遍，再动手输出代码。2024 年 12 月 20 日，OpenAI 公司发布推理模型 o3，在软件工程、编写代码、数学竞赛都得到了很高水平。

8.7.8　蛋白质结构预测大语言模型

Alpha 系横扫世界围棋棋坛后，破解生命谜题，在作为 21 世纪的"主旋律"的生命科学中取得重大突破。

蛋白质结构对于理解蛋白质功能以及诸多重要的生命活动有重要意义，它的结构也在一定程度上约束了蛋白质序列的突变。所幸蛋白质的同源序列中包含了丰富的结构信息，这为数据驱动的解决方案提供了可能性。

2020 年 12 月国际蛋白质结构预测竞赛(CASP)宣布：谷歌公司旗下的 DeepMind 研制的 AlphaFold2(阿尔法佛)人工智能系统，精确预测了单体蛋白质的三维结构。2021 年 8 月 DeepMind 在 Nature 上公布 AlphaFold2 精确预测了来自人类和 20 种其他生物共 350 000 种蛋白质的结构，例如大肠杆菌、酵母菌。AlphaFold2 等半参数化的深度学习解决方案，充分利用数据驱动的端到端深度学习模型，在结构预测上已取得与冷冻电子显微镜等实验技术相当的精度。

清华大学智能产业研究院 AI＋生命科学研究团队开发的蛋白质结构预测系统 AIRFold，其同源挖掘(Homology Miner)模块，聚焦于共进化信息的挖掘和提取，对蛋白质同源序列(MSA)中的协同进化信息进行智能化、自动化地提取、分析和处理，在蛋白质结构预测中表现更加稳定、有效。同源挖掘模块中引入了同源蛋白的语义检索和生成两个模块：检索模块利用结构和序列的共同表征学习，通过稠密检索从现有数据库中补充和完善同源蛋白信息；生成模块则基于深度生成模型，对蛋白质的接触矩阵以及多序列比对数据进行生成式建模，从而通过生成同源蛋白序列对共进化信息进行补充。

2024 年 10 月 9 日，因为 AI 预测蛋白质结构里程碑突破，破解了蛋白质惊人结构的密码，所以，2024 诺贝尔化学奖颁给美国华盛顿大学西雅图分校大卫·贝克在"计算蛋白质设计"方面的贡献以及 Google DeepMind 戴密斯·哈萨比斯和和约翰·江珀在"蛋白质结构预测"方面的贡献。

8.8　AI 智能体

随着人工智能技术的飞速发展，智能体和大模型成为该领域中备受关注的两个重要概念。它们在推动自然语言处理、计算机视觉、智能决策等众多应用领域的进步中发挥着关键作用。AI 智能体（AI Agent）为人工智能的研究提供了一个通用范式，人工智能领域的多种不同技术能够在这个范式下融合共生，成为当前人工智能研究的热点之一。

比尔·盖茨说："Android、iOS 和 Windows 都是平台，AI Agent 将成为下一个平台"。多智能体不仅具备自身的问题求解能力和行为目标，而且能够相互协作，来达到共同的整体目标。因此，对于复杂的大规模问题，可以根据用户的输入选择工具、方法，自行确定解决步骤，最终完成用户预期目标并返回结果。

8.8.1　AI 智能体的概念

Agent 在英语中是个多义词，国内学术界将 Agent 翻译为"智能体""主体""智能代理"等，尚无统一的译法。本章将 Agent 翻译为"智能体"，或者直接引用英文原文。

马文·明斯基于 1986 年提出 Agent（智能体）的概念。早期的智能体依赖于简单的逻辑规则和预设的行为模式。这些系统通常用于特定场景下的自动化任务，例如基于预设规则的智能家居控制、简单的游戏代理。这时的智能体缺乏自适应能力，当环境发生变化时，只能通过人工调整规则进行适应。

1977 年，Hewitt 提出并发 Actor 模型，包含具有自控行为、相互作用、并发执行的对象，并被称为 Actors。他们不仅封装了内部状态，还通过消息传递机制进行通信和并发工作。Actors 被认为是最早的 Agent。

进入 20 世纪 80 年代，着重研究智能体之间的交互通信、协调合作，强调智能体之间的紧密群体合作而非个体能力的自治和发挥。20 世纪 80 年代末，分布式计算环境的普及推动了多智能体技术的发展,智能体的能力不断加强,能模拟人的思维和行为。在软硬件领域,并行计算和分布式处理技术的研究都取得了很大进展,使得早期研究者探索的一些 Agent 问题已经在许多领域广泛开展,如分布式人工智能、机器人学、人工生命、分布式对象计算、人机交互、智能和适应性界面、智能搜索和筛选、信息检索、知识获取、终端用户程序设计等。

近年来,随着大数据与人工智能技术的迅速发展,大语言模型(LLM)驱动的 Agent 更多地称为 AI Agent,在中文语境下通常被称为"AI 智能体"或仍被称为"智能体"。

AI 智能体指由大模型驱动,不需要人为干预,能够自主感知环境、与环境进行交互、独立进行规划决策,并自动调用工具以完成给定目标的智能程序。

AI 智能体更强调自主性和主动性,无须人类去指定每一步的操作。用户使用大模型时可以直接向 AI 智能体下达指令,无须设计合适的提示词,而由 AI 智能体自行规划解决方案并完成任务。AI 智能体未来可能会形成自己的社会,与人类和谐共存。

智能体可以看作由大脑、感知、行动三个关键部分组成:

(1) 大脑(Brain):由一个大语言模型(LLM)组成,不仅存储知识和记忆,还承担信息处理和决策等功能,并可以呈现推理和规划的过程,能够很好地应对未知任务。

(2) 感知(Perception):核心任务是将 Agent 的感知空间从纯文字领域扩展到包括文字、听觉和视觉模式在内的多模态领域。具体地说,智能体通过各种传感器(如摄像头、麦克风、雷达等)获取环境中的信息。例如,机器人智能体可以通过摄像头感知周围的物体和场景,通过麦克风感知声音信息。

(3) 行动(Action):在 Agent 的构建过程中,行动模块接收大脑模块发送的行动序列,并执行与环境互动的行动。基于感知到的信息,智能体能够进行决策并采取相应的行动。它具有一定的决策机制和算法,能够根据目标和环境情况选择最佳的行动方案。例如,在游戏中的智能体可以根据游戏状态和规则,决定采取何种策略来赢得游戏。

在人工智能领域中,智能体可以看作是一个程序、机器人或者其他自动化设备等一个实体,它嵌入在环境中,通过传感器(sensors)感知环境不断学习和适应,从而实现特定的目标,具备一定的自主性和智能性。智能体与环境的交互作用如图 8.26 所示。

图 8.26　Agent 与环境的交互作用

　　智能体可分为物理智能体与虚拟智能体,前者如机器人,后者则包括各种软件程序。实际上,一个人可以看成是一个智能体,眼睛、耳朵等器官如同传感器,而手、脚和嘴如同执行器。一个机器人也可以看成是一个智能体,通过摄像头、红外传感器等传感设备感知外界环境,各种各样的马达作为执行器作用于外界环境。

　　一个软件智能体,使用经过编码的二进制符号序列作为感知与动作的表示。传统的整体设计和集中控制的软件开发方法越来越显示出局限性。智能和发布式的软件系统已经成为软件系统设计的一个重要方向。综合集成分布于 Internet 的异构软件以支持社团组织完成多部门甚至多社团组织之间合作的具有空间、时间和功能分布性的复杂任务,正在成为建立新型计算环境的主要动力。

　　大语言模型驱动的 AI 智能体,具有如下的优势。

　　(1) 语言交互:它们理解和产生语言的固有能力确保了无缝的用户交互。

　　(2) 决策能力:大语言模型有能力推理和决策,使它们善于解决复杂的问题。

　　(3) 灵活适配:AI 智能体的适应性确保它们可以针对不同的应用进行成型。

　　(4) 协作交互:AI 智能体可以与人类或其他 AI 智能体协作。

8.8.2　AI 智能体的结构

　　AI 智能体的结构直接影响到系统的性能。人工智能的任务就是设计智能体程序,实现智能体从感知到动作的映射函数。简单的智能体结构可能只是一台计算机,复杂的智能体结构可能包括用在特定任务上的特殊硬件设备,如图像采集设备或者声音滤波设备等。

　　在计算机系统中,智能体含有独立的外部设备、输入/输出驱动装备、各种功能操作处理程序、数据结构和相应的输出。程序的核心部分是决策生成器或问题求解器,它接收全局状态、任务和时序等信息,指挥相应的功能操作程序模块工作,并把内部工作状态和所要执行的重要结果送至全局数据库。智能体的全局数据库设有存放智能体状态、参数和重要结果的数据库,供总体协调使用。智能体的运行是一个或多个进程,并接受总体调度。各个智能体在多个计算机上并行运行,其运行环境由体系结构支持。

　　智能体的结构表示了智能体内部各模块集合的组成和相互作用的关系。模块集合及其相互作用规定了智能体如何根据所获得的数据和它的运作策略来决定和修改智能体的输出。

　　智能体结构需要解决以下问题。

(1) 智能体由哪些模块组成。

(2) 这些模块之间如何交互信息。

(3) 智能体感知到的信息如何影响它的行为和内部状态。

(4) 如何将这些模块用软件或硬件的方式组合起来形成一个有机的整体。

AI 智能体的架构如图 8.27 所示。

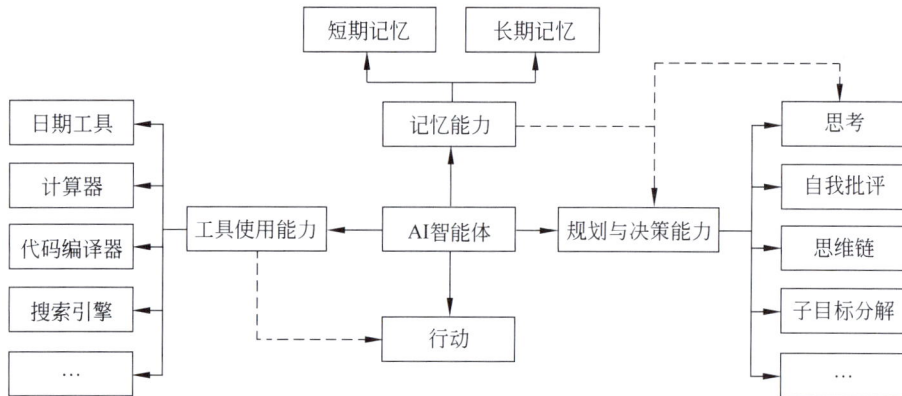

图 8.27　AI 智能体的架构

由图 8.27 可见,AI 智能体具有以下三方面的能力。

(1) 规划与决策能力(Planning):将一项复杂任务分解为多个子目标与多项小任务。

(2) 记忆能力(Memory):能够对任务、对话中的上下文进行保持,以确保信息的连贯性和准确性。

(3) 工具使用能力(Tool):能够根据各类工具扩展自身功能,以应用于更广泛的场景。

智能体的系统架构除了包含感知、决策和行动等核心模块外,还需要考虑与环境的交互、通信、协作等方面。智能体系统通常需要集成多种技术,如传感器、自动控制、通信、人工智能等技术,以实现其在实际环境中的自主运行和任务完成。例如,自动驾驶汽车的智能体系统不仅包括基于深度学习的感知和决策模块,还包括车辆控制、导航、通信等多个子系统。

8.8.3　AI 多智能体系统

对于现实中复杂的大规模问题,只靠单个的智能体往往无法描述和解决,因此,一个应用系统中往往包含多个智能体,这些智能体不仅具备自身的问题求解能力和行为目标,而且能够相互协作,达到共同的整体目标,这样的系统称为多智能体系统(Multi-Agent System,MAS)。

多智能体系统具有如下特点。

(1) 多智能体系统中每个智能体具有独立性和自主性,能够解决给定的子问题,自主地推理和规划并选择恰当的策略,并以特定的方式影响周围的环境。

(2) 多智能体系统支持分布式应用,具有良好的模块性,易于扩展,设计简单灵活,克服了建造大规模知识库时的知识管理和扩展的困难。

(3) 多智能体系统按面向对象的方法构造多层次、多元化的智能体,降低了系统的复杂性,也降低了各个智能体问题求解的复杂性。

(4) 多智能体系统是一个协调式的系统,各个智能体之间相互协调合作可以解决大规模的复杂问题;多智能体系统也是一个集成系统,它采用信息集成技术,将各子系统信息集成。

(5) 在多智能体系统中,智能体之间相互通信,彼此协调,并行地求解问题,提高了问题求解效率。

(6) 同一个多智能体系统中各个智能体可以是异构的。因此多智能体技术为各种复杂系统提供了一种统一的模型。

(7) 在多智能体系统中,不同领域的专家系统、同一领域不同的专家系统可以协作求解单一专家系统难以解决的问题。多智能体技术打破了当前知识工程领域中仅使用一个专家系统的限制。

8.8.4　AI 智能体的特性

智能体作为独立的智能实体应该具备以下特性。

1. 自主性

智能体具有执行无限任务的能力,自主性是智能体的重要特征,通过自主决策、环境感知、学习与适应等机制,智能体能够在复杂环境中独立完成任务。一个智能体具有独立的局部于自身的知识和知识处理方法,在自身的有限计算资源和行为控制机制下,能够在没有人类和其他智能体的直接干预和指导的情况下自主地运行和决策,以特定的方式响应环境的要求和变化,并能够根据其内部状态和感知到的环境信息自主决定和控制自身的状态和行为。它还能够主动地探索环境、寻找目标和解决问题。例如,智能家居中的智能体可以根据预设的规则和用户的习惯,自动地控制家电设备,提高家居的舒适度和便利性。

自主性是智能体区别于过程、对象等其他抽象概念的一个重要特征。尽管面临任务复杂性、安全性和伦理等挑战,但随着 Agent 技术的逐步成熟,自主性将不断增强,为各个领域带来更多的创新和发展机会。

2. 适应性

适应性使其根据环境变化调整行为,保持有效性。智能体能够感知、影响环境。不只是简单被动地对环境的变化做出反应,而是可以表现出受目标驱动的自发行为。智能体的行为是为了实现自身内在的目标,在某些情况下,智能体能够采取主动的行为,改变周围的环境,以实现自身的目标。

3. 互动性

互动性是智能体与环境及其他智能体之间的交流与合作。智能体与环境的交互方式更加丰富多样。它可以通过传感器感知环境信息,通过执行器对环境进行操作。例如,机器人智能体可以通过机械臂抓取物体、通过轮子移动等。

如同现实世界中的生物群体一样,智能体往往不是独立存在的,经常有很多智能体同时存在,形成多智能体系统,模拟社会性的群体。因此,智能体不仅能够自主运行,可以与其他智能体或人类进行协作和交互,共同完成任务。同时应该具有和外部环境中其他智能体相互协作的能力,在遇到冲突时能够通过协商来解决问题。它们可以通过通信和协作机制,共同完成复杂的任务。多智能体系统中的智能体可以相互协作,实现分布式任务的高效完成,如无人机群的协同作业。这种交互方式更加动态和实时,强调智能体在环境中的主动行为和响应能力。

4. 学习能力

学习能力是智能体能够在不断的经验积累中,优化决策过程,提高任务完成的效率。智能体应该能够在交互过程中逐步适应环境,自主学习,自主进化。能够随着环境的变化不断扩充自身的知识和能力,提高整个系统的智能性和可靠性。

智能体能够通过学习不断改进自己的行为和决策能力。它可以从与环境的交互中获取经验,调整自己的策略和模型。例如,强化学习中的智能体通过不断尝试不同的行动,根据获得的奖励反馈来学习最优的行为策略。智能体的学习过程通常涉及强化学习、深度学习等多种方法,使其能够在复杂多变的环境中找到最优的行动方案。例如,在自动驾驶中,智能体需要根据实时的交通情况进行快速的推理和决策,以保证行驶的安全和高效。

智能体更加注重实时性。它通过感知器实时获取环境中的数据,并根据当前的状态和目标进行实时决策和行动。智能体的数据来源更加多样化,不仅包括预先收集的数据,还包括实时感知到的数据。例如,自动驾驶汽车的智能体需要实时处理摄像头、雷达等传感器获取的数据,以做出即时的驾驶决策。

8.8.5 AI 智能体的应用

智能体更适用于需要与环境进行实时交互、自主决策和行动的场景。如机器人控制、自动驾驶、智能游戏、智能家居、工业自动化等领域。智能体能够根据环境的变化实时调整策略,完成复杂的任务,具有更强的适应性和灵活性。

目前,智能体已经被应用于很多领域,主要包括如下。

(1) 用户助理。用智能体协助用户更好地完成特定的任务。所使用的智能体都体现在用户界面层次,为用户完成某些特定的任务提供相应的信息和建议。个性化推荐系统通过分析用户行为和偏好,智能推荐系统能够提供个性化的内容推荐,满足用户在不同领域的需求。

(2) 电子商务。一个典型的多智能体供应链系统中就包含购买者智能体、供应商智能体和中介智能体等多种智能体。智能体更多应用于商业网站向用户提供建议。例如MIT 多媒体实验室的研究人员在这个领域做了很多的工作,相应的研究成果也曾被用于亚马逊书店和一些销售唱片和影碟的网站中。

(3) 智能信息检索。智能体可以通过利用相关知识检索一些特定信息。用于信息服务的智能体能够告诉用户所需要的资源在哪里,根据网上资源回答用户特定主题的问题,按照用户指定的条件过滤筛选信息,以及帮助用户整理下载的信息。还能够从大量的公共原始数据中筛选和提炼有价值的信息,向有关用户发布。

(4) 决策支持系统。一般决策支持系统通常都需要大量综合性的信息,以及对信息经过深度加工的结果和知识。在这类系统中智能体能够监控系统的一些关键信息,在系统可能出现问题的时候,警告相应的操作员,并在数据挖掘技术和决策支持模型的协助下,为复杂的决策提供有效的支持。

(5) 移动计算。智能体的自适应性将使网络服务更有效地适应于各种类型的数据通信模式和移动终端,而且智能体的离线计算能力还能为移动应用提供自然有效且稳定的离线计算模式,即使在移动用户断开与网络的连接之后,智能体仍然能够继续完成尚未完成的任务,并在移动用户再次连上网络之后再把结果反馈给用户。除此之外,智能体还能够为移动用户提供友好个性化的界面,从而为用户提供个性化的服务。

(6) 远程教育。 在远程教育系统中引入智能体,作为虚拟教师、虚拟学习伙伴、虚拟实验设备、虚拟图书管理员等,实现虚拟的教学、练习和实验环节等。在单机系统中,可以采用智能体技术设计人性化的角色,实施对学习者进行导航的模式,增加教学内容的趣味性,改善计算机辅助教学效果。

(7) 数字娱乐。 在网络数字娱乐系统中引入智能体,可以增强娱乐效果。例如,在个性化的节目中插入点播服务;在游戏、动画中进行更加人性化的角色设计。

(8) 智能家居系统。 智能家居设备通过自主学习用户习惯,自动调整温度、照明和安保系统,提升居住舒适度和安全性。

(9) 智能医疗系统。 智能医疗系统在推荐治疗方案时,需要遵循医疗伦理,确保患者的健康和安全是首要考虑因素。

(10) 智能客服。 智能客服系统通过分析用户反馈,逐步形成以客户满意度为核心的价值观,从而提升服务质量和用户体验。

(11) 自动驾驶汽车。 自动驾驶汽车通过自主感知环境、决策行驶路径和控制车辆,实现了高度的自主性。这些汽车能够在复杂的交通环境中独立行驶,处理各种突发情况。在设计自动驾驶系统时,开发者需要考虑伦理决策,例如在不可避免的碰撞情况下,如何选择保护乘客或行人的价值观。

(12) 智能机器人。 在智能制造领域,工业机器人能够根据生产需求,自主规划生产流程,优化资源使用,执行组装、检验和包装等多种任务,提高生产效率。服务机器人可以在酒店、餐厅等场所执行接待、送餐、清洁等多项任务,展示了其多功能性和适应能力。

目前,大量的自主人工智能产品已经广泛使用,已经渗透到更多行业,尤其是那些需要高度自动化与智能化的领域。智能体不仅在工业、医疗、交通等传统领域发挥作用,还将在农业、环境保护等新兴领域展现出巨大潜力。例如,哥伦比亚大学研制的面向科学研究的 GPT Researcher 和具备联网搜索功能的 AutoGPT 等。这些产品以人工智能大模型为核心,AI 智能体通过互联网实时获取最新信息,基于大语言模型进行思考,取得更好的效果。

但是,LLM 固然很强大,但也有属于它们的缺陷。例如 ChatGPT、Bard 等 LLM 的产品形态都是对话机器人,并且为了让用户第一时间就能感知到 LLM 与以往这类产品的不同,导致了现在的 LLM 普遍存在能力固化,或者是专精于对话、绘画等特定场景的问题。而且,算力的限制也限制了 LLM 的记忆力,从而难以满足更多用户的使用。

OpenAI CEO 山姆·奥特曼就曾表示，由于 GPU 短缺导致算力不足，他们无法扩大 ChatGPT 的对话框列表，直接影响到了回答用户问题时可以处理的信息量，以至于 ChatGPT 的"记忆力"被限制。

8.9　本章小结

1. 机器学习

学习是有特定目的的知识获取过程，其内在行为是获取知识、积累经验、发现规律，其外部表现是改进性能、适应环境、实现系统的自我完善。

机器学习使计算机能模拟人的学习行为，自动地通过学习获取知识和技能，不断改善性能，实现自我完善。机器学习主要研究学习机理、学习方法、学习系统 3 方面问题。

能够在一定程度上实现机器学习的系统称为学习系统。一个学习系统一般由环境、学习、知识库、执行与评价 4 个基本部分组成。

深度学习采用多层前向神经网络，它是由输入层、隐含层（多层）、输出层组成的多层网络，只有相邻层节点之间有连接，同一层以及不相邻层节点之间无连接。

2. 卷积神经网络

卷积神经网络是一个多层的神经网络，每层由多个二维平面组成，每个平面由多个独立神经元组成。卷积层（特征提取层）代表对输入图像进行滤波后得到的层，池化层（特征映射层）代表对输入图像进行下采样得到的层。

卷积神经网络使用 4 个关键技术来利用自然信号的属性：局部连接、权值共享、多卷积核以及池化。

3. 生成对抗网络

生成对抗网络中包含生成网络和判别网络。使用对抗训练机制对生成网络和判别网络两个神经网络同时进行训练。

生成网络的输入是来自常见概率分布的随机噪声向量，输出是计算机生成的伪数据。

判别网络的输入是图像（可能采样自真实数据，也可能采样自生成数据），判别网络的输出是一个标量，用来代表是真实图像的概率。

生成对抗网络最成功的应用领域是计算机视觉，主要是图像和视频生成，如超分辨率、图像修复、图像风格迁移、图像翻译以及视频生成等。

4. 大语言模型

大语言模型(LLM)是指在人工智能领域,特别是在深度学习领域中,参数量非常大的人工神经网络模型,能够在大量的文本数据上进行训练,能够学习到数据的复杂特征,可以执行多种更复杂、更抽象的任务。

大型语言模型提示工程是一种利用大语言模型进行自然语言处理任务的新方法,通过开发与优化提示词,从而让大模型输出预期结果的过程,可以实现如摘要、问答、翻译等多种任务。

大型语言模型提示工程包括提示工程原则、自动提示生成、用例调查、基础设施、安全和最后的思考。

知识蒸馏是将教师模型中的知识"蒸馏"到学生模型中,其本质就是在训练小型学生模型时,用大型教师模型指导,从而实现知识的传递。

5. AI 智能体

AI 智能体指由大模型驱动,不需要人为干预,能够自主感知环境、独立进行规划决策、并自动调用工具以完成给定目标的智能程序。

智能体可以看作由大脑、感知、行动三个关键部分组成。

智能体具备特性:自主性、适应性、互动性、学习能力。

讨论题

8.1 什么是学习和机器学习?

8.2 试述学习系统的基本结构,并说明各部分的作用。

8.3 简述知识发现的一般过程。

8.4 简述深度学习与 BP 学习算法的异同。

8.5 简述卷积神经网络的结构。

8.6 简述卷积神经网络的学习机理。

8.7 什么是卷积神经网络中的局部连接?其生物学依据是什么?

8.8 什么是卷积神经网络中的权值共享?其生物学依据是什么?

8.9 为什么要采用多卷积核?

8.10 什么是卷积神经网络中的池化?常用的池化方法有哪些?池化过程有什么缺点?

8.11　简述生成对抗网络的结构和基本原理。

8.12　为什么生成对抗网络中的生成网络能够生成以假乱真的图片？

8.13　简述大语言模型的概念与特点。

8.14　什么是提示词工程？

8.15　为什么要进行知识蒸馏？

8.16　简述知识蒸馏的一般结构。

8.17　简述智能体的定义与三个关键组成部分。

8.18　选择一个你熟悉的领域，描述 Agent 与环境的作用，并对环境初始状态、Agent 的结构、类型、工作目标加以说明。

第 9 章

专 家 系 统

自 1968 年第一个专家系统 DENDRAL 研制成功以来，专家系统技术发展非常迅速，已经应用到数学、物理学、化学、医学、地质、气象、农业、法律、教育、交通运输、机械、艺术等学科和领域以及计算机科学本身，甚至渗透到政治、经济、军事等重大决策部门，产生了巨大的社会效益和经济效益，成为人工智能的重要分支。

本章介绍专家系统的产生与发展过程、基本概念，专家系统的工作原理和建立专家系统的方法，用于开发专家系统的骨架系统，以及专家系统开发环境。

9.1 专家系统的产生和发展

费根鲍姆毕业于卡内基·梅隆大学，本科专业是电子工程学，但他选修了一门西蒙的课程——"社会科学中的数学模型"。1955 年圣诞假期之后的第一堂课上，西蒙教授兴冲冲地走进教室对学生们说："在刚刚过去的这个圣诞节，我和同事纽厄尔发明了一台可以思考的机器!"他向学生们介绍了如何通过程序设计让计算机有智能，还发了 IBM 701 大型机的使用手册，鼓励学生亲自动手编写程序，理解计算机是怎样思考的。

费根鲍姆连夜读完使用手册，下决心从事人工智能研究。他本科毕业后直接去了西蒙任院长的工业管理研究生院攻读博士学位，成为西蒙的得意门生。1962 年，他博士毕业后进入人工智能学科创始人麦卡锡组建的斯坦福大学计算机系，专心研究专家系统。1964 年，费根鲍姆在斯坦福大学高等行为科学研究中心举办的一次会议上认识了医学院遗传学系主任

> 莱德伯格,两个人一个是医学专家有数据,一个是人工智能专家搞应用求合作,一拍即合,开始了漫长而富有成效的合作。

1965 年,斯坦福大学教授费根鲍姆等和遗传学家莱德伯格(J. Lederberg)合作,开始研发世界上第一个专家系统 DENDRAL,用于帮助化学家分析化合物分子结构。该专家系统于 1968 年研发成功,这是专家系统的第一个里程碑。此后,人们相继建立了各种不同功能、不同类型的专家系统。MYCSYMA 系统是麻省理工学院于 1971 年开发成功并投入应用的专家系统,它能够求解各种数学问题,包括微积分运算、微分方程求解等。MYCSYMA 系统用 LISP 语言实现对特定领域的数学问题的有效处理。DENDRAL 和 MYCSYMA 是专家系统发展历史的第一阶段的代表。这个阶段专家系统的优点是高度专业化;专门问题求解能力强。其缺点是结构、功能不完整;移植性差;缺乏解释功能。

20 世纪 70 年代中期,专家系统进入了第二阶段,技术趋于成熟,出现了一批成功的专家系统。有代表性的专家系统是 MYCIN、PROSPECTOR、CASNET、AM 等。费根鲍姆等研制的 MYCIN 专家系统可以帮助医生对住院的血液感染患者进行诊断并选用抗生素类药物进行治疗,能成功地对细菌性疾病做出专家水平的诊断和治疗。MYCIN 确定了专家系统的基本结构,为后来的专家系统研究奠定了基础。它第一次使用了知识库的概念,引入了可信度的方法以实现不精确推理,能够给出推理过程的解释,用英语与用户进行交互。MYCIN 系统对形成专家系统的基本概念、基本结构起了重要的作用。PROSPECTOR 系统是由斯坦福研究所(Stanford Research Institute,SRI)开发的一个探矿专家系统。它首次实地分析华盛顿某山区一带的地质资料,成功地发现了一个钼矿,成为第一个取得显著经济效益的专家系统。CASNET 是一个与 MYCIN 几乎同时开发的专家系统,由美国罗格斯(Rutgers)大学开发,用于青光眼诊断与治疗。AM 系统是由斯坦福大学于 1981 年研制成功的专家系统。它能模拟人类进行概括、抽象和归纳推理,发现某些数论的概念和定理。

第二阶段的专家系统的特点如下。

(1)都是单学科专业型专家系统。

(2)系统结构完整,功能较全面,移植性好。

(3)具有推理解释功能,透明性好。

(4)采用启发式推理、不精确推理。

(5)用产生式规则、框架、语义网络表达知识。

（6）用限定性英语进行人机交互。

20 世纪 80 年代以来,专家系统的研制和开发明显地趋向商业化,直接服务于生产企业,产生了明显的经济效益。例如,DEC 公司与卡内基·梅隆大学合作开发了专家系统 XCON,用于为 VAX 计算机系统制订硬件配置方案,节约资金近 1 亿美元。另一个重要发展是出现了专家系统开发工具,如骨架系统 EMYCIN、KAS、EXPERT,通用知识工程语言 OPS5、RLL,模块式专家系统工具 AGE 等,从而简化了专家系统的构造。苹果公司开发的专家系统 Siri(Speech interpretation & recognition interface,语音解释和识别接口)目前广泛应用于 iPhone、iPad 及 iMac 等苹果系列产品中。

但是,一些复杂的专家系统开发仍然存在许多问题。例如,2013 年,IBM 公司与世界顶级肿瘤治疗与研究机构——MD 安德森癌症中心合作开发了癌症诊断与治疗的专家系统 Watson,用于辅助医生开展抗癌药物的临床测试。在 IBM 公司和 MD 安德森癌症中心这两大机构合作之初,《福布斯》杂志发表了题为《在 MD 安德森癌症中心,IBM Watson 解决了临床测试难题》的社论,对 Watson 寄予厚望。在当时看来,一扇新的大门正被人类打开,而支撑这一切的正是人工智能与现代医疗技术的无缝结合。然而,4 年之后的 2017 年 7 月,《福布斯》杂志又发表了一篇关于 Watson 的文章,标题却是《Watson 是不是一个笑话?》,这表明 Watson 近几年进展缓慢、难以大用。Watson 系统面临的窘境其实也是整个专家系统现状的缩影。造成专家系统发展乏力的因素有很多,主要原因在于专家数据匮乏而昂贵,即知识获取是核心问题。

目前,专家系统还是以规则推理为基础。未来,专家系统将向以模型推理为主、以规则推理为辅的方向发展。开发专家系统的目的不是研制人工智能专家代替人类专家,而是研制人类专家的人工智能助手。因此,专家系统将向更专业化的方向发展,针对具体需求进行开发。

9.2　专家系统的概念

9.2.1　专家系统的定义

专家系统是基于知识的系统,用于在某种特定的领域中运用领域专家多年积累的经验和专业知识,求解需要专家才能解决的困难问题。专家系统作为一种计算机系统,继承了计算机快速、准确的特点,在某些方面比人类专家更可靠、更灵活,可以不受时间、地域及人为因素的影响。所以,专家系统的专业水平能够达到甚至超过人类专家的水平。

专家系统的奠基人费根鲍姆教授把专家系统定义为："专家系统是一种智能的计算机程序,它运用知识和推理解决只有专家才能解决的复杂问题。"也就是说,专家系统是一种模拟专家决策能力的计算机系统。

9.2.2　专家系统的特点

专家系统具有如下特点。

(1) 具有专家水平的专业知识。专家系统中的知识按其在问题求解中的作用可分为 3 个层次,即数据级、知识库级和控制级。数据级知识是指具体问题本身提供的初始事实及在问题求解过程中产生的中间结论、最终结论,通常存放于数据库中。知识库级知识是指专家的知识,这一类知识是构成专家系统的基础。控制级知识也称为元知识,是关于如何运用前两种知识的知识,如在问题求解中的搜索策略、推理方法等。具有专家水平的专业知识是专家系统最大的特点。专家系统具有的专业知识越丰富,质量越高,解决问题的能力就越强。

(2) 能进行有效的推理。专家系统要利用专家知识求解领域内的具体问题,必须有一个推理机,能根据用户提供的已知事实,通过运用知识库中的知识,进行有效的推理,以实现问题的求解。专家系统的核心是知识库和推理机。专家系统不仅能根据确定性知识进行推理,而且能根据不确定的知识进行推理。领域专家解决问题的方法大多是经验性的,表示出来的知识往往是不精确的,仅以一定的可能性存在。要解决的问题本身所提供的信息往往也是不确定的。专家系统的特点之一就是能综合利用这些模糊的知识和信息进行推理,得出结论。

(3) 具有启发性。专家系统除能利用大量专业知识以外,还必须利用基于经验的判断对求解的问题作出多个假设,依据某些条件选定一个假设,使推理继续进行。

(4) 具有灵活性。专家系统的知识库与推理机既相互联系又相互独立。相互联系保证了推理机利用知识库中的知识进行推理,以实现对问题的求解;相互独立保证了当对知识库进行了适当修改和更新时,只要推理方式没变,推理机部分就可以不变,使系统易于扩充,具有较大的灵活性。

(5) 具有透明性。专家系统一般都有解释机构,具有较好的透明性。用户在使用专家系统求解问题时,不仅希望得到正确的答案,而且希望知道得到该答案的依据。解释机构可以向用户解释推理过程,回答用户"为什么"(Why)、"结论是如何得出的"(How)等问题。

(6)具有交互性。专家系统一般都是交互式系统,具有较好的人机界面。一方面,它需要与领域专家和知识工程师进行对话以获取知识;另一方面,它也需要不断地从用户处获得所需的已知事实并回答用户的询问。

专家系统本身是一个程序,但它与传统程序不同,主要体现在以下几方面。

(1)从编程思想来看,传统程序依据某个确定的算法和数据结构求解某个确定的问题;而专家系统求解的许多问题没有可用的数学方法,而是依据知识和推理来求解。这可以用下面的两个公式形式化地表示:

$$传统程序=数据结构+算法$$
$$专家系统=知识+推理$$

这是专家系统与传统程序最大的区别。

(2)传统程序把关于问题求解的知识隐含于程序中;而专家系统则将知识与运用知识的过程(即推理机)分离,这种分离使专家系统具有更大的灵活性,便于修改。

(3)从处理对象来看,传统程序主要面向数值计算和数据处理,而专家系统面向符号处理。传统程序处理的数据是精确的,而专家系统处理的数据和知识大多是不精确的,而且是模糊的。

(4)传统程序一般不具有解释功能;而专家系统一般具有解释机构,以解释自己的行为,这是因为专家系统依赖于推理,它必须能够解释这个过程。

(5)从系统的体系结构看,传统程序与专家系统具有不同的结构。关于专家系统的结构在 9.3 节将作专门的介绍。

(6)传统程序根据算法求解问题,每次都能产生正确的答案;而专家系统则像人类专家那样工作,一般能产生正确的答案,但有时也会产生错误的答案,这也是专家系统存在的问题之一。尽管如此,专家系统有能力从错误中吸取教训,改进对某一问题的求解能力。

2016 年 3 月,在韩国举行的阿尔法狗对决世界围棋冠军李世石的比赛中,阿尔法狗连赢 3 局。在 3 月 13 日的第 4 局比赛的 78 手之前,全世界的人都认为阿尔法狗必赢;但此后阿尔法狗犯了一个非常低级的错误,导致了第 4 局比赛的失败。其实,这正是专家系统与传统程序最鲜明的不同。

9.2.3　专家系统的类型

若按专家系统的特性及功能分类,专家系统可分为以下 10 类。

（1）**解释型专家系统**。这一类专家系统能根据感知数据，经过分析、推理，给出相应解释，如化学结构说明、图像分析、语言理解、信号解释、地质解释、医疗解释等专家系统。有代表性的解释型专家系统有 DENDRAL、PROSPECTOR 等。

（2）**诊断型专家系统**。这一类专家系统能根据取得的现象、数据或事实推断出系统是否有故障，并能找出产生故障的原因，给出排除故障的方案。这是目前开发、应用得最多的一类专家系统，如医疗诊断、机械故障诊断、计算机故障诊断等专家系统。有代表性的诊断型专家系统有 MYCIN（诊断血液中的细菌感染）、CASNET、PUFF（肺功能诊断系统）、PIP（肾脏病诊断系统）、DART（计算机硬件故障诊断系统）、CATS（汽车柴油发动机故障诊断系统）等。

（3）**预测型专家系统**。这一类专家系统能根据过去和现在的信息（数据和经验）推断可能发生和出现的情况，例如用于天气预报、地震预报、市场预测、人口预测、灾难预测等领域的专家系统。有代表性的预测型专家系统是预测黑蛾造成的玉米损失的专家系统 PLAN。

（4）**设计型专家系统**。这一类专家系统能根据给定要求进行相应的设计，例如用于工程设计、电路设计、建筑及装修设计、服装设计、机械设计及图案设计的专家系统。对这类系统，一般要求在给定的限制条件下能给出最佳的或较佳的设计方案。有代表性的设计型专家系统有 XCON（计算机系统配置系统）、KBVLSI（VLSI 电路设计专家系统）等。

（5）**规划型专家系统**。这一类专家系统能按给定目标拟定总体规划、行动计划、运筹优化等，适用于机器人动作控制、工程规划、军事规划、城市规划、生产规划等。这类系统一般要求在一定的约束条件下能以较小的代价达到给定的目标。有代表性的规划型专家系统有 NOAH（机器人规划系统）、SECS（制订有机合成规划的专家系统）、TATR（帮助空军制订攻击敌方机场计划的专家系统）等。

（6）**控制型专家系统**。这一类专家系统能根据具体情况控制整个系统的行为，适用于对各种大型设备及系统进行控制。为了实现对控制对象的实时控制，控制型专家系统必须具有能直接接收来自控制对象的信息，并能迅速地进行处理，及时地做出判断和采取相应行动的能力，所以控制型专家系统实际上是专家系统技术与实时控制技术相结合的产物。有代表性的控制型专家系统是 YES/MVS（帮助监控和控制 MVS 操作系统的专家系统）。

（7）**监督型专家系统**。这一类专家系统能完成实时的监控任务，并根据监测到的现象作出相应的分析和处理。这类系统必须能随时收集任何有意义的信息，并能快速地对得到的信息进行鉴别、分析和处理。一旦发现异常，能尽快地做出反应，如发出报警信号等。有代表性的监督型专家系统是 REACTOR（帮助操作人员检测和处理核反应堆事故的专家系统）。

（8）**修理型专家系统**。这一类专家系统用于制订并实施排除某类故障的方案。它能根据故障的特点制订纠错方案，并能实施该方案排除故障；当制订的方案失效或部分失效时，它能及时采取相应的补救措施。有代表性的修理型专家系统是用于修理原油储油槽的 SECOFOR 系统。

（9）**教学型专家系统**。这一类专家系统主要适用于辅助教学，并能根据学生学习过程中产生的问题进行分析、评价，找出错误原因，有针对性地确定教学内容或采取其他有效的教学手段。有代表性的教学型专家系统是 GUIDON（讲授有关细菌传染性疾病方面的医学知识的计算机辅助教学系统）。

（10）**调试型专家系统**。这一类专家系统用于对系统进行调试，能根据相应的标准检测对象中存在的错误，并能从多种纠错方案中选出适用于当前情况的最佳方案，排除错误。

以上是根据专家系统的特性及功能对专家系统进行的分类。这种分类往往不是很确切，因为许多专家系统不止一种功能。还可以从其他的角度对专家系统进行分类。例如，可以根据专家系统的应用领域进行分类。

9.3　专家系统的工作原理

9.3.1　专家系统的一般结构

由专家系统的定义可知，专家系统的主要组成部分是知识库和推理机。实际的专家系统在功能和结构上可能彼此有些差异，但完整的专家系统一般均应包括知识库、推理机、综合数据库、知识获取机构、解释机构和人机接口 6 部分，如图 9.1 所示。

专家系统的核心是知识库和推理机。专家系统的工作过程是：根据知识库中的知识和用户提供的事实进行推理，不断地由已知的事实推出未知的结论，即中间结果，并将中间结果放到综合数据库中，作为已知的新事实进行推理，从而把求解的问题由未知状态转换为已知状态。在专家系统的运行过程中，会不断地通过人机接口与用户进行交互，向用户提问，并向用户作出解释。

下面分别对专家系统的各部分进行简要介绍。

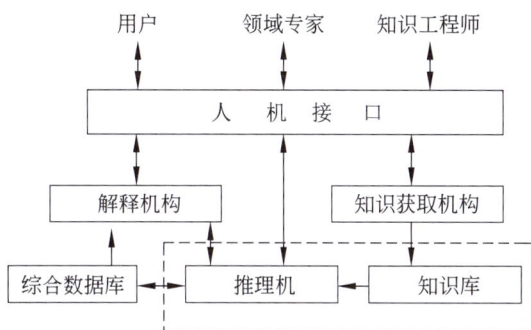

图 9.1 专家系统的一般结构

9.3.2 知识库

知识库(knowledge base)主要用来存放领域专家提供的专门知识。知识库中的知识来源于知识获取机构,同时它又为推理机提供求解问题所需的知识。

对于知识库,最关键的是以下两个问题。

(1) 知识表达方法的选择。要建立知识库,首先要选择合适的知识表达方法。对同一知识,一般都可以用多种方法进行表示,但其效果却不同。应根据第 2 章介绍的原则选择知识表达方法,即从能充分表示领域知识、能充分有效地进行推理、便于对知识的组织维护和管理、便于理解与实现 4 方面进行考虑。

(2) 知识库的管理。知识库管理系统负责对知识库中的知识进行组织、检索、维护等。专家系统中任何其他部分要与知识库发生联系,都必须通过知识库管理系统完成,这样可实现对知识库的统一管理和使用。

在进行知识库维护时,还要保证知识库的安全性。必须建立严格的安全保护措施,以防止由于操作失误等主观原因使知识库遭到破坏,造成严重的后果。一般,知识库的安全保护也可以像数据库系统那样,通过设置口令验证操作者的身份、对不同操作者设置不同的操作权限等技术实现。

9.3.3 推理机

推理机(reasoning machine)的功能是模拟领域专家的思维过程,控制并执行对问题的求解。它能根据当前已知的事实,利用知识库中的知识,按一定的推理方法和控制策略进行推理,直到得出相应的结论为止。

推理机包括推理方法和控制策略两部分。推理方法有确定性推理和不确定性推理。控制策略主要指推理方法的控制及推理规则的选择策略。推理包括正向推理、反向推理和混合推理。推理策略一般还与搜索策略有关。

推理机的性能与构造一般与知识的表示方法有关,但与知识的内容无关,这有利于保证推理机与知识库的相互独立性,提高专家系统的灵活性。

9.3.4 综合数据库

综合数据库(global database)又称为动态数据库或黑板,主要用于存放初始事实、问题描述及系统运行过程中得到的中间结果、最终结果等信息。

在开始求解问题时,综合数据库中存放的是用户提供的初始事实。综合数据库中的内容会随着推理过程的进行而变化,推理机会根据综合数据库中的内容从知识库中选择合适的知识进行推理,并将得到的中间结果存放于综合数据库中。综合数据库记录了推理过程中的各种有关信息,又为解释机构提供了回答用户咨询的依据。

综合数据库必须有相应的数据库管理系统,负责对综合数据库中的知识进行检索、维护等。

9.3.5 知识获取机构

知识获取(knowledge acquisition)是专家系统的关键,也是目前设计和建造专家系统的瓶颈。知识获取的基本任务是为专家系统获取知识,建立起健全、完善、有效的知识库,以满足求解领域问题的需要。

知识获取主要是把用于问题求解的专门知识从某些知识源中提炼出来,转换为计算机的内部表示形式并存入知识库。知识源包括专家、图书、相关数据库、实例研究和个人经验等。然而,当今专家系统的知识源主要是领域专家,所以知识获取过程需要知识工程师与领域专家通过反复交流、共同合作来完成。

知识工程师负责从领域专家那里抽取知识,并用适当的方法把知识表达出来;而知识获取机构负责把知识转换为计算机可存储的内部表示形式,然后把它们存入知识库。在存储过程中,要对知识进行一致性、完整性的检测。

按知识获取的自动化程度划分,知识获取主要有非自动、自动和半自动3种获取模式。

非自动知识获取也称为人工移植。首先由知识工程师从领域专家那里或有关的技术文献中获取知识,然后再由知识工程师用某种知识编辑软件输入知识库。

自动知识获取是指专家系统具有获取知识的能力。它不仅可以直接与领域专家对话,从领域专家提供的原始信息中学习到专家系统所需的知识,还能从系统自身的运行实践中总结、规划出新的知识,发现知识中可能存在的错误,不断自我完善,建立起性能优良、知识完善的知识库。

自动知识获取是一种理想的知识获取方式,涉及人工智能的多个领域,例如模式识别、自然语言理解、机器学习等,尚处在研究阶段,对硬件也有较高的要求。近几年在自然语言理解、机器学习方面的研究已取得了较大的进展,在人工神经网络的研究中已提出了多种学习算法。这些都为知识的获取提供了有利条件。因此,在建造知识获取机构时,应充分利用这些成果,逐渐向知识的自动获取过渡,提高其智能程度。事实上,在近些年建造的专家系统中,不同程度地作了这方面的尝试与探讨,在非自动知识获取的基础上增加了部分学习功能,使系统能从大量事例中归纳出某些知识。由于这种获取模式不同于纯粹的非自动知识获取,但又没有达到完全自动知识获取的程度,因而称之为半自动知识获取。

不同的专家系统知识获取机构的功能与实现方法差别较大,有的采用自动获取知识的方法,而有的则采用非自动或半自动的方法。

9.3.6　解释机构

解释机构(explanatory)回答用户提出的问题,解释系统的推理过程。解释机构由一组程序组成。它跟踪并记录推理过程,当用户提出的询问需要给出解释时,它将根据问题的要求分别作相应的处理,最后把解答用约定的形式通过人机接口输出给用户。

9.3.7　人机接口

人机接口是专家系统与领域专家、知识工程师、一般用户之间进行交互的界面,由一组程序及相应的硬件组成,用于完成输入输出工作。知识获取机构通过人机接口与领域专家及知识工程师进行交互,更新、完善、扩充知识库。推理机通过人机接口与用户交互。在推理过程中,专家系统根据需要不断向用户提问,以得到相应的事实数据,在推理结束时会通过人机接口向用户显示结果。解释机构通过人机接口与用户交互,向用户解释推理过程,回答用户问题。

在输入或输出过程中,人机接口需要对信息进行内部表示形式与外部表示形式的转换。在输入时,它将把领域专家、知识工程师或一般用户输入的信息转换为系统的内部表示形式,然后分别交给相应的机构处理;输出时,它将把系统要输出的信息由内部表示形式转换为人们易于理解的外部表示形式显示给用户。

在不同的专家系统中,由于硬件、软件环境不同,接口的形式与功能有较大的差别。随着计算机硬件和自然语言理解技术的发展,有的专家系统已经可以用简单的自然语言与用户交互;但有的系统仍然只能通过菜单方式、命令方式或简单的问答方式与用户交互。

上面讨论了专家系统的一般结构。这只是专家系统的基本形式。实际上,在具体建造一个专家系统时,根据系统要求的不同,可以在此基础上做适当修改。

9.4 简单的动物识别专家系统

下面以一个动物识别专家系统为例,介绍产生式系统求解问题的过程。这个动物识别系统是识别金钱豹、虎、长颈鹿、斑马、鸵鸟、企鹅、信天翁 7 种动物的产生式系统。

9.4.1 知识库建立

首先根据这些动物识别的专家知识,建立如下产生式规则:

r_1: IF   该动物有毛发   THEN   该动物是哺乳动物

r_2: IF   该动物有奶   THEN   该动物是哺乳动物

r_3: IF   该动物有羽毛   THEN   该动物是鸟

r_4: IF   该动物会飞   AND   会下蛋   THEN   该动物是鸟

r_5: IF   该动物吃肉   THEN   该动物是食肉动物

r_6: IF   该动物有犬齿   AND   有爪

　　　　　　　　AND   眼盯前方

　　　　　　THEN 该动物是食肉动物

r_7: IF   该动物是哺乳动物   AND   有蹄   THEN   该动物是有蹄类动物

r_8: IF   该动物是哺乳动物   AND   是反刍动物   THEN   该动物是有蹄类动物

r_9: IF   该动物是哺乳动物   AND   是食肉动物

　　　　　　　　AND   是黄褐色

　　　　　　　　AND   身上有暗斑点

　　　　　　THEN   该动物是金钱豹

r_{10} : IF　该动物是哺乳动物　AND　是食肉动物

　　　　　　　　　　　　AND　是黄褐色

　　　　　　　　　　　　AND　身上有黑色条纹

　　　　　　　　　　　　THEN　该动物是虎

r_{11} : IF　该动物是有蹄类动物　AND　有长脖子

　　　　　　　　　　　　AND　有长腿

　　　　　　　　　　　　AND　身上有暗斑点

　　　　　　　　　　　　THEN　该动物是长颈鹿

r_{12} : IF　该动物是有蹄类动物　AND　身上有黑色条纹　THEN　该动物是斑马

r_{13} : IF　该动物是鸟　AND　有长脖子

　　　　　　　　　AND　有长腿

　　　　　　　　　AND　不会飞

　　　　　　　　　AND　有黑白二色

　　　　　　　　　THEN　该动物是鸵鸟

r_{14} : IF　该动物是鸟　AND　会游泳

　　　　　　　　　AND　不会飞

　　　　　　　　　AND　有黑白二色

　　　　　　　　　THEN　该动物是企鹅

r_{15} : IF　该动物是鸟　AND　擅飞　THEN　该动物是信天翁

由上述产生式规则可以看出,虽然该系统是用来识别 7 种动物的,但它并不只是设计 7 条规则,而是设计了 15 条规则。其基本想法是:首先根据一些比较简单的条件,如"有毛发""有羽毛""会飞"等,对动物进行比较粗的分类,如"哺乳动物""鸟"等;然后随着条件的增加,逐步缩小分类范围;最后给出识别 7 种动物的规则。这样做起码有两个好处:一是当已知的事实不完全时,虽不能推出最终结论,但可以得到分类结果;二是当需要增加对其他动物(如牛、马等)的识别时,规则库中只需增加关于这些动物个性方面的知识,如 $r_9 \sim r_{15}$ 那样,而对 $r_1 \sim r_8$ 可直接利用,这样增加的规则就不会太多。$r_1, r_2, \cdots, r_{15}$ 分别是各产生式规则的编号,以便于对它们的引用。

9.4.2　综合数据库建立和推理过程

设在综合数据库中存放了下列初始事实:

该动物有：暗斑点，长脖子，长腿，奶，蹄

这里采用正向推理，从第一条规则（即 r_1）开始依次逐条取规则进行匹配，即取综合数据库中的已知事实与知识库中的规则的前件进行匹配。当推理开始时，推理机的工作过程如下。

（1）从知识库中取出第一条规则 r_1，检查其前件是否可与综合数据库中的已知事实匹配成功。由于综合数据库中没有"该动物有毛发"这一事实，所以匹配不成功，r_1 不能被用于推理。然后取第二条规则 r_2 进行同样的工作。显然，r_2 的前件"该动物有奶"可与综合数据库中的已知事实匹配。再检查 $r_3 \sim r_{15}$，均不能匹配。因为最终只有 r_2 一条规则被匹配，所以 r_2 被执行，并将其结论部分"该动物是哺乳动物"加入综合数据库；然后将 r_2 标注为已经被选用过的规则，避免它下次再被匹配。

此时综合数据库的内容变为

该动物有：暗斑点，长脖子，长腿，奶，蹄

该动物是：哺乳动物

检查综合数据库中的内容，没有发现要识别的任何一种动物，所以要继续进行推理。

（2）分别用 r_1、r_3、r_4、r_5、r_6 与综合数据库中的已知事实进行匹配，均不成功。但是当用 r_7 进行匹配时获得了成功。再检查 $r_8 \sim r_{15}$，均不能匹配。因为最终只有 r_7 一条规则被匹配，所以执行 r_7，并将其结论部分"该动物是有蹄类动物"加入综合数据库；然后将 r_7 标注为已经被选用过的规则，避免它下次再被匹配。

此时综合数据库的内容变为

该动物有：暗斑点，长脖子，长腿，奶，蹄

该动物是：哺乳动物，有蹄类动物

检查综合数据库中的内容，没有发现要识别的任何一种动物，所以还要继续进行推理。

（3）在此之后，除已经匹配过的 r_2、r_7 外，只有 r_{11} 可与综合数据库中的已知事实匹配成功，所以将 r_{11} 的结论加入综合数据库，此时综合数据库的内容变为

该动物有：暗斑点，长脖子，长腿，奶，蹄

该动物是：哺乳动物，有蹄类动物，长颈鹿

检查综合数据库中的内容，发现要识别的动物"长颈鹿"包含在综合数据库中，所以推出了"该动物是长颈鹿"这一最终结论。至此，问题的求解过程就结束了。

上述问题的求解过程是一个不断地从规则库中选择可用规则与综合数据库中的已知事实进行匹配的过程，规则的每一次成功匹配都使综合数据库增加了新的内容，并朝

着问题的解决方向前进了一步。这一过程称为推理,是专家系统中的核心内容。当然,上述过程只是一个简单的推理过程,实际的专家系统要复杂得多,不仅知识的数量很大,而且知识或者事实是不确定的,在推理中可能存在冲突。

可以使用普通编程语言(如 C、C++)中的 if 语句实现这个系统,但当规则较多时会产生新的问题。例如,检查哪条规则被匹配需要用很长时间遍历所有规则,因此,采用快速算法(如 RETE)匹配规则触发条件的专用产生式系统已经被开发出来。这种系统内嵌了消解多个冲突的算法。近年来,有人开发了专门用于计算机游戏开发的 RC++ ,它是 C++ 语言的超集,加入了控制角色行为的产生式规则,提供了反应式控制器的专用子集。

9.5　专家系统开发工具——骨架系统

9.5.1　骨架系统的概念

专家系统的开发是一件复杂、困难、费时的工作。为了提高专家系统开发的效率,缩短开发周期,就需要使用专家系统开发工具,以利用其提供的计算机辅助开发手段和环境。

专家系统的一个特点是知识库与系统其他部分的分离。知识库是与待求解问题的领域密切相关的;而推理机等则与具体领域独立,具有通用性。为此,人们将描述领域知识的规则等从原系统中"挖掉",只保留其知识表示方法和与领域无关的推理机等部分,就得到了一个专家系统的骨架系统,它保留了原有系统的主要框架。

骨架系统是由已有的成功的专家系统演化而来的。它去掉了原系统中具体的领域知识,而保留了原系统的体系结构和功能,再把领域专用的界面改为通用界面。

在骨架系统中,知识表示模式、推理机制都是普遍适用的。利用骨架系统作为开发工具,只要将新的领域知识用骨架系统规定的模式表示出来并装入知识库就可以了。

9.5.2　EMYCIN 骨架系统

EMYCIN 骨架系统是由 MYCIN 系统抽去原有的医学领域知识,保留骨架而形成的系统。

MYCIN 系统是由斯坦福大学的费根鲍姆教授于 1972 年开始研制的用于对细菌感染性疾病进行诊断和治疗的专家系统。MYCIN 的功能是帮助内科医生诊断细菌感染性疾病,并给出建议性的诊断结果和处方。MYCIN 系统是将产生式规则从通用问题求解的研究转移到解决专门问题的一个成功的典范,在专家系统的发展史中占有重要的地位,许多专家系统就是在它的基础上建立起来的。

MYCIN系统的结构如图9.2所示。从中可以看出,MYCIN系统主要由咨询、解释和知识获取3个模块以及知识库、综合数据库组成。它采用产生式规则表达知识,并采用目标驱动的反向推理控制策略,特别适合开发领域咨询、诊断型专家系统。

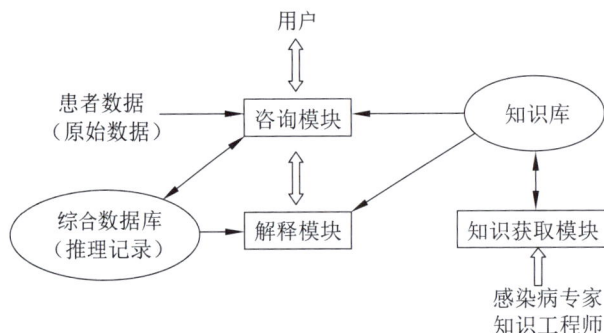

图9.2 MYCIN系统的结构

EMYCIN系统具有MYCIN系统的全部功能,具体如下。

(1) 解释程序。 系统可以向用户解释推理过程。

(2) 知识编辑程序及类英语的简化会话语言。EMYCIN系统提供了一个开发知识库的环境,使得开发者可以使用比LISP更接近自然语言的规则语言来表示知识。

(3) 知识库管理和维护手段。EMYCIN系统提供的开发知识库的环境还可以在知识编辑及输入时进行语法、一致性、是否矛盾和包含等检查。

(4) 跟踪和调试功能。EMYCIN系统还提供了有价值的跟踪和调试功能,在此过程中的状况都被记录并保留下来。

EMYCIN系统的工作过程分两步。第一步为专家系统建立过程。在该过程中,首先由知识工程师输入专家知识,由知识获取模块把知识形式化,并对知识进行语法和语义检查,建立知识库。然后知识工程师调试并修改知识库。知识库调试正确后,一个用EMYCIN系统构造的专家系统即可交付使用。第二步为咨询过程。在该过程中,咨询用户提出的目标假设,推理机根据知识库中的知识进行推理,最后提出建议,辅助用户做出决策,并通过解释模块向用户解释推理过程。

EMYCIN系统已用于建造医学、地质、工程、农业和其他领域的诊断型专家系统。图9.3列出了利用EMYCIN系统开发的一些专家系统。

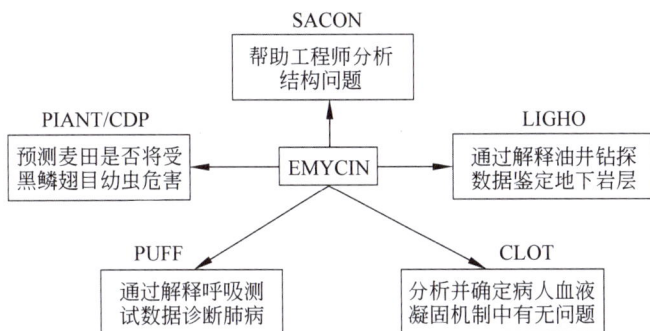

图 9.3　EMYCIN 系统的应用

9.5.3　KAS 骨架系统

　　KAS 骨架系统是由 PROSPECTOR 系统抽去原有的地质勘探知识而形成的。当把某个领域知识用 KAS 系统要求的形式表示出来并输入知识库后,它就成为一个可用 PROSPECTOR 的推理机求解问题的专家系统。

　　PROSPECTOR 是美国斯坦福研究所于 1976 年开始研制的著名的地质勘探专家系统。该系统采用 LISP 语言编写。1980 年,PROSPECTOR 系统探测到价值 1 亿美元的钼矿淀积层,带来了巨大的经济效益。目前它已成为世界上公认的著名专家系统之一。

　　PROSPECTOR 系统由推理网络、匹配器、传送器、英语分析器、问答系统、解释系统、分析器、知识获取系统、网络编译程序和知识库组成,其结构如图 9.4 所示。

　　PROSPECTOR 系统用语义网络表达知识。知识库由术语文件和模型文件组成。推理网络具有层次结构,采用自上而下的目标驱动推理控制策略,采用似然推理、逻辑推理、上下文推理相结合的推理方法。

　　KAS 系统采用产生式规则和语义网络相结合的知识表达方法及启发式混合推理控制策略。KAS 系统在推理过程中的推理方向是不断改变的,其推理过程大致如下:在 KAS 系统提示下,用户以类似自然语言的形式输入信息。KAS 系统对其进行语法检查并将正确的信息转换为语义网络形式,然后与表示成语义网络形式的规则的前提条件相匹配,从而形成一组候选目标,并根据用户输入的信息使各候选目标得到不同的评分。接着 KAS 系统从这些候选目标中选出一个评分最高的候选目标进行反向推理。只要一条规则的前提条件不能直接被证实或被否定,则反向推理就一直进行下去;当有证据表明某个规则的前提条件不可能有超过一定阈值的评分时,就放弃沿这条路线进行的推理,而选择其他的路线。

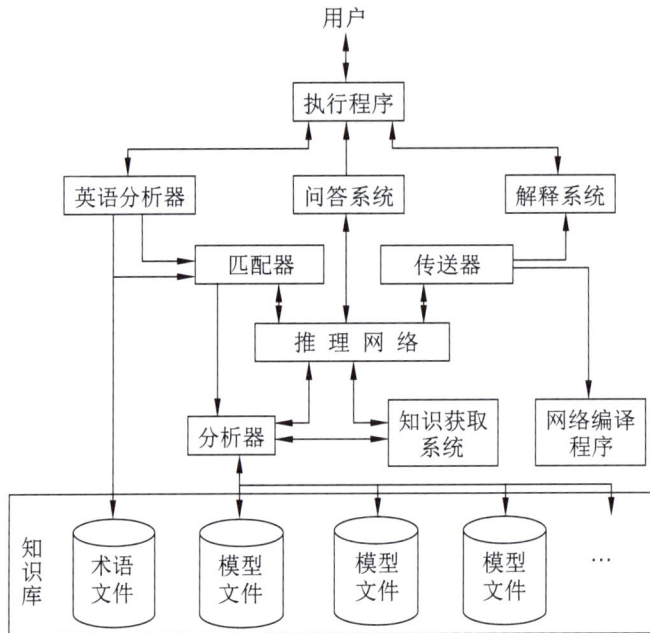

图 9.4 PROSPECTOR 系统的结构

KAS 系统提供了一些辅助工具,如知识编辑系统、解释系统、回答系统、英语分析器等,用来开发和测试规则和语义网络。

KAS 系统有功能很强的网络编译程序和网络匹配程序。网络编译程序可以用来把用户输入的信息转换为相应的语义网络,并可用来检测语法错误和一致性等。网络匹配程序用于分析任意两个语义网络之间的关系,看其是否具有等价、包含、相交等关系,从而决定这两个语义网络是否匹配;同时,它还可以用来检测知识库中的知识是否存在矛盾、冗余等。

KAS 系统适用于开发解释型专家系统,其典型应用如图 9.5 所示。

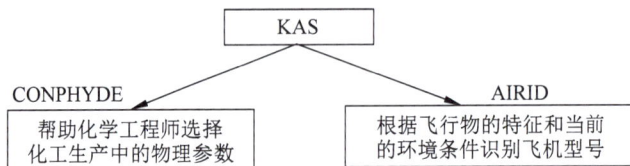

图 9.5 KAS 系统的典型应用

以上讨论了两种典型的骨架系统。用骨架系统开发领域专家系统可以大大减少开发的工作量。但骨架系统也存在一定的问题,主要问题是骨架系统只适用于建造与之类似的专家系统,这是因为其推理机制和控制策略是固定的,所以局限性较大,灵活性差。

9.6 专家系统开发环境

专家系统开发环境又称为专家系统开发工具包,它可为专家系统的开发提供多种方便的构件,例如知识获取的辅助工具、适用于各种知识结构的知识表示模式、各种不确定推理机制、知识库管理系统以及各种辅助工具、调试工具等。目前,国内外已有的专家系统开发环境有 AGE、KEE 等。这里只简要地介绍 AGE。

AGE 是斯坦福大学研制的专家系统开发环境。它是一种典型的模块组合式开发工具包。AGE 为用户提供了一个通用的专家系统结构框架,并将该框架分解为许多在功能和结构上较为独立的组件。这些组件已预先编制成标准模块,放在系统中。人们应用 AGE 已经开发了一些专家系统,主要用于医疗诊断、密码翻译、军事科学方面。

可以用许多程序设计语言开发专家系统。Prolog 和 LISP 是两种早期的人工智能程序设计语言。用 Prolog、LISP 编写的专家系统一般难以嵌入用其他语言编写的程序。

为了克服 Prolog、LISP 运行速度慢、可移植性差、解决复杂问题能力差等问题,1984 年,美国航空航天局约翰逊空间中心推出 CLIPS(C Language Intergrated Production System,C 语言集成产生式系统),它是一个基于 Rate 算法的前向推理语言,用标准 C 语言编码,具有较高的可移植性、可扩展性、知识表达能力,开发成本较低。

选择人工智能程序设计语言的一个重要考虑是语言提供的工具。由于可移植性、效率和速度等原因,许多专家系统工具现在都用 Python、C/C++、Java 等语言编写。由于面向对象程序设计语言以其类、对象、继承等机制与人工智能的知识表示、知识库等产生了自然的联系,因而,现在面向对象程序设计语言也开始应用于人工智能程序设计,特别是专家系统程序设计。

Python 语言是荷兰的计算机编程人员吉多·范罗苏姆(Guido van Rossum)于 1989 年设计的。Python 一开始便受到范罗苏姆的同事的欢迎。他们迅速地反馈使用意见,并参与到 Python 的改进中。由此,范罗苏姆和一些同事组成 Python 的核心团队,他们将自己大部分的业余时间用于完善 Python,并逐步将 Python 推广到世界各地。

9.7　本章小结

专家系统是基于知识的系统,用于在某种特定的领域中运用领域专家多年积累的经验和专业知识求解需要专家才能解决的困难问题。

专家系统具有专家级的专业知识,能进行有效的推理,具有启发性、灵活性、透明性、交互性等特点。

专家系统本身是一个程序,但它与传统程序不同。

专家系统一般包括知识库、推理机、综合数据库、知识获取机构、解释机构和人机接口 6 部分。

骨架系统抽掉了已成功应用的专家系统中具体的领域知识,而保留了原系统的体系结构和功能,再把领域专用的界面改为通用界面。在骨架系统中,知识表示模式、推理机制都是确定的。利用骨架系统作为开发工具,只要将新的领域知识用骨架系统规定的模式表示出来并装入知识库就可以了。

讨论题

9.1　什么是专家系统？它有哪些基本特征？

9.2　专家系统由哪几部分组成？各部分的功能和结构如何？

9.3　专家系统与传统程序有何不同和相似之处？

9.4　专家系统的主要类型和主要的应用领域有哪些？

9.5　描述专家系统中常用的正向推理和反向推理的算法流程。

9.6　当前专家系统发展的瓶颈是什么？

第 **10** 章

自然语言理解

比尔·盖茨说："语言理解是人工智能皇冠上的明珠。"如果计算机能够理解、处理自然语言，将是计算机技术的一项重大突破。自然语言理解的研究在应用和理论两方面都具有重大的意义。

本章首先介绍自然语言理解的概念以及发展历史，然后从应用角度介绍机器翻译和语音识别技术。

10.1 自然语言理解的概念与发展

> 1949 年 5 月 31 日，《纽约时报》兴奋地发布了一条新闻："一种新型的电子大脑不仅可以进行复杂的数学运算，而且可以翻译外文。它由位于加州大学的国家标准实验室研制。参加项目的科学家们说，他们将实现覆盖《韦伯斯特大学词典》(*Webster's Collegiate Dictionary*)6 万个单词的 3 种语言的翻译能力。"然而，机器翻译在当时遇到各种技术问题，最后只能无果而终。一个真正的机器翻译系统直到 1954 年 1 月才在美国乔治城大学开发成功。它虽然只包含了 6 条语法规则和 250 个单词，但能够把几十个俄语句子成功地翻译成英文，这在历史上还是第一次。

10.1.1 自然语言理解的概念

由于自然语言具有多义性、上下文相关性、模糊性、非系统性和环境相关性等，因此，自然语言理解(natural language understanding)至今尚无一致的定义。

从微观角度，自然语言理解是指从自然语言到机器内部表示形式的一个映射，通俗地说，就是自然语言与机器语言的一种转换。

从宏观角度，自然语言理解是指机器能够执行人类所期望的某些与语言相关的功能，这些功能主要包括如下几方面。

（1）回答问题。机器能正确地回答用自然语言输入的有关问题。

（2）文摘生成。机器能产生输入文本的摘要。

（3）释义。机器能用不同的词语和句型复述输入的自然语言信息。

（4）翻译。机器能把一种自然语言翻译成另一种自然语言。

10.1.2　自然语言理解的发展历史

自然语言理解的发展历史可以分为以下 5 个时期。

1. 萌芽时期

对自然语言理解的研究可以追溯到 20 世纪 40 年代末到 50 年代初。随着第一台计算机问世，英国数学家布思（A. Donald Booth）和美国数学家韦弗（W. Weaver）就开始了机器翻译方面的研究。当时的美国、苏联等国展开的英、俄互译研究工作开启了自然语言理解研究的早期阶段。在这一时期，美国语言学家乔姆斯基（A. N. Chomsky）提出了形式语言和形式文法的概念，把自然语言和程序设计语言置于相同的层面，用统一的数学方法解释和定义。乔姆斯基建立了转换生成文法，使语言学的研究进入了定量研究的阶段。乔姆斯基建立的文法体系仍然是目前自然语言理解中的文法分析必须依赖的文法体系，但它还不能处理复杂的自然语言问题。

由于 20 世纪 50 年代单纯地使用规范的文法规则，再加上当时计算机处理能力低下，机器翻译工作没有取得实质性进展。

乔姆斯基是麻省理工学院语言学的荣誉退休教授，他发表的《句法结构》（Syntactic Structures）被认为是 20 世纪理论语言学研究领域最伟大的贡献。1957 年，乔姆斯基出版《句法结构》，论证了语法的生成能力，把语法看成是能生成无限句子的有限规则系统。如今，转换生成语法已成为西方当代语言学理论中的基础性内容。

乔姆斯基从小便聪颖过人，16 岁入读宾夕法尼亚大学，在俄裔语言学家哈里斯（ZelligHarris）的影响下攻读语言学，深入研究现代希伯来语的词素音位学;在攻读博士学位期间,他在哈佛大学继续深耕语言学研究,最终完成后来使他收获巨大声誉的学术成就——转换生成语法理论。

2. 以关键词匹配技术为主的时期

从 20 世纪 60 年代开始,已经产生了一些自然语言理解系统,用来处理受限的自然语言子集。这些人机对话系统可以作为专家系统、办公自动化系统及信息检索系统等的自然语言人机接口,具有很大的实用价值。但这些系统大都没有真正意义上的文法分析,而主要依靠关键词匹配技术识别输入句子的意思。1968 年,美国麻省理工学院的拉菲尔(B. Raphael)开发的语义信息检索系统 SIR 能记住用户通过英语告诉它的事实,然后对这些事实进行演绎,回答用户提出的问题。美国麻省理工学院的魏泽鲍姆(J. Weizenbaum)设计的 ELIZA 系统能模拟心理医生(机器)同患者(用户)的谈话。在这些系统中,事先存放了大量包含某些关键词的模式,每个模式都与一个或多个解释(又叫响应式)相对应。系统将当前输入的句子同这些模式逐个匹配,一旦匹配成功,便立即得到了这个句子的解释,而不再考虑句子中那些非关键词成分对句子意思的影响。匹配成功与否只取决于句子模式中包含的关键词及其排列次序,非关键词不影响系统的理解,所以,基于关键词匹配的理解系统并非真正的自然语言理解系统,它既不懂文法,又不懂语义,只是一种近似匹配技术。这种方法最大的优点是允许输入的句子不一定遵循规范的文法,甚至可以是文理不通的句子。这种方法的主要缺点是技术的不精确性,往往会导致错误的分析。

3. 以句法-语义分析技术为主的时期

20 世纪 70 年代后,自然语言理解的研究在句法-语义分析技术方面取得了重要进展,出现了若干有影响的自然语言理解系统。例如,1972 年,美国 BBN 公司的伍兹(W. Woods)负责设计的 LUNAR 是第一个允许用户用普通英语同计算机对话的人机接口系统,用于协助地质学家查找、比较和评价阿波罗 11 号飞船带回来的月球标本的化学分析数据;同年,维诺格拉德(T. Winograd)设计的 SHEDLU 系统是一个在"积木世界"中进行英语对话的自然语言理解系统,它把句法、推理、上下文和背景知识灵活地结合于一体,模拟一条能够操纵桌子上的积木玩具的机器人手臂,用户通过人机对话方式命令机器人手臂放置那些积木玩具,系统通过屏幕给出回答并显示现场的相应情景。

4. 基于知识的自然语言理解发展时期

20 世纪 80 年代后,自然语言理解研究借鉴了许多人工智能和专家系统中的思想,引入了知识的表示和推理机制,使自然语言处理系统不再局限于单纯的语言句法和词法的研究,提高了系统处理的正确性,从而出现了一批商品化的自然语言人机接口和机器翻译系统,例如美国人工智能公司(AIC)的英语人机接口 Intellect 和美国弗雷公司的人机接口 Themis。在自然语言理解研究的基础上,机器翻译走出了低谷,出现了一些具有较高水平的机器翻译系统,例如美国的 META 系统和美国乔治敦大学的机器翻译系统 SYSTRAN,欧共体在后者的基础上实现了英、法、德、西、意及葡等多语对译。

5. 基于大规模语料库的自然语言理解发展时期

由于自然语言理解中的知识数量巨大,特别是由于它们高度的不确定性,要想把处理自然语言所需的知识都用现有的知识表示方法明确表达出来是不可能的。为了处理大规模的真实文本,研究人员提出了语料库语言学(corpus linguistics)。语料库语言学认为,语言学知识的真正源泉是来自生活的大规模的语言资料,自然语言理解的任务是使计算机能够自动或半自动地从大规模语料库中获取处理自然语言所需的各种知识。

20 世纪 80 年代,英国莱斯特(Leicester)大学利兹(G. Leech)教授领导的 UCREL 研究小组利用带有词类标记的语料库,经过统计分析得出了一个反映任意两个相邻标记出现频率的概率转移矩阵。他们设计的 CLAWS 系统依据这种统计信息(而不是系统内存储的知识)对 LOB 语料库的 100 万个词的语料进行词类的自动标注,准确率达 96%。

中国的机器翻译研究起步于 1957 年。中国是世界上第 4 个开始研究机器翻译的国家。20 世纪 70 年代中期以后有了进一步的发展。中国社会科学院语言研究所、中国科学技术情报研究所、中国科学院计算技术研究所、黑龙江大学、哈尔滨工业大学等单位都进行了机器翻译的研究。上机进行过实验的机器翻译系统已有十多个,翻译的语种和类型有英汉、俄汉、法汉、日汉、德汉等一对一的系统,也有汉译英法日俄德等一对多系统。此外,中国还建立了汉语语料库和科技英语语料库。中国机器翻译系统的规模正在不断扩大,内容正在不断完善。近年来,中国的一些互联网公司也发布了互联网翻译系统。

目前市场上已经出现了一些可以进行一定程度的自然语言处理的商品软件,但要让机器能像人类那样自如地运用自然语言,仍是一项长远而艰巨的任务。

10.2   语言处理过程的层次

语言虽然表示成一串文字符号或一串声音流,但其内部是一个层次化的结构,从语言的构成中就可以清楚地看出这种层次性。文字表达的句子的层次是"词素→词→句子",而声音表达的句子的层次是"音素→音节→词→句子",其中每个层次都受到文法规则的制约。因此,语言的处理过程也应当是一个层次化的过程。

许多现代语言学家把语言处理过程分为 3 个层次:词法分析、句法分析、语义分析。如果接收到的是语音流,那么在上述 3 个层次之前还应当加入一个语音分析层。对于更高层次的语言处理,在进行语义分析后,还应该进行语用分析。虽然这样划分的层次之间并非是完全隔离的,但这种层次划分更好地体现了语言本身的构成,并在一定程度上使得自然语言处理系统的模块化成为可能。

1. 语音分析

构成单词发音的最小独立单元是音素。对于一种语言,例如英语,必须将语音的不同单元识别出来并分组。在分组时,应该确保语言中的所有词都能被区分,两个不同的词最好由不同的音素组成。

语音分析是根据音位规则,从语音流中区分出各个独立的音素,再根据音位形态规则找出各个音节及其对应的词素或词。

语音以声波传送。首先,语音分析系统接收声波这种模拟信号,并从中抽取能量、频率等特征;然后,将这些特征映射为称为音素的语音单元;最后,将音素序列转换成单词序列。

语音的产生过程如下:首先将单词映射为音素序列,然后传送给语音合成器,将单词的声音从语音合成器发出。

2. 词法分析

词法分析是从句子中切分出词,找出词中的各个词素,从中获得单词的语言学信息并确定单词的词义。

不同的语言对词法分析有不同的要求。例如,英语和汉语在词法分析上就有较大的差异。

在英语等语言中,因为词之间是以空格自然分开的,切分一个词很容易,所以找出句子的各个词就很方便。但是,由于英语中的词有词性、数、时态、派生及变形等变化,要找出词中的各个词素就复杂得多,需要对词尾或词头进行分析。例如,importable 可以是 im-port-able 或 import-able,这是因为 im、port、able 这 3 个都是词素。词法分析可以从词素中获得许多有用的语言学信息,这些信息对于句法分析是非常有用的。例如,英语中构成词尾的词素 s 通常表示名词复数或动词第三人称单数,ly 通常是副词的后缀,而

ed 通常表示动词的过去分词等。另外,一个词可以有许多派生、变形。例如,work 可变化出 works、worked、working、worker、workable 等。如果将这些派生的、变形的词全放入词典,将使词典变得非常庞大。实际上它们的词根只有一个。自然语言理解系统中的电子词典一般只存放词根,并支持词素分析,这样可以大大压缩电子词典的规模。

在汉语中,每个字就是一个词素,所以要找出各个词素是相当容易的。但要切分出各个词就非常困难,不仅需要构词的知识,还需要解决可能遇到的切分歧义。

3. 句法分析

句法分析是对句子或短语结构进行分析,以确定构成句子的各个词、短语之间的关系以及它们在句子中的作用等,将这些关系用层次结构加以表达,并对句法结构进行规范化。

在计算机科学中,形式语言是基于某个字母表的一些有限字符串的集合,而形式文法是描述这个集合的一种方法。形式文法与自然语言中的文法相似。最常见的文法分类是乔姆斯基在 1950 年根据形式文法中所使用的规则集提出的。他定义了下列 4 种形式的文法:短语结构文法,又称 0 型文法;上下文有关文法,又称 1 型文法;上下文无关文法,又称 2 型文法;正则文法,又称 3 型文法。从 0 型到 3 型,所受约束依次增多,能表达的语言集依次变小,也就是描述能力依次变弱。但由于上下文无关文法和正则文法能够高效率地实现,因此它们成为上述 4 种文法中最重要的两种文法。

4. 语义分析

句法分析完成后,一般还不能理解被分析的句子,至少还需要对其进行语义分析。语义分析是把分析得到的句法成分与应用领域中的目标表示相关联。简单的做法就是依次使用独立的句法分析程序和语义解释程序。但这样做使得句法分析和语义分析相分离,在很多情况下无法决定句子的结构。为有效地实现语义分析,并能与句法分析紧密结合,研究者已经提出了多种语义分析方法,例如语义文法和格文法。

语义文法是将文法知识和语义知识组合起来,以统一的方式定义为文法规则集。语义文法不仅可以排除无意义的句子,而且具有较高的效率,可以忽略对语义没有影响的句法问题。但是,在实际应用该文法时需要很多文法规则,因此它一般适用于受到严格限制的领域。

格文法是为了找出动词和与动词处在结构关系中的名词的语义关系,同时也涉及动词或动词短语与其他的各种名词短语之间的关系。也就是说,格文法的特点是允许以动词为中心构造分析结果。格文法是一种有效的语义分析方法,有助于消除句法分析的歧义性,并且易于使用。

5. 语用分析

语用分析就是研究语言所处的外界环境对语言使用产生的影响。语用分析是自然语言理解中更高层次的内容。

10.3　机器翻译方法概述

机器翻译(Machine Translation,MT)系统的研究开发已经持续了 50 多年。起初,机器翻译系统主要是基于双语字典进行直接翻译,几乎没有句法结构分析。直到 20 世纪 80 年代,一些机器翻译系统采用了间接方法。在一种间接方法中,源语言文本被分析转换成抽象表达形式,随后利用一些程序,通过识别词结构(词法分析)和句子结构(句法分析)解决歧义问题。其中的一种方法是将抽象表达设计为一种与具体语种无关的中间语言,它可以作为许多自然语言的中介。这样,翻译就分成两个阶段:从源语言到中间语言,从中间语言到目标语言。另一种更常用的间接方法是将源语言表达转化为目标语言的等价表达形式。这样,翻译便分成 3 个阶段:首先,分析输入文本并将它表达为抽象的源语言;其次,将源语言转换成抽象的目标语言;最后,生成目标语言。

机器翻译系统可以分成以下 8 种类型。

1. 直译式机器翻译系统

直译式机器翻译系统(direct machine translation system)通过快速的分析和双语词典将原文译出,并且重新排列译文的词汇,以符合译文的句法。直译式机器翻译系统如图 10.1 所示。

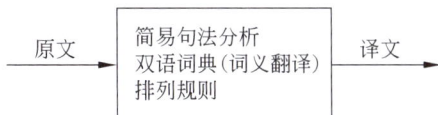

原文　→　简易句法分析 双语词典(词义翻译) 排列规则　→　译文

图 10.1　直译式机器翻译系统

许多著名的大型机器翻译系统本质上都是直译式机器翻译系统,如 Systran、Logos 和 Fujitsu Atlas。这些系统是高度模块化的,很容易被修改和扩展。例如,著名的 Systran 系统在开始设计时只能完成从俄语到英语的翻译,现在已经可以完成很多语种之间的互译。Logos 系统开始只能完成德语到英语的翻译,而现在可以将英语翻译成法语、德语、意大利语以及将德语翻译成法语和意大利语。只有 Fujitsu Atlas 系统至今仍局限于英日、日英的翻译。

2. 基于规则的机器翻译系统

基于规则的机器翻译系统(rule-based machine translation system)采用的方法是：先分析原文内容，产生原文的句法结构，再将其转换成译文的句法结构，最后生成译文。基于规则的翻译系统通过识别、标注兼类多义词的词类，对多义词的意义进行排歧(disambiguation)；对某些相同词性的多义词再按其词法规则的不同排歧。基于规则的机器翻译系统如图 10.2 所示。

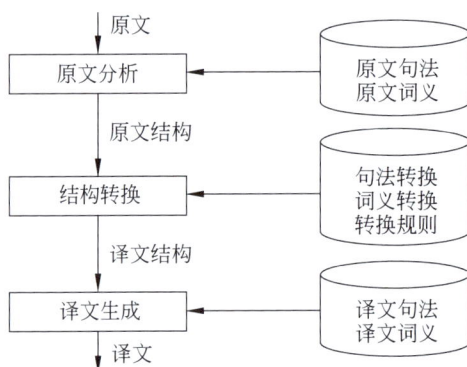

图 10.2　基于规则的机器翻译系统

3. 中间语言式机器翻译系统

中间语言式机器翻译系统(inter-lingual machine translation system)首先生成一种被称为中间语言的表达形式，而非特定语言的结构；再由中间语言的表达形式转换成译文。程序设计语言代码的编译常采取此策略。中间语言式机器翻译系统如图 10.3 所示。

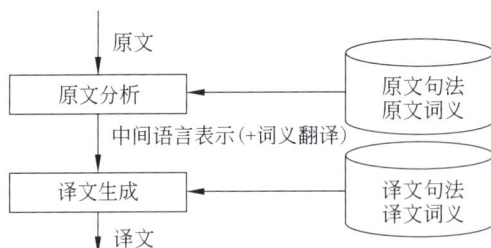

图 10.3　中间语言式机器翻译系统

最重要的大型机中间语言式机器翻译系统是 METAL。20 世纪 80 年代初期，德国西门子公司提供了大部分资金以支持 METAL 开发。该系统直到 20 世纪 80 年代末才面市。目前最有名的两个中间语言式机器翻译系统是法国格勒诺布尔(Grenoble)大学的 Ariane 和欧共体资助的 Eurotra,Ariane 有望成为法国国家机器翻译系统,而 Eurotra 是非常复杂的机器翻译系统之一。20 世纪 80 年代末,日本政府出资支持开发用于亚洲语言互译的中间语言系统,中国、泰国、马来西亚和印度尼西亚等国的研究人员均参加了这一项目。

4. 基于知识的机器翻译系统

基于知识的机器翻译系统(knowledge-based machine translation system)首先建立一个翻译需要的知识库,构成翻译专家系统。由于知识库的建立十分困难,因此目前此类研究多半有限定范围,并且使用知识获取工具自动或半自动地大量收集相关知识以充实知识库。

5. 基于统计的机器翻译系统

1994 年,IBM 公司的伯格(A. Berger)和布朗(P. Brown)等用统计方法和多种对齐技术设计了基于统计的机器翻译系统(statistics-based machine translation system)——Candide。

基于统计的机器翻译系统认为,源语言中的任何一个句子都可能与目标语言中的某些句子相似,这些句子的相似程度可能各不相同,机器翻译系统的任务是找到最相似的句子。

基于统计的机器翻译方法是在大量数据的基础上形成语料库,通过概率统计发现数据特征,建立数据模型,是一种建立在大数据之上的机器学习方法。

6. 基于范例的机器翻译系统

基于范例的机器翻译系统(example-based machine translation system)是将过去的翻译结果当成范例,产生一个范例库。在翻译一段文字时,参考范例库中近似的例子,并处理差异之处。

7. 翻译记忆

目前还没有任何机器翻译产品的效果能让人满意。对于专业翻译来说,目前广泛采用翻译记忆(Translation Memory,TM)技术。与期望完全替代人工翻译的机器翻译技术不同,翻译记忆实际上只起辅助翻译的作用,也就是计算机辅助翻译(Computer Aided Translation,CAT)。

翻译记忆是一种通过计算机软件实现的专业翻译解决方案,与机器翻译有着本质的区别。例如,欧盟每天都有大量的文件需要翻译成各成员国的文字,翻译工作量极大。

自 1997 年采用德国塔多思(TRADOS)公司的翻译记忆软件以来,欧盟的翻译工作效率大大提高。如今,欧盟、国际货币基金组织等国际组织,微软、SAP、Oracle 和德国大众等跨国企业,以及许多世界级翻译公司和产品本地化公司,都以翻译记忆软件作为信息处理的基本工具。

翻译记忆的基本原理是:用户利用已有的原文和译文,建立一个或多个翻译记忆库。在翻译过程中,系统自动搜索翻译记忆库中相同或相似的翻译资源(如句子、段落等),给出参考译文,使用户避免无谓的重复劳动,只需专注于新内容的翻译。翻译记忆库同时在后台不断学习和自动存储新的译文,变得越来越"聪明"。

由于翻译记忆实现的是原文和译文的比较和匹配,因此能够支持多语种的互译。以德国塔多思公司为例,该公司的产品基于 Unicode(统一字符编码),支持 55 种语言。

实际的机器翻译系统往往是混合式机器翻译系统(hybrid machine translation system),即同时采用多种翻译策略,以达到正确翻译的目标。

8. 神经机器翻译

神经机器翻译模拟人脑的翻译过程,近年来发展非常迅速,目前已经远远超过其他机器翻译技术,成为机器翻译的主流技术。长短期记忆(Long and Short Term Memory,LSTM)神经网络是一种对序列数据建模的神经网络,适合处理和预测序列数据。LSTM使用累加形式计算状态,这种累加形式使导数也是累加形式,避免了梯度消失,因此它在神经机器翻译中得到了广泛应用。目前,神经机器翻译领域主要研究如何提升训练效率和编解码能力以及建立双语对照的大规模数据集。

目前,网络上涌现了很多神经机器翻译的开源实现,例如 Groundhog(https://github.com/lisa-groundhog/GroundHog)。

下面介绍一种基于循环神经网络的神经机器翻译方法。

10.4 循环神经网络

10.4.1 循环神经网络的结构

Jordan Elman 等于 20 世纪 80 年代末提出了循环神经网络。

BP 神经网络和卷积神经网络等前馈神经网络都是从输入层到隐含层再到输出层,对于很多问题无法处理。例如,要预测句子的下一个词是什么,一般需要用到前面的词,因为一个句子中相邻的词并不是相互独立的。例如,x_{t-1},x_t,x_{t+1} 是输入,y_{t-1},y_t,y_{t+1}

是输出,如果输入"我是中国",即 $x_{t-1}=$ 我,$x_t=$ 是,$x_{t+1}=$ 中国,那么 $y_{t-1}=$ 是,$y_t=$ 中国,需要预测下一个词 y_{t+1} 最有可能是什么。我们可以想到 y_{t+1} 是"人"的概率比较大。

循环神经网络(Recurrent Neural Network,RNN)是一种对序列数据建模的神经网络,即一个序列当前的输出与前面的输出也有关。循环神经网络会对前面的信息进行记忆并应用于当前输出的计算中,因此循环神经网络适合处理和预测序列数据。

循环神经网络的结构如图 10.4 所示。

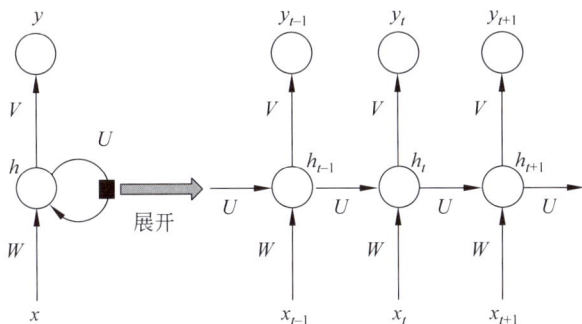

图 10.4　循环神经网络的结构

在图 10.4 中,每个圆圈可以看作一个单元,每个单元做的事情是一样的,因此图 10.4 中箭头右侧的部分可以折叠成左侧的部分的形式。

循环神经网络的整体结构就是其中一个单元的网络结构重复使用的结果,所以称为循环神经网络。与普通的神经网络相比,循环神经网络的不同之处在于:其隐含层之间的节点是有连接的,并且隐含层的输入不仅包括输入层的输出,还包括上一时刻隐含层的输出。这使得循环神经网络可以通过循环反馈连接保留前面所有时刻的信息,这赋予了循环神经网络记忆功能。这些特点使得循环神经网络非常适合用于对时序信号的建模。

10.4.2　循环神经网络的训练

循环神经网络的训练是一种基于时间的反向传播(Back Propagation Through Time,BPTT)算法。

BPTT 算法是针对循环层设计的训练算法,它的基本原理和 BP 学习算法是一样的,也包含同样的 3 个步骤。

(1)前向计算每个神经元的输出值。

(2)反向计算每个神经元的误差项值,它是误差函数 E 对神经元 j 的加权输入的偏导数。

(3) 计算每个权值的梯度。用随机梯度下降算法更新权值。

在一般神经网络中,各个网络层的参数不是共享的;而在循环神经网络中,所有层均共享同样的参数,只是输入不同,因此大大地减少了网络中需要学习的参数。

从循环神经网络的结构特征可以看出,它适合解决与时间序列相关的问题。可以将一个序列中不同时刻的数据依次传入循环神经网络的输入层,而输出可以是对序列中下一个时刻的数据的预测,也可以是对当前时刻数据的处理结果。

循环神经网络可以往前看,获得任意多个输入值,即输出 y 与输入序列 x_1 的前 t 个时刻都有关,这造成了它长期依赖的缺点。

10.4.3　长短期记忆神经网络

解决循环神经网络长期依赖问题最有效的方法是进行有选择的遗忘,同时也进行有选择的更新。1997 年,霍赫莱特(S. Hochreiter)和施密杜伯(J. Schmidhuber)提出的长短期记忆神经网络是循环神经网络的一种特殊类型。

所有循环神经网络都有一个重复结构的模型形式。在标准的循环神经网络中,重复的结构是一个简单的循环体,然而 LSTM 神经网络的循环体是拥有 4 个相互关联的全连接前馈神经网络的复制结构,如图 10.5 所示。

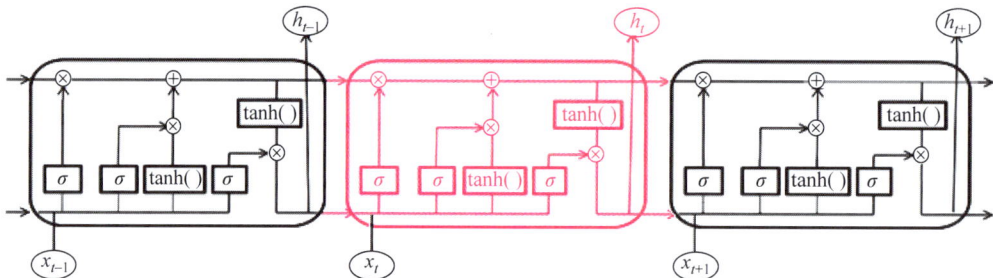

图 10.5　LSTM 神经网络结构

LSTM 神经网络利用 3 个门(gate)操作来管理和控制神经元的状态信息。LSTM 算法的第一步是用遗忘门层(forget gate layer)确定从上一个时刻的状态中丢弃什么信息;第二步是用输入门层(input gate layer)确定哪些输入信息要保存到神经元的状态中;第三步是更新上一时刻的状态 C_{t-1} 为当前时刻的状态 C_t;第四步是用输出门层(output gate layer)确定神经元的输出 h_t。总之,遗忘门决定的是先前步骤有关的重要信息,输入门层决定的是从当前步骤中添加哪些重要信息,输出门层次决定下一个隐藏状态是什么。

10.5　基于循环神经网络的机器翻译

　　循环神经网络是一种对序列数据建模的神经网络,成为常用的对句子进行编码的神经网络。

　　例如,给定源语言句子"Economic growth has slowed down in recent years"。如图 10.6 所示,循环神经网络在每个时刻,根据上一个时刻的隐含状态 h_{t-1} 和当前的输入 x_t 生成当前时刻的隐含状态 h_t,并基于当前时刻的隐含状态预测当前时刻的输出。

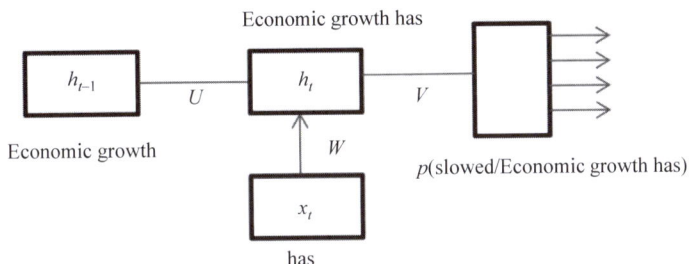

图 10.6　循环神经网络示例

　　首先将句子里的第一个词"Economic"输入循环神经网络,产生第一个隐含状态 h_1,此时隐含状态 h_1 便包含了第一个词"Economic"的信息。下一步输入第二个词"growth",循环神经网络将第二个词的信息同第一个隐含状态 h_1 进行融合,产生第二个隐含状态 h_2,此时第二个隐含状态 h_2 便包含了前两个词"Economic growth"的信息。用同样的方法依次将源语言句子中的所有词输入循环神经网络,每输入一个词,都同前一时刻的隐含状态进行融合,产生一个包含当前词的信息和前边所有词的信息的新的隐含状态。

　　当把整个句子所有的词输入进去之后,最后的隐含状态理论上包含了所有词的信息,便可以作为整个句子的语义向量表示,该语义向量称为源语言句子的上下文向量。

　　图 10.7 是基于源语言句子编码表示的循环神经网络翻译模型示例。

　　编码器将源语言句子编码为一个上下文向量 C_t。解码器的任务是根据编码器生成的上下文向量生成目标语言句子的符号化表示。

　　给定源语言的上下文向量,解码器首先产生第一个隐含状态 s_1,并基于该隐含状态预测第一个目标语言词"近",然后将第一个目标语言词"近"作为下一个时刻的输入,连同第一个隐含状态 s_1 以及上下文向量 C_t 产生第二个隐含状态 s_2,该隐含状态包含了目

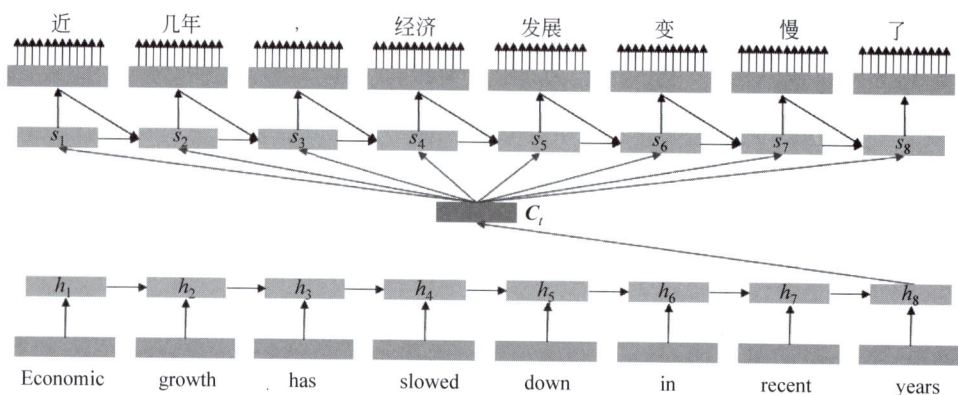

图 10.7　循环神经网络翻译模型示例

标语言句子第一个词"近"的信息和源语言句子的信息,它用来预测目标语言句子第二个词"几年"。第二个目标语言词"几年"会被再次作为输入以产生第三个隐含状态 s_3。如此循环下去,直到预测到一个句子的结束符</S>为止。

10.6　语音识别

10.6.1　语音识别的概念

用语音实现人与计算机之间的交互,主要涉及语音识别(speech recognition)、自然语言理解和语音合成(speech synthesis)技术。语音识别完成语音到文字的转换,自然语言理解完成文字到语义的转换,语音合成用语音方式输出用户想要的信息。

语音控制是人机接口发展历史中的重大突破。虽然它在研究初期进展十分缓慢,但现在已经有许多场合允许使用者用语音对计算机发命令。例如,对着手机说"给某某打电话",手机就自动拨号了。但是,目前还只能使用有限词汇的简单句子,因为计算机还无法接受复杂句子的语音命令。因此,需要研究基于自然语言理解的语音识别技术。随着手机、耳机、可穿戴设备和智能家居的语音识别功能和应用的改进,语音控制应用会越来越广泛。

相对于机器翻译,语音识别是更加困难的问题。机器翻译系统的输入通常是印刷文本,计算机能清楚地区分词和词串。而语音识别系统的输入是语音,其复杂度要大得多,特别是口语有很多的不确定性。人与人交流时,往往是根据上下文提供的信息猜测对方所说的是哪一个单词,还可以根据对方的音调、面部表情和手势等得到很多信息。特别是说话者会经常更正说过的话,而且会使用不同的词重复某些信息。显然,要使计算机像人一样识别语音是很困难的。

语音识别分两种情况:一种情况是判断说话的人是谁。如果你对某个人非常熟悉,那么就可以通过只听声音而辨别那个人。如果用声学仪器测绘声波频谱,那么每个人的声波频谱都会不一样,这就是声纹。研究表明,成年人的声音可保持长期相对稳定不变,无论讲话者是故意模仿他人声音和语气还是耳语轻声讲话,声纹都始终相同。这就是语音识别中的特定人识别。另一种情况是只需要听清楚某个人说了什么,而不管他是谁。这就是语音识别中的非特定人识别。通俗地说,特定人的语音识别是要识别说话人是谁,而非特定人语音识别是要识别说话人说的是什么话。

按照服务对象划分,针对某个用户的语音识别系统称为特定人的语音识别,针对任何人的语音识别系统则称为非特定人的语音识别。

下面将简要介绍语音识别的基本过程,包括语音信号的采集与预处理、特征参数提取、向量量化与识别等主要过程,然后简要介绍一些当前的主要语音识别方法。

10.6.2　语音识别的主要过程

语音识别过程包括从一段连续声波中采样,将每个采样值量化,得到声波的压缩数字化表示。采样值位于重叠的帧中,对于每一帧,抽取一个描述频谱内容的特征向量。然后,根据语音信号的特征识别语音所代表的词。

1. 语音信号的采集

语音信号采集是语音信号处理的前提。语音通常通过话筒输入计算机。话筒将声波转换为电压信号,然后通过模数(A/D)转换装置(如声卡)进行采样,从而将连续的电压信号转换为计算机能够处理的数字信号。

目前多媒体计算机已经非常普及,声卡、音箱、话筒等已是 PC 的基本设备。其中,声卡是计算机对语音信号进行加工的重要部件,它具有对信号进行滤波、放大、模数转换和数模转换等功能。而且,现代操作系统都附带录音软件,通过它可以驱动声卡采集语音信号并保存为语音文件。

对于现场环境不好或者空间受到限制的情况,特别是对于许多专用设备,目前广泛采用基于单片机、DSP(Digital Signal Processing,数字信号处理)芯片的语音信号采集与处理系统。

2. 语音信号预处理

语音信号在采集后首先要进行滤波、模数转换、预加重(preemphasis)和端点检测等预处理,然后才能进入识别、合成、增强等实际应用环节。

根据香农采样定理,当信号的频率高于 $f_s/2$(f_s 为采样频率)时,频谱会发生混叠。因此,滤波的目的有两个:一是抑制输入信号中频率超出 $f_s/2$ 的所有频域分量,以防止混叠干扰;二是抑制 50Hz 的电源工频干扰。因此,这里的滤波器应该是一个带通滤波器。带通滤波器是指能让某一频段的信号通过,而把其他信号的幅值衰减到很低的滤波器。

模数转换是将语音模拟信号转换为数字信号。在模数转换中要对信号进行量化,量化后的信号值与原信号值之间的差值为量化误差,又称为量化噪声。

预加重处理的目的是提升高频部分,使信号的频谱变得平坦,保持在从低频到高频的整个频带中能用同样的信噪比求频谱,便于频谱分析。

端点检测是从包含语音的一段信号中确定语音的起点和终点。有效的端点检测不仅能减少处理时间,而且能排除无声段的噪声干扰。目前主要有两类端点检测方法:时域特征方法和频域特征方法。时域特征方法利用语音音量和过零率进行端点检测,计算量小,但对气音会造成误判,而且不同的音量计算也会造成检测结果不同。频域特征方法利用声音的频谱的变异和熵的计算进行语音检测,计算量较大。

3. 语音信号的特征参数提取

人说话的频率在 10kHz 以下。根据香农采样定理,为了使语音信号的采样数据中包含词的完整信息,计算机的采样频率应是语音信号中包含的最高频率的两倍以上。一般将信号分割成若干块,信号的每个块称为帧。为了保证可能落在帧边缘的重要信息不会丢失,应该使帧有重叠。例如,当使用 20kHz 的采样频率时,标准的一帧为 10ms,包含 200 个采样值。

话筒等语音输入设备可以采集到语音信号波形。虽然这些语音的波形包含了词的信息,但用肉眼观察这些波形却得不到多少信息。因此,需要从采样数据中抽取那些能够帮助辨别词的特征信息。

声波的采样数据可以绘制成一个平面图,x 轴表示时间,y 轴表示振幅,如图 10.8 所示。声波有两个主要特征:振幅和频率。图 10.8 所示的声波波形实际上由 3 个正弦波叠加组成,但用肉眼很难分辨。为了能够看清楚声波中包含的主要频率波形,通常将采样信号经过傅里叶变换得到相应的频谱,再从频谱中看出波形中与不同音素匹配的主控频率组成成分。图 10.9 是图 10.8 所示的声波波形的频谱,清楚地显示了这段声音波形包含的正弦波的振幅和频率。可以看出,这段声波中主要有 3 个正弦波,它们的幅值分别是 3 个峰值的幅值,频率分别是 3 个峰值对应的频率。

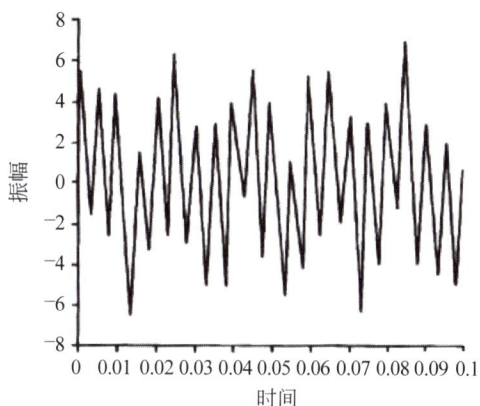

图 10.8 声波波形

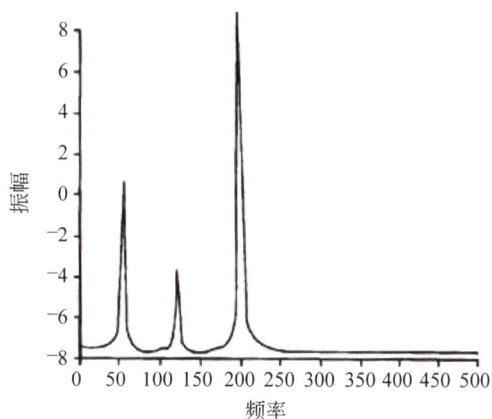

图 10.9 声波频谱

4. 向量量化

向量量化(Vector Quantization,VQ)技术是 20 世纪 70 年代后期发展起来的一种数据压缩和编码技术。

在标量量化中,整个动态范围被分成若干小区间,每个小区间有一个代表值,对于一个输入的标量信号,量化时落入小区间的值就用这个代表值代替。因为这时的信号量是标量,所以叫标量量化。例如,将 $[0,4]$ 区间分为 4 个小区间,如果输入的值为 2.5,则用

2.5 所在的区间的代表值 3 代替 2.5。

举一个日常生活中的例子：人的年龄通常用岁数表示，但一个人某时的实际年龄是精确到天，甚至是时分的，这就是标量量化。假设某个人的实际年龄是 18 岁 3 个月 12 天 15 小时。如果量化区间是年，则他的年龄是 18 岁；如果量化区间是月，则他的年龄是 18 岁 3 个月；以此类推。

和标量量化类似，向量量化是把向量空间分成若干小区域，每个小区域有一个代表向量，量化时落入小区域的向量就用这个代表向量代替。

例如，人的身高、体重组成一个平面(二维向量空间)。若干人的身高、体重在同一个区域内，则量化时就用一个代表值代替，这就是二维向量的量化。

向量量化的基本原理是将若干标量数据组成一个向量(或者是从一帧语音数据中提取的特征向量)，在多维空间将其整体量化，从而可以在信息量损失较小的情况下压缩数据量。

5. 识别

当提取了语音特征集合以后，就可以识别这些特征所代表的词。

10.6.3 语音识别的经典方法

语音识别的经典方法是统计方法，主要有模板匹配法、随机模型法和概率语法分析法 3 种。这 3 种方法都是建立在概率论与数理统计的基础上的。

(1) 模板匹配法。在训练阶段，用户将词汇表中的每一个词依次说一遍，并且将其特征向量作为模板(template)存入模板库。在识别阶段，将输入语音的特征向量序列依次与模板库中的每个模板进行相似度比较，将相似度最高者作为识别结果输出。

(2) 随机模型法。这种方法的代表是隐马尔可夫模型。语音信号在足够短的时间段上的信号特征近于稳定，而总的过程可看成相对稳定的某一特性依次过渡到另一特性。隐马尔可夫模型用概率论与数理统计的方法描述这样一种时变的过程。

(3) 概率语法分析法。这种方法用于较长的连续语音识别。语音学家通过研究不同的语音语谱图及其变化发现，虽然不同的人说同一些语音时相应的语谱及其变化有种种差异，但是总有一些共同的特点足以使它们区别于其他语音，即语音学家提出的区别性特征。另外，人类的语言要受词法、语法、语义等约束，人在识别语音的过程中充分应用了这些约束以及对话环境的有关信息。于是，将语音识别专家提出的区别性特征与词法、句法、语义等约束相互结合，就可以构成一个自底向上或自顶向下交互作用的知识系统，不同层次的知识可以用若干规则描述。

10.6.4　语音识别的深度学习方法

上面 3 种语音识别方法都属于统计语音识别方法。目前,基于人工神经网络的语音识别方法是语音识别的主流技术和研究热点。特别是深度学习方法,近年来在智能语音领域得到了广泛应用,取得了突出效果。

基于深度学习的语音识别方法通过深度神经网络模型的非线性建模能力建立源说话人和目标说话人之间的映射关系,实现说话人个性信息的转换。由于深度神经网络具有较强的处理高维数据的能力,所以可以直接使用原始高维的谱包络特征训练模型,能够提高转换语音的质量。

目前用于语音识别研究的比较典型的深度神经网络包括受限玻尔兹曼机、深度置信神经网络、长短期记忆神经网络、深度卷积神经网络等。

10.7　本章小结

自然语言理解是指机器能够执行人类所期望的某种与语言相关的功能,包括回答问题、文摘生成、释义和翻译。

自然语言理解的 5 个层次是语音分析、词法分析、句法分析、语义分析和语用分析。

词法分析是从句子中切分出词,找出词中的各个词素,从中获得单词的语言学信息并确定单词的词义。

机器翻译系统可以分成下列几种类型:直译式、规则式、中间语言式、知识库式、统计式、范例式。

翻译记忆是用户利用已有的原文和译文建立一个或多个翻译记忆库。在翻译过程中,系统自动搜索翻译记忆库中相同或相似的翻译资源(如句子、段落等),给出参考译文,使用户避免重复劳动,只需专注于新内容的翻译。翻译记忆库同时在后台不断学习并自动存储新的译文,变得越来越"聪明"。

语音识别包括语音信号的采集与预处理、特征参数提取、向量量化与识别等。语音识别采用的方法一般有模板匹配法、随机模型法和概率语法分析法 3 种。

基于深度学习的语音识别是目前语音识别的主流技术和研究热点。

讨论题

10.1　什么是自然语言理解?

10.2　自然语言理解过程有哪些层次? 各层次的功能如何?

10.3　什么是机器翻译? 机器翻译有几种主要类型?

10.4　简述基于循环神经网络的机器翻译的基本思想。

10.5　什么是语音识别? 语音识别有哪几种主要方法?

第 **11** 章

计算机视觉

　　类比于人的视觉系统,计算机视觉是一门研究如何对数字图像或视频进行高层理解的交叉学科。从人工智能的角度,计算机视觉要赋予计算机"看"的智能,与语音识别赋予计算机"听"的智能类似,都属于智能感知的范畴。从工程角度,计算机视觉是用计算机实现人类视觉系统的功能。本章简述计算机视觉的概念、主要研究内容,介绍计算机视觉中涉及的几种数字图像,简要介绍基于深度学习的计算机视觉方法,最后介绍计算机视觉在人脸识别、虹膜识别等生物特征识别中的应用。

11.1　计算机视觉概述

　　人类的视觉。请说说你是如何从一幅图像中观察到一辆车的。因为人是拥有视觉的生物,所以人们很容易误认为"计算机视觉也是一种很简单的任务"。人类的大脑将视觉信号划分为许多通道,以便让不同的信息流输入大脑。大脑已经被证明有一套注意力系统,在基于任务的方式上,通过图像的重要部分检验其他区域的估计。在视觉信息流中存在巨量的信息反馈,并且到现在人们对此过程也知之甚少。肌肉控制的感知器和其他所有感官都存在着广泛的相互联系,这让大脑能够利用人在世界上多年生活经验所产生的交叉联想,大脑中的反馈循环将反馈传递到每一个感官处理,包括人体的感知器官(眼睛),通过虹膜从物理上控制光线的量来调节视网膜对物体表面的感知。

　　计算机视觉究竟有多困难呢? 本章先管窥一下。

　　计算机视觉是一类类似于人眼的新型检测方法,对采集的图片或视频进行处理以获得相应场景的三维信息,具有非常广阔的应用。越来越多的计算机视觉系统开始走入人们的日常生活中,例如车牌识别、指纹识别、人脸识别、视频监控、自动驾驶、人体动作的视觉识别系统、工业视觉检测识别系统、智能移动机器人、增强现实系统、生物医学影像检测和识别系统等。

什么是计算机视觉?这里给出几个比较严谨的定义:

(1) 对图像中的客观对象构建明确而有意义的描述。

(2) 从一个或多个数字图像中计算三维世界的特性。

(3) 基于感知图像作出对客观对象和场景有用的决策。

目前,计算机视觉是深度学习领域最热门的研究领域之一。计算机视觉与很多学科都有密切关系,是一个跨领域的交叉学科,包括计算机科学(图形、算法、理论、系统、体系结构)、数学(信息检索、机器学习)、工程学(机器人、语音处理、自然语言处理、图像处理)、物理学(光学)、生物学(神经科学)和心理学(认知科学)等。许多科学家认为,计算机视觉为人工智能的发展开拓了道路。

数字图像处理是计算机视觉的基础。模式识别中以图像为输入的任务多数也可以看作计算机视觉的研究范畴。机器学习则为计算机视觉提供了分析、识别和理解的方法和工具。特别是 2012 年以来,深度学习促使计算机视觉得到了跨越式的发展。

与计算机视觉关系密切的另一类学科来自脑科学领域,如认知科学、神经科学、心理学等。一方面,这些学科极大地受益于数字图像处理、计算摄影学、计算机视觉等学科带来的图像处理和分析工具;另一方面,它们揭示的视觉认知规律、视皮层神经机制等对于计算机视觉领域的发展也起到了积极的推动作用。例如,深度学习就是受到了认知神经科学的启发而发展起来的。因此,计算机科学与脑科学进行交叉研究,是非常有前途的研究方向。

计算机视觉的内涵非常丰富,需要完成的任务众多,主要有以下几方面。

(1) 目标检测、跟踪和定位。在图像视频中发现和跟踪某一个或多个特定的目标,并给出其位置和区域。目标跟踪的任务就是在给定某视频序列初始帧的目标大小与位置的情况下,预测后续帧中该目标的大小与位置。例如,要用算法判断图像中是不是一辆汽车,首先要在图像中标记出它的位置,然后用边框或红色方框把汽车框起来,这就是目标检测问题。其中"定位"的意思是判断汽车在图像中的具体位置,"跟踪"的意思是判断汽车下一时刻的位置。现在,目标跟踪在无人驾驶领域具有重要作用,例如优步(Uber)和特斯拉等公司的无人驾驶。

(2) 前景/背景分割和物体分割。将图像视频中前景物体所占据的区域或轮廓勾勒出来。如果有一张没有游客的房间或者没有车辆的道路背景图,那么很简单,只要将新图和背景图做减法,就能得到前景图了;但是多数情况是没有这样的背景图的,所以需要在任何情况下都可以提取背景图。

(3) 目标分类和识别。指图像视频中出现的一个特殊目标(或某种类型的目标)从其他目标(或其他类型的目标)中被区分出来的过程,包括两个非常相似的目标的识别和一种类型的目标同其他类型的目标的识别。这里类别的内涵是非常丰富的,例如画面中人的男女、老少、种族等,视野内车辆的款式乃至型号,甚至是对面走来的人是谁(或自己认识与否),等等。

(4) 场景分类与识别。场景分类是从多幅图像中区分出具有相似场景特征的图像,并正确地对这些图像进行分类。场景识别是从给定的图像中识别出预先定义的场景。识别的结果既可以是具体的地理位置,也可以是该场景的名称,还可以是数据库中的某个同样的场景。

(5) 场景文字检测与识别。检测、识别图像和视频中的文字在场景识别、信息检索以及商业等领域具有很重要的作用。在互联网中,图像是传递信息的重要媒介,特别是电子商务、社交、搜索等领域,每天都有数以亿计的图像在传播。自然场景中的文字面临背景复杂、光照条件和视角变化、模糊等多种因素的影响,因此,场景文字检测与识别一直是研究热点。

(6) 事件检测与识别。对视频中的人、物和场景等进行分析,识别人的行为或正在发生的事件(特别是异常事件),例如,公共安全监控系统中出现的拥堵、踩踏、打架斗殴等突发事件,道路监控系统中出现的闯红灯、逆行等违章事件。

(7) 距离估计。指计算输入图像中的每个点与摄像机的物理距离。例如,在自动导盲系统中需要知道人与障碍物的距离。

(8) 图像自动生成标题。其目标是生成输入图像的文字描述,即人们常说的“看图说话”,这也是一个因为深度学习才取得了重要进展的研究方向。深度学习方法应用于该问题的代表性思路是使用卷积神经网络学习图像表示,然后采用循环神经网络或长短期记忆神经网络学习语言模型,并以卷积神经网络特征输入初始化神经网络的隐含层节点,组成混合网络,进行端到端的训练。采用这样的方法,有些系统在 MSCOCO 数据集上得到的部分结果甚至已经优于人类给出的语言描述。

11.2　计算机视觉系统中的数字图像

计算机视觉系统目前还处于一个非常"朴素、原始"的阶段,不存在一个预先建立的模式识别机制,没有自动控制焦距和光圈,也不能将多年的经验联系在一起。计算机会从相机或者硬盘接收栅格状排列的数字。在栅格中给出的数字含有大量的噪声,所以每个数字只能给人们提供少量的信息,然而这个数字栅格就是计算机能够"看见"的全部了。现在的任务变成将这个带有噪声的数字栅格转换为感知结果。

计算机接收到的数字图像是由称为像素(pixel)的点组成的。每一像素的亮度、颜色或距离等属性在计算机内表示为一个或多个数字。主要有下列几种数字图像:

(1) 灰度图像。每一像素由一个亮度值表示,通常用一字节表示,所以最小值为 0(最低亮度,黑色),最大值为 255(最高亮度,白色),其余数值则表示中间的亮度。

(2) 彩色图像。可以采用 RGB 色彩模式表示。RGB 色彩模式是工业界的一种颜色标准,是通过对红(R)、绿(G)、蓝(B)3 个颜色通道的变化以及它们相互之间的叠加来得到各式各样的颜色的。每一像素的颜色通常用分别代表红、绿、蓝的 3 个一字节表示。例如,蓝色分量如果是 0,则表示该像素点吸收了全部蓝色光;如果是 255,则表示该像素点反射了全部蓝色光。RGB 标准几乎包括了人类视力所能感知的所有颜色,是目前运用最广的颜色系统之一。

(3) RGBD 图像。3D 深度摄像头可以采集到环境的深度信息,成为所谓 RGBD(RGB+Depth)图像。3D 深度摄像头作为一种新型立体视觉传感器和三维深度感知模组,可实时获取高分辨率、高精度、低时延的深度和 RGB 视频流,实时生成 3D 图像,并且用于三维图像的实时目标识别、动作捕捉或场景感知。通过 3D 深度摄像头获取的深度信息稳定可靠,且不受环境光影响。此时,对每一像素,除了 RGB 彩色信息之外,还会有一个值表达深度,即该像素与摄像头的距离。其单位取决于摄像头的测量精度,一般为毫米,至少用两字节表示。深度信息本质上反映了物体的 3D 形状信息。这类摄像头在体感游戏、自动驾驶、机器人导航等领域有潜在的广泛应用价值。

(4) 红外、紫外、X 光等图像。计算机视觉处理的图像或视频还可能来自超越人眼可视域的成像设备,它们所采集的电磁波段信号超出了人眼能够感知的可见光电磁波段范围,例如红外、紫外、X 光等。这些成像设备及其后续的视觉处理算法在医疗、军事、工业等领域有非常广泛的应用,可用于缺陷检测、目标检测、机器人导航等。例如,在医疗领域,通过计算机断层 X 光扫描(CT),可以获得人体器官内部组织的结构。在 3D CT 图中,每个灰度值反映的是人体内的某个位置,即所谓体素(voxel);对 X 射线的吸收情况体现的是内部组织的致密程度。通过 CT 图像处理和分析,可实现对病灶的自动检测和识别。

11.3　基于深度学习的计算机视觉

计算机视觉一直是人工智能研究的重点,以前的研究者提出了许多方法,包括神经网络方法,但这些方法主要是浅层学习,表达能力有限,特别是需要人工设计与提取特征,具有很大的局限性。直到 2012 年,深度学习掀起了计算机视觉领域的应用热潮,目标检测正确率大大提升。

目标检测是计算机视觉中的一个基础问题,它将人们感兴趣的特定类别定义为前景,将其他类别定义为背景。需要设计一个目标检测器,它可以在输入图像中找到所有前景物体的位置以及它们所属的具体类别。物体的位置用长方形物体边框描述。实际上,目标检测问题可以简化为图像区域的分类问题。如果在一张图像中提取了足够多的物体候选位置(候选框),那么只需要对所有候选位置进行分类,即可找到含有物体的位置。在实际操作中,常常再引入一个边框回归器,用来修正候选框的位置,并在检测器后接入一个后处理操作,去除属于同一物体的重复检测框。

区域卷积神经网络(Region-CNN,R-CNN)是第一个成功地将深度学习应用到目标检测上的算法。R-CNN 基于卷积神经网络、线性回归和支持向量机等算法,可以实现目标检测技术。R-CNN 遵循传统目标检测的思路,同样采用提取框,对每个框采用提取特征、图像分类、非极大值抑制 3 个步骤进行目标检测,只是在提取特征这一步将传统的特征(如 SIFT、HOG 等)换成了深度卷积神经网络(Deep CNN,DCNN)提取的特征。

对于像素级的分类和回归任务,例如图像分割或边缘检测,有代表性的深度卷积神经网络模型是全卷积网络(Fully Convolutional Network,FCN)。经典的深度卷积神经网络在卷积层之后使用了全连接层,而全连接层中单个神经元的感受野(又称受纳野)是整张输入图像,破坏了神经元之间的空间关系,因此不适用于像素级的视觉处理任务。为此,FCN 去掉了全连接层,代之以 1×1 的卷积核和反卷积层,从而能够在保持神经元空间关系的前提下,通过反卷积操作获得与输入图像大小相同的输出。进一步,FCN 通过不同层、多尺度的卷积特征图的融合为像素级分类和回归任务提供了一个高效的框架。

鉴于卷积神经网络在图像分类和目标检测方面的优势,它已成为计算机视觉和视觉跟踪的主流深度模型。一般来说,大规模的卷积神经网络可以作为分类器和跟踪器进行训练。有代表性的基于卷积神经网络的跟踪算法有全卷积网络跟踪器(FCN Tracker,FCNT)和多域卷积网络(Multi-Domain Network,MD Net)。

11.4　基于计算机视觉的生物特征识别

> 生物特征识别一直是人们研究与应用的重要内容。早在 1885 年,法国巴黎的侦探阿方斯·贝蒂隆(Alphonse Bertillon)就将利用生物特征识别个体的思路应用在巴黎的刑事罪犯监狱中,当时所用的生物特征包括耳朵的大小、脚的长度、虹膜等。阿方斯还是罪犯指纹鉴定之父。阿方斯成为改变世界的侦探,就连小说《福尔摩斯探案集》中也提到过他的名字。

目前,基于计算机视觉的生物特征识别技术已成为人工智能最重要的研究与应用领域,如人脸识别、指纹识别、虹膜识别、掌纹识别、指静脉识别等。其中,指纹识别是大家最熟悉的,也是最成熟的。下面简要介绍人脸识别和虹膜识别。

11.4.1　人脸识别

人脸识别作为一种生物特征识别技术已经得到了广泛的应用。人脸识别是计算机视觉领域的典型研究课题,不仅可以作为计算机视觉、模式识别、机器学习等学科领域理论和方法的验证案例,还在金融、交通、公共安全等领域有非常广泛的应用。特别是近年来,人脸识别技术逐渐成熟,基于人脸识别的身份认证、门禁、考勤等系统开始大量部署,得到了广泛的关注。本节介绍人脸识别系统的基本组成,以期读者能对计算机视觉系统有更清晰的认识。

人脸识别的本质是对两张照片中人脸相似度的计算。为了计算该相似度,人脸识别系统主要包括以下 6 部分。

(1) 人脸检测。从输入图像中判断是否有人脸,如果有,给出人脸的位置和大小。

(2) 特征点定位。在人脸检测给出的矩形框内进一步找到眼睛中心、鼻尖和嘴角等关键的特征点,以便进行后续的预处理操作。理论上,也可以采用通用的目标检测技术实现对眼睛、鼻子和嘴等目标的检测。此外,也可以采用回归的方法,直接用深度学习方法实现从检测到的人脸子图到这些关键特征点坐标位置的回归。

(3) 预处理。完成人脸子图的归一化,主要包括两部分:一是把特征点对齐,即把所有人脸的特征点放到差不多相同的位置,以消除人脸大小、旋转等的影响;二是对人脸核心区域子图进行光亮度方面的处理,以便消除光强弱、偏光等的影响。该步骤的处理结果是一个标准大小(如 100×100 像素)的人脸核心区子图像。

(4) 特征提取。从人脸子图中提取出可以区分不同人脸的特征,这是人脸识别的核心。当前,主要采用深度学习方法自动提取特征。

(5) 特征比对。对从两幅图像中提取的特征进行距离或相似度的计算。

(6) 判断。对前述相似度或距离进行阈值化。最简单的做法是采用阈值法,若相似程度超过设定阈值,则判断为同一人,否则为不同的人。

人脸识别分为两大类:一类是确认,将人脸图像与数据库中已存在的该人图像进行比较,明确目标与具体身份进行单项匹配;另一类是辨认,将人脸图像与数据库中已存的所有图像进行匹配,选取相似度最高的图像从而确定什么身份。人脸辨认要比人脸确认难,因为辨认需要进行海量数据的匹配。

11.4.2　虹膜识别

人眼由巩膜、虹膜、瞳孔等构成。巩膜即眼球外围的白色部分,约占总面积的 30%。眼睛中心为瞳孔部分,约占总面积的 5%。瞳孔犹如相机当中可调整大小的光圈。虹膜位于巩膜和瞳孔之间,是人眼的瞳孔和巩膜之间的环状区域,占总面积的 65%。人体基因表达决定了虹膜的形态、颜色和总的外观。人发育到 8 个月左右,虹膜就基本上发育到了足够尺寸,进入了相对稳定的时期。除了极少见的反常状况,身体或精神上大的创伤才可能造成虹膜外观上的改变外,虹膜形貌可以保持数十年没有多少变化。每一只眼球的虹膜都包含一个独一无二的基于像冠、水晶体、细丝、斑点、结构、凹点、射线、皱纹和条纹等特征的结构。据称没有任何两个虹膜是一样的。虹膜的高度独特性、稳定性及不可更改的特点是其用于身份鉴别的物质基础。

1987 年,眼科专家萨菲尔(Aran Safir)和弗洛姆(Leonard Flom)首次提出利用虹膜图像进行自动虹膜识别的概念。1991 年,美国洛斯阿拉莫斯国家实验室的约翰逊(Paul Johnson)实现了一个自动虹膜识别系统。1993 年,剑桥大学计算机科学家道格曼(John Daugman)实现了一个高性能的自动虹膜识别原型系统。

虹膜识别技术也是人体生物识别技术的一种。在包括指纹在内的所有生物识别技术中,虹膜识别是当前应用最为方便和精确的一种。虹膜识别的准确性是各种生物识别中最高的,因此,虹膜识别技术被广泛认为是 21 世纪最具有发展前景的生物认证技术,在未来的安防、国防、电子商务等多个领域会有广泛的应用。

虹膜识别是利用眼睛虹膜区域的随机纹理特性区分不同人的技术。

在较高分辨率、用户高度配合等良好采集条件下,可以采集到纹理丰富细腻的辐射状虹膜细节。虹膜采集设备往往采用主动近红外采集方法。虹膜识别的典型过程与人脸识别类似,需要首先检测并分割出环状虹膜区域,并进行必要的预处理(例如去除睫毛的影响),然后进行特征提取和比对等步骤。其具体步骤如下:

(1) 虹膜图像获取。使用特定的摄像器材对人的整个眼部进行拍摄,并将拍摄到的图像传输给虹膜识别系统的图像预处理软件。

(2) 虹膜定位。确定内圆、外圆和二次曲线在图像中的位置。其中,内圆为虹膜与瞳孔的边界,外圆为虹膜与巩膜的边界,二次曲线为虹膜与上下眼皮的边界。

(3) 虹膜图像归一化。将图像中的虹膜大小调整到虹膜识别系统设置的固定尺寸。

(4) 图像增强。对归一化后的图像进行亮度、对比度和平滑度等处理,以提高图像中虹膜信息的识别率。

(5) 特征提取。采用特定的算法从虹膜图像中提取出虹膜识别所需的特征点,并对其进行编码。

(6) 特征匹配。将从虹膜图像中提取的特征编码与数据库中的虹膜图像特征编码逐一匹配,判断两者是否为相同虹膜,从而达到身份识别的目的。

11.5　本章小结

自 20 世纪 60 年代开始,计算机视觉已经取得了长足的进步。特别是 2012 年以来,深度学习促进了计算机视觉的突破性发展,在图像分类、人脸识别、目标检测、医疗读图等很多任务上逼近甚至超越了人类的视觉能力。

　　计算机视觉的多数任务可以归结为作用于输入图像的映射函数拟合期望输出的分类或回归问题。浅层视觉模型局限于人工经验设计或普遍采用简单的线性模型,难以适应实际应用中的高维、复杂、非线性问题。

　　以深度卷积神经网络为代表的深度学习视觉模型采用层级卷积、逐级抽象的多层神经网络,实现了从输入图像到期望输出的、高度复杂的非线性函数的映射。不仅大大提高了处理视觉任务的精度,而且显著降低了人工经验在算法设计中的作用。

讨论题

11.1　计算机视觉在哪些方面获得了应用?

11.2　计算机视觉与人的视觉有哪些异同?

11.3　深度神经网络解决计算机视觉问题的基本原理是什么?

第 **12** 章

智能机器人

　　智能机器人总能出乎意料地在智力上战胜人类，它的发展水平已经远远超出了人们的想象。以人工智能理论为基础的智能机器人拥有各种各样的传感器、灵活的构架以及应用程序，不论是从形体上还是从智力上，智能机器人都具备了某种程度的"社会人"属性。智能机器人在各方面都体现了与人惊人的相似之处，无疑说明了智能机器人的发展正朝着替代人类工作的方向不断前行。本章从整体上介绍机器人的产生与发展、机器人中的人工智能技术、智能机器人的应用和智能机器人技术展望与伦理等方面的内容。

12.1　机器人的产生与发展

　　1936 年，捷克斯洛伐克作家卡雷尔·恰佩克在他的科幻小说中根据 robota(捷克文，原意为"劳役、苦工")和 roboinik(波兰文，原意为"工人")创造出 robot(机器人)这个词。我国春秋战国时期的神话故事中就有了机器人的设想。《列子·汤问》中记载了工匠偃师制造能歌善舞的人偶的故事。

　　世界上第一台真正意义上机器人是谁发明的呢? 1954 年，美国人乔治·德沃尔(George Devol)制造出世界上第一台可编程的机器人———一只机械手，并申请了专利。这种机械手能按照不同的程序从事不同的工作，因此具有通用性和灵活性。1962 年，美国 AMF 公司推出的 Versatran(沃莎特兰，图 12.1)和 Unimation 公司推出的 Unimate(尤尼梅特，图 12.2)是机器人产品中最早的实用机型。

　　1968 年，美国斯坦福研究所研发成功机器人 Shakey，配有电视摄像机、三角法测距

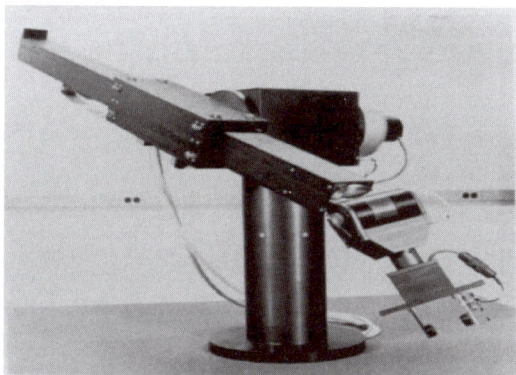

图 12.1　Versatran 机器人

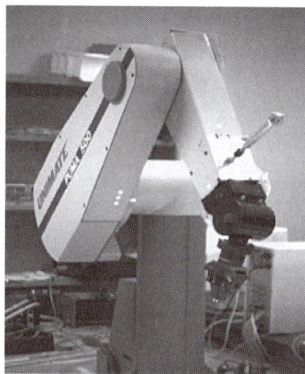

图 12.2　Unimate 机器人

仪、碰撞传感器、驱动电机以及码盘等硬件,并由两台计算机通过无线方式控制,能够自主完成感知、环境建模、行为规划等任务,成为世界上第一台智能机器人,拉开了智能机器人研究的序幕。

机器人泛指一切模拟人类或者其他生物行为的机械,是集机械、材料、电子、控制、计算机、传感器、人工智能等多学科及前沿技术于一体的高端装备。它的任务是协助或取代人类从事高重复性、高风险或者人类不能胜任的工作。自 20 世纪 60 年代以来,机器人的研究已经从低级到高级经历了 3 代的发展历程,经过计算智能到感知智能,已经向着识知智能层次发展。

1. 程序控制机器人(第一代)

第一代机器人是程序控制机器人,它完全按照事先装入机器人存储器中的程序安排的步骤进行工作。程序的生成及装入有两种方式:一种是由人根据工作流程编制程序并将它输入机器人的存储器;另一种是"示教-再现"方式,所谓"示教"是指在机器人第一次执行任务之前,由人引导机器人执行操作,即教机器人去做应做的工作,机器人将其所有动作一步步地记录下来,并将每一步表示为一条指令。示教结束后,机器人通过执行这些指令(即再现)以同样的方式和步骤完成同样的工作。如果任务或环境发生了变化,则要重新进行程序设计。这一代机器人能成功地模拟人的运动功能,它们会拿取和安放、会拆卸和安装、会翻转和抖动,能尽心尽职地看管机床、熔炉、焊机、生产线等,能有效地从事安装、搬运、包装、机械加工等工作。目前国际上商品化、实用化的机器人大都属于这一类。这一代机器人的最大缺点是只能刻板地完成程序规定的动作,不能适应变化的情况,环境情况略有变化(例如装配线上的物品略有倾斜),就会出现问题。更糟糕的是它可能会对现场的人员造成危险,由于它没有感觉功能,以致有可能会出现机器人伤人的情况。日本就曾经出现过机器人把现场的一个工人抓起来塞到刀具下面的情况。

2. 自适应机器人(第二代)

第二代机器人的主要标志是自身配备了相应的感觉传感器,如视觉传感器、触觉传感器、听觉传感器等,并用计算机对之进行控制。这种机器人通过传感器获取作业环境、操作对象的简单信息,然后由计算机对获得的信息进行分析、处理,控制机器人的动作。由于它能随着环境的变化而改变自己的行为,故称为自适应机器人。目前,这一代机器人也已进入商品化阶段,主要从事焊接、装配、搬运等工作。第二代机器人虽然具有一些初级的智能,但还没有达到完全自治的程度,有时也称这类机器人为人-眼协调型机器人。

3. 智能机器人(第三代)

将机器人与人工智能相结合,由人工智能程序控制的机器人称为智能机器人。智能机器人类似于人:它具有感知环境的能力,配备了视觉、听觉、触觉、嗅觉等感觉器官,能从外部环境中获取有关信息;它具有思维能力,能对感知的信息进行处理,以控制自己的行为;它具有作用于环境的行为能力,能通过传动机构使自己的"手""脚"等肢体行动起来,正确、灵巧地执行思维机构下达的命令。目前研制的机器人大都只具有部分智能,真正的智能机器人还处于研究之中,但现在智能机器人已经迅速发展为高新技术产业。

智能机器人是在传统的机械机器人的基础上,应用人工智能技术,使得机器人具备一些与人或生物相似的智能能力,如感知、规划、协同能力等。

需要说明的是,虽然智能机器人可以进行自我控制,但它不具备人体内部的结构,只是具备各种传感器,包括视觉传感器、听觉传感器、触觉传感器等。智能机器人能够理解人类的语言,还可以用人类语言与人对话。机器人也不是必须具备人的外在形态。例如,自动驾驶机器人作为轮式机器人,已经开始走向实用化。特斯拉、谷歌等厂商已经实现自动驾驶汽车的小规模量产。

近几十年里,智能机器人获得了迅猛的发展。例如,1988 年,日本东京电力公司研制了具有自动越障能力的巡检机器人;1994 年,中国科学院沈阳自动化研究所等单位研制了我国第一台无缆水下机器人"探索者";1999 年,美国直觉外科(Intuitive Surgical)公司研制了达·芬奇(da Vinci)机器人手术系统;2000 年,日本本田技研公司研制了第一代仿人机器人阿西莫(Ashimo);从 2005 年开始,美国波士顿动力学(Boston Dynamic)公司研制了四足机器人大狗(Bigdog)、双足机器人阿特拉斯(Atlas)、两轮人形机器人 Handle；2008 年,深圳大疆公司研制了无人机,德国费斯托(Festo)公司研制了 SmartBird、机器蚂蚁、机器蝴蝶等;2015 年,情感机器人 Pepper 问世。

由于无线网络和移动终端的普及,机器人可以连接网络而不用考虑由于其自身运动和复杂任务而带来的网络布线困难,同时多机器人网络互联技术给机器人协作提供了方便。云机器人系统充分利用网络的泛在性,采用开源、开放和众包的开发策略,极大地扩展了在线机器人和网络化机器人的概念,提升了机器人的能力。云计算、物联网环境下的机器人在开展认知学习的过程中必将迎接大数据的机遇与挑战。大数据通过对海量数据的存取和统计,进行智能化的分析和推理,并进行深度学习,可以有效推动机器人认知技术的发展。而云计算让机器人可以在云端随时处理海量数据。

伴随着人工智能、物联网、大数据、云计算等信息技术与计算机技术的快速发展,智能机器人技术的发展也越来越快,应用领域也不断地扩大,机器人的发展在智能化、多样化的道路上越走越快。

12.2　机器人中的人工智能技术

随着社会的发展,人们的需求也不断增多,对智能机器人的要求也越来越高。许多人工智能技术已经应用到智能机器人中,提高了机器人的智能化程度。事实上,几乎所有人工智能技术都可在机器人上集成和使用。同时,智能机器人是人工智能技术的综合试验场,可以全面检验人工智能技术的实用性,促进人工智能理论与技术的深入研究。

目前,对智能机器人的发展影响比较大的人工智能关键技术主要包括智能感知技术(多传感器融合)、智能导航与规划技术(自主导航与避障、路径规划)、智能控制与操作技术、智能交互技术(人机接口)等,如图 12.3 所示。

12.2.1　机器人智能感知

实现智能机器人的首要条件是机器人应具有智能感知能力。智能感知是机器人获取信息的主要部分,类似于人的五官。按仿生学观点,如果把计算机看成处理和识别信息的大脑,把通信系统看成传递信息的神经系统,那么传感器就是感觉器官。传感器是能够感受被测量并按照一定规律将其变换成可用输出信号的器件或装置。传感技术则

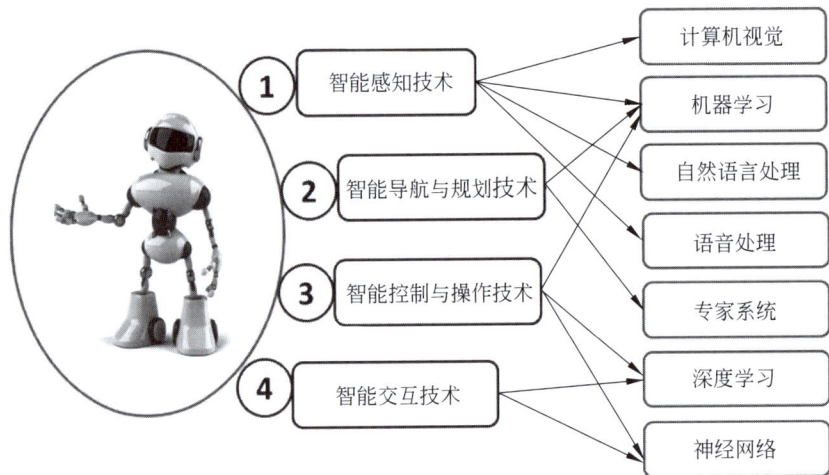

图 12.3　人工智能关键技术在智能机器人中的应用

是关于从环境中获取信息并对之进行处理、变换和识别的多学科交叉的现代科学与工程技术,涉及传感器、信息处理和识别的规划设计、开发、制造/建造、测试、应用及评价等。

以下将重点介绍人工智能技术在机器人视觉、触觉和听觉 3 类最基本的感知模态中的应用。

1. 机器人视觉

人类获取的信息有 80% 以上来自视觉。为机器人配备视觉系统也是非常必要的。

在机器人视觉中,客观世界中的三维物体经由摄像机转变为二维的平面图像,再经图像处理,输出该物体的图像,让机器人能够辨识物体,并确定其位置。通常机器人判断物体位置和形状需要两类信息,即距离信息和明暗信息。当然,物体的视觉信息还有色彩信息,但它对物体的位置和形状识别的作用不如前两类信息重要。机器人视觉系统对光线的依赖性很大,往往需要好的照明条件,以便使物体形成的图像较为清晰,增强检测信息,避免阴影、低反差、镜面反射等问题。

机器人视觉的应用领域包括为机器人的动作控制提供视觉反馈、为移动式机器人提供视觉导航以及机器人代替或帮助人对质量控制、安全检查进行视觉检验。

2. 机器人触觉

人类皮肤触觉感受器接触机械刺激产生的感觉称为触觉。皮肤表面散布着触点,触点的大小不尽相同,分布不规则,一般情况下指腹最多,其次是头部,而背部和小腿最少,所以指腹的触觉最灵敏,背部和小腿的触觉则比较迟钝。若用纤细的毛轻触皮肤表面,只有当某些特殊的点被触及时,才能引起触觉。触觉是人与外界环境直接接触时的重要感觉功能。

触觉智能可以让机器人通过触摸识别物体的滑动和定位物体,预测抓物是否能成功。触觉传感器是用于机器人模仿人类触觉功能的传感器。机器人中使用的触觉传感器主要包括接触觉传感器、压力觉传感器、滑觉传感器、接近觉传感器等。

机器人是一个复杂的工程系统,开展机器人多模态融合感知需要综合考虑任务特性、环境特性和传感器特性。随着现代传感、控制和人工智能技术的进步,触觉传感器取得了长足的发展,使用采集到的非常复杂的高维触觉信息,结合不同的机器学习算法,进行机械手抓取稳定性分析以及对抓取物体的分类与识别。但目前在机器人触觉感知方面的研发进展还是远远落后于视觉感知与听觉感知。

3. 机器人听觉

人的耳朵和眼睛一样是重要的感觉器官。声波冲击耳膜,刺激听觉神经产生冲动,经听觉神经传给大脑的听觉区,形成人的听觉。

听觉传感器是一种可以检测、测量并显示声音波形的传感器,广泛应用于日常生活、军事、医疗、工业、领海、航天等中,并且成为机器人发展不可缺少的部分。听觉传感器用来接收声波,显示声音的振动图像。在某些环境中,要求机器人能够测知声音的音调、响度,区分左右声源,有的甚至可以判断声源的大致方位。有时人们甚至要求与机器人进行语音交流,使其具备人机对话功能,自然语言与语音处理技术在其中起到重要作用。听觉传感器的存在,使得机器人能更好地完成交互任务。

4. 多传感器信息融合

2016 年,美国特斯拉汽车在自动驾驶模式发生了致死性车祸。虽然该车配备了精良的传感器,但由于布局的问题,未能有效地融合视觉传感器和距离传感器的信息。

多传感器信息融合技术是把分布在不同位置的视觉、听觉、触觉等多个传感器所提供的相关信息进行综合处理,以产生更全面、更准确的信息,更精确地反映被测对象的特性,消除多个传感器之间可能存在的冗余,降低不确定性。

随着传感器技术的迅速发展,机器人系统上配置了各种不同模态的传感器,从摄像机到激光雷达,从听觉到触觉,从味觉到嗅觉,几乎所有传感器在机器人上都得到了应用。对于一个待描述的目标或场景,通过不同的方法或视角收集到的耦合的数据样本就是多模态数据。通常把收集这些数据的每一个方法或视角称为一个模态。狭义的多模态通常关注感知特性不同的模态,而广义的多模态则通常还包括同一模态信息中的多特征融合以及多个同类型传感器的数据融合等。因此,多模态感知与学习这一问题与信号处理领域的多源融合、多传感器融合以及机器学习领域的多视学习或多视融合等有密切的联系。机器人多模态信息感知与融合在智能机器人的应用中起着重要作用。

机器人系统采集到的多模态数据各具特点,为融合感知的研究工作带来了巨大的挑战。这些问题包括:

(1) 动态的多模态数据。机器人通常在动态环境下工作,采集到的多模态数据必然具有复杂的动态特性。

(2) 受污染的多模态数据。机器人的操作环境非常复杂,因此采集到的数据通常具有很多噪声和野点(outlier)。

(3) 失配的多模态数据。机器人携带的各种传感器的工作频带、使用周期具有很大差异,导致各个模态之间的数据难以匹配。

为了实现多模态信息的有机融合,需要为它们建立统一的特征表示和关联匹配关系。举例来说,目前,对于机器人操作任务,很多机器人都配备了视觉传感器。在实际操作应用中,常规的视觉感知技术受到很多限制,例如光照、遮挡等。对于物体的很多内在属性,例如"软""硬"等,则难以通过视觉传感器感知。对机器人而言,触觉也是获取环境信息的一种重要感知方式。与视觉不同,触觉传感器可直接测量对象和环境的多种性质和特征。

12.2.2　机器人智能导航

随着信息科学、计算机技术、人工智能和现代控制等技术的飞速发展,人们尝试采用智能导航的方式解决机器人运行的安全问题,使机器人能够顺利地完成各种服务和操作(如安保巡逻、物体抓取)。

机器人智能导航是指机器人根据自身传感系统对内部姿态和外部环境进行感知,通过对环境信息的识别、存储、搜索等一系列操作找出最优路径或近似最优的路径,实现与障碍物无碰撞的安全运动。

机器人自主智能导航系统的主要任务是:把感知、规划、决策、动作等模块有效地结合起来,从而完成指定的任务。

机器人智能导航方式主要有惯性导航、视觉导航、卫星导航等。不同的导航方式适用的环境不同,如室内环境和室外环境、简单环境和复杂环境等。

(1) 惯性导航。利用加速度计和陀螺仪等惯性传感器测量机器人的方位角和加速度,从而推知机器人的当前位置和下一步的位置。这种导航方式实现起来比较简单。但是,随着机器人航程的增长,误差的积累会无限增加,控制及定位的精度很难提高。

(2) 视觉导航。机器人利用自身装配的摄像机拍摄周围环境的局部图像,然后利用图像处理技术将外部环境的相关信息存储起来,用于自身定位以及下一步动作的规划,从而使机器人自主规划路线,最终安全到达终点,完成全局导航。这种导航方式中涉及的图像处理技术计算量大,还存在实时性差的问题。

(3) 卫星导航。机器人利用卫星信号接收装置在室内或室外实现自身定位。这种导航方式存在近距离定位精度低等缺点,在实际应用中一般要结合其他导航技术一起工作。

12.2.3　机器人智能路径规划

路径规划技术主要是指利用最优路径规划算法找到一条可以有效避开障碍物的最优路径。

根据机器人对环境的掌控情况,机器人智能路径规划可以分为基于地图的全局路径规划、基于传感器的局部路径规划和基于地图、传感器的混合路径规划 3 种。

智能路径规划的核心是实现自动避碰。机器人自动避碰系统由数据库、知识库、机器学习和推理机等构成。通过机器人本体上的各类导航传感器收集本体及障碍物的运动信息、环境地图的信息以及推理过程中的中间结果等数据,并将收集到的信息输入机器人自动避碰系统的数据库,供系统在进行机器学习及深入推理时随时调用。

机器人自动避碰系统的知识库主要包括根据机器人避碰规则、专家对避碰规则的理解和认识以及相关研究成果,包括机器人运动规划的基础知识和规则、实现避碰推理所需的算法及其结果以及由各种产生式规则形成的若干基本避碰知识模块。知识库是机器人自动避碰系统决策的核心部分。

对于避碰这样一个动态、时变的过程,自动避碰系统应具有实时掌握目标动态的能力,这样才会有应变能力。在自动避碰的整个过程中,要求系统不断监测所有环境的动态信息,不断核实障碍物的运动状态。

自动避碰的基本过程如下。

(1) 确定机器人本体长、宽以及负载等静态参数;确定机器人速度及方向、在全速情况下至停止所需时间及前进距离、在全速情况下至全速倒车所需时间及前进距离、机器人第一次避碰时机等动态参数;确定机器人本体与障碍物之间的相对速度、相对速度方向、相对方位等相对位置参数。

(2) 根据障碍物参数分析机器人本体的运动态势,判断哪些障碍物与机器人本体存在碰撞危险,并对危险目标进行识别。

(3) 根据机器人与障碍物碰撞局面分析结果,调用相应的知识模块求解机器人避碰规划方式及目标避碰参数,并对避碰规划进行验证。

未来的机器人智能导航与智能路径规划系统将成为集导航(定位、避碰)、控制、监视、通信于一体的机器人综合管理系统,更加重视信息的集成。利用专家系统和来自雷达、GPS、罗经、计程仪等设备的导航信息、来自其他传感器的环境信息和机器人本体状态信息以及知识库中的其他静态信息,实现机器人运动规划的自动化(包括运行规划管理、运行轨迹的自动导航、自动避碰等),最终实现机器人从任务起点到任务终点的全自动化运行。

12.2.4　机器人智能运动控制

智能运动控制是控制理论发展的高级阶段,主要用来解决复杂系统的运动控制问题。智能运动控制研究的对象通常具有不确定数学模型以及复杂的任务要求。目前,机器人的运动控制与操作包括运动控制和操作过程中的精细操作与遥操作。随着传感技术以及人工智能技术的发展,智能运动控制和智能操作已成为机器人控制的主流技术。

PID(Proportional,Integral,and Differential,比例、积分和微分)控制算法控制结构简单,参数容易调整,易于实现,而且具有较强的鲁棒性,因此,被广泛应用于工业过程控制及机器人运动控制中。

然而,这些基于模型的机器人运动控制方法对缺失的传感器信息、未规划的事件和机器人作业环境中的不熟悉位置非常敏感。所以,传统的基于模型的机器人运动控制方法不能保证设计系统在复杂环境下的稳定性、鲁棒性和整个系统的动态性能。此外,这些运动控制方法不能积累经验和学习人的操作技能。为此,以神经网络和模糊逻辑为代表的人工智能理论与方法开始应用于机器人的运动控制。

神经网络控制是基于人工神经网络的控制方法。它具有较强的自学习能力和非线性映射能力,不依赖于精确的数学模型,能够实现数学模型难以描述或无法处理的控制系统,适用于智能机器人这种复杂、不确定、多变量、非线性系统的控制。

模糊控制的关键是模糊控制器,它主要包括模糊化、模糊推理、模糊规则及逆模糊化等模块。用计算机实现模糊控制器的具体过程是:首先通过采样得到被控量的精确值,将其与给定值进行比较,得到系统的误差,再求出误差变化率;然后进行输入量的模糊化处理,将误差和误差变化率都变成模糊量,并且将模糊量转化为适当的模糊子集(例如"高""低""快""慢"等);再根据模糊控制规则进行模糊推理,得到模糊控制量;最后进行逆模糊化处理,得到精确量。这就完成了一个模数采样周期内对被控对象的控制。等到下一次模数采样,再重新按照上面的步骤进行控制。这样多次循环,就完成了整个控制过程。为了提高控制精度,将模糊控制和 PID 控制相结合,形成模糊 PID 控制,具有模糊控制和 PID 控制两者的优点。

随着先进机械制造、人工智能等技术的日益成熟,机器人研究的关注点也从传统的工业机器人逐渐转向应用更为广泛、智能化程度更高的服务型机器人。对于服务机器人,机械手臂系统完成各种灵巧操作是机器人操作中最重要的基本任务之一。其研究重点包括让机器人能够在实际环境中自主地、智能地完成对目标物的抓取以及拿到物体后完成灵巧操作任务。这需要机器人能够智能地对形状、姿态多样的目标物体提取抓取特征,对机械手抓取姿态进行决策,对多自由度机械臂的运动轨迹进行规划,以完成操作任务。近年来,深度学习在计算机视觉等方面取得了较大突破,将深度卷积神经网络应用于从图像中学习抓取特征且不依赖于专家知识,可以最大限度地利用图像中的信息,使计算效率得到提高,能够满足机器人抓取操作的实时性要求。

12.2.5　机器人智能交互

机器人智能交互是通过各种人机接口使人可以用语言、表情、动作等与机器人进行自由的信息交流。

近年来,人们越来越多地利用虚拟现实技术创建智能机器人的工作环境,从而使操作者可以身临其境地进行操作,各种虚拟现实的装置也不断被提出,例如类似人的手、臂以及双眼视觉系统等。对智能机器人进行控制的计算机需要有完善的人机接口,而且计算机需要理解人的语言文字,还要会表达。随着计算机技术的发展,人工智能在人机接口技术领域有了更多的应用,例如图像处理、文字识别等。人机交互将人工智能与机器人技术有机结合,使越来越多的机器人能够更合理、高效地服务于人类,并促进了人工智能技术的发展。

随着人工智能技术的迅猛发展,基于可穿戴设备的人机交互应用也正在逐渐改变人类的生产和生活。实现人机和谐统一将是未来的发展趋势。可穿戴设备是一类超微型、高精度、可穿戴的人机最佳融合的移动信息系统,为可穿戴人机交互系统奠定了基础。基于可穿戴设备的人机交互系统由部署在可穿戴设备上的计算机系统实现,在用户穿戴好设备后,人机交互系统会一直处于工作状态。基于可穿戴设备自身的属性,主动感知用户的当前状态、需求以及环境,并且使用户对外界环境的感知能力得到增强。

机器人通过对动态情境的充分理解,完成动态态势感知,理解并预测协作任务,实现人和机器人互适应的自主协作功能。机器人需要对人的行为姿态进行理解和预测,继而理解人的意图,为人机交互与协作提供充分的信息。随着深度学习技术的快速发展,行为识别取得了突破性进展。近年来,有研究者利用 Kinect 视觉深度传感器获取人体三维骨架信息,根据三维骨骼点的时空变化,利用长短时记忆的深度递归神经网络分类识别行为,成为解决该问题的有效方法之一。

12.3　智能机器人的应用

随着科技的不断发展,人们对智能机器人的要求越来越高,智能机器人的应用也越来越广泛,有为家庭服务的扫地机器人,有军用机器人,有在天空中飞翔的无人机,有工业机器人,还有农业机器人等。这些智能机器人的应用给各个领域带来了巨大的变化。智能机器人的应用领域不断扩大,越来越多地为人类服务,代替人类完成各种复杂的工作。

在互联网和人工智能技术的支持下,智能机器人的发展将吸收更多的先进技术,例如大数据、云计算、多传感器融合等技术。除此之外,智能机器人还将融合多种算法,例如模糊算法、神经网络算法等。有了这些理论和技术的支持,智能机器人将不断地完善和升级。大数据的应用可以使智能机器人具有更丰富的知识储备;云计算的应用可以将智能机器人联网,实现机器人之间的交流;物联网的应用可以使智能机器人的应用领域更加广泛。

12.3.1　工业机器人

传统的工业机器人只能按照人们给定的指令完成相应的操作,不能模仿人类进行自主思考和学习,没有智能化的特点。目前,机器人系统正向智能化的方向不断发展,可以模仿人类进行判断,从视觉、听觉、触觉等方面感知控制对象,再经过自主学习,可以更好地完成任务。在工业机器人方面,其机械结构更加趋于标准化、模块化,功能越来越强大,并已经从汽车制造、电子制造和食品包装等传统的应用领域转向新兴应用领域,如新能源电池、高端装备和环保设备。通过网络可以把不同的机器和人群连接起来,形成智慧型工业机器人,在工业制造领域得到了越来越广泛的应用。

工业机器人是一种多用途的、可重复编程的自动控制操作机(manipulator),具有 3 个或更多可编程的轴,用于工业自动化领域。

工业机器人在产品制造行业应用比较广泛。这种机器人通常都有一个机械手,每个机械手有多个自由度。这些工业机器人内部都有编写程序的装置,操作人员可以输入程序,然后通过开关启动程序,工业机器人就可以按照事先编好的程序运行,完成各种工作。工业机器人可以持续地工作,高效地完成产品的生产、包装,工作质量也有保障。

目前,工业机器人主要包括装配机器人、焊接机器人、搬运机器人等。

1. 装配机器人

装配机器人是柔性自动化装配系统的核心设备,由机器人操作机、控制器、末端执行器和传感系统组成。装配机器人运动轨迹复杂且运动量大,控制器一般采用多 CPU 或多级计算机系统,实现运动控制和运动编程。为了更好地适应装配对象,机器人的末端执行器通常都设计成手的形状等。传感系统用来获取装配机器人与环境和装配对象之间相互作用的信息。与一般工业机器人相比,装配机器人具有精度高、柔顺性好、工作范围小、能与其他工业机器人协作使用等特点,主要应用于电器、汽车制造业等领域。

图 12.4 是玛莎拉蒂工厂里用于固定车身零件的装配机器人 Comau Smart NJ。

2. 焊接机器人

焊接机器人是主要从事焊接工作,也可从事切割、喷涂等工作的工业机器人。焊接机器人可以分为点焊机器人和弧焊机器人。点焊机器人一般有 6 个自由度,采用电气驱动的方式,具有耗能低、维修简单、速度快、精度高等优点。工作时,点焊机器人按照操作者的规定进行作业,可以实现无人值守,在提高工作效率的同时可以避免各种人身危险。

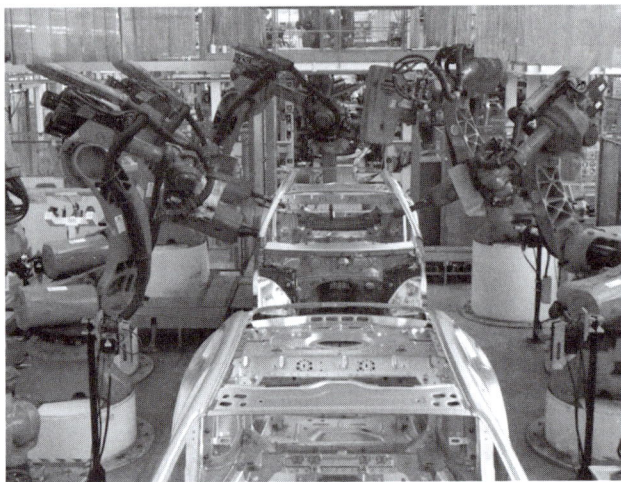

图 12.4　装配机器人 Comau Smart NJ

3. 搬运机器人

搬运机器人是可以进行自动化搬运作业的工业机器人。搬运机器人是自动控制领域的高新技术,涉及人工智能、计算机视觉、力学、机械学、电器液压气压技术、自动控制技术、传感器技术等学科领域。

最早的搬运机器人是美国的 Versatran 和 Unimate。搬运作业是指将工件从一个加工位置移到另一个加工位置。搬运机器人可安装不同的末端执行器以完成各种形状和状态的工件的搬运工作。搬运机器人被广泛应用于机床上下料、冲压机自动化生产线、自动装配流水线、码垛、集装箱等场合的自动搬运操作中,大大减轻了人类繁重的体力劳动。图 12.5 是仓储搬运机器人。

图 12.5　仓储搬运机器人

12.3.2　农业机器人

农业机器人是能感知并适应各种作物种类或环境变化，有检测能力（如视觉等）并配有专家系统等人工智能系统的新一代无人自动操作机械。

农业机械化是农业现代化的重要标志。因此，许多国家致力于农业机器人的研制，已经出现了多种类型的农业机器人。进入 21 世纪以后，新型多功能农业机器人得到日益广泛的应用，改变了传统的农业劳动方式，促进了现代农业的发展。

与工业机器人相比，由于农村自然环境多变，农作物品种多样，所以，农业机器人的工作环境和工作对象更加复杂。农业机器人集成了人工智能、传感器、通信、图像识别等技术，由末端执行器、移动装置、控制装置、视觉系统以及传感器等组成。

农业机器人在现代农业中有广泛的应用，例如采摘机器人、除草和施肥机器人、畜牧机器人等。

1. 采摘机器人

国内外学者很早就开始研究采摘机器人。由于农作物品种繁多，采摘机器人的种类越来越多。下面介绍几种采摘机器人等。

（1）番茄采摘机器人。日本的番茄采摘机器人如图 12.6 所示，针对成熟番茄果实呈现为红色这一特点，它使用彩色 CCD 摄像头作为视觉传感器，可以拍摄 7 万像素以上的彩色图像，工作时，先通过图像传感器检测出已经成熟的红色番茄，然后对形状和位置进行精准定位，保证采摘时不会伤害果实。

图 12.6　番茄采摘机器人

（2）柑橘采摘机器人。西班牙科技人员发明的柑橘采摘机器人由一台装有计算机的拖拉机、一套光学视觉系统和一个机械手组成,能够从柑橘的大小、形状和颜色判断出是否成熟,决定可否采摘。它工作的速度极快,每分钟采摘柑橘60个,而靠手工只能采摘8个左右。柑橘采摘机器人通过装有视觉传感器的机械手,将采摘下来的柑橘按大小进行分类。

(3) 蘑菇采摘机器人。英国是盛产蘑菇的国家,蘑菇已成为其排名第二的园艺作物。据统计,英国每年的蘑菇采摘量为11万吨,盈利十分可观。为了提高采摘速度,使人逐步摆脱这一繁重的农活,英国西尔索农机研究所研制出蘑菇采摘机器人。它装有摄像机和视觉图像分析软件,用来鉴别蘑菇的数量及等级。它每分钟可采摘40个蘑菇,速度是人工的两倍。蘑菇采摘机器人用红外线测距仪测定田间蘑菇的高度之后,真空吸柄就会自动地伸向采摘部位,根据需要弯曲和扭转,将采摘的蘑菇及时投入紧跟其后的运输机。

(4) 草莓采摘机器人。日本研制的草莓采摘机器人装有一组摄像头,可以识别草莓的颜色,判断草莓的成熟程度,精确捕捉草莓的位置,确保机器人采摘的是成熟的草莓。虽然这种机器人目前只能采摘草莓,但可以通过修改程序使它可以采摘其他水果,如葡萄、番茄等。机器人采一个草莓的时间是9s,如果大范围使用并能保持采摘效率,可以节省40%的采摘时间。

(5) 果实分拣机器人。果实的分拣归类是农业生产中的必要环节。由于果实数量巨大,利用人工方式分拣的效率太低。英国西尔索农机研究所开发出一种果实分拣机器人,从而使果实的分拣实现了自动化。果实分拣机器人采用计算机视觉技术,可以将番茄和樱桃区分开,还可以将大小不同的土豆区分开,同时保证在分拣的过程中不会损伤果皮。

2. 除草和施肥机器人

下面介绍几个除草和施肥机器人。

(1) 菜田除草机器人。英国科技人员开发的菜田除草机器人(图12.7)使用一部摄像机和一台识别野草、蔬菜和土壤图像的计算机组合装置,利用摄像机扫描和计算机图像分析技术,层层推进除草作业。它可以全天候连续作业,除草时对土壤无侵蚀破坏。

图12.7 菜田除草机器人

（2）**除草剂喷洒机器人**。德国采用 GPS 和多用途拖拉机综合技术研制出可准确施用除草剂的机器人。首先，由农业工人领着机器人在田间行走。在到达杂草多的地块时，它身上的 GPS 接收器便会显示出确定杂草位置的坐标定位图。农业工人先将这些信息当场按顺序输入便携式计算机，返回场部后，再把上述信息输入机器人。当他们日后驾驶安装了除草剂喷洒机器人的拖拉机进入田间耕作时，机器人便会严密监视行程位置。如果来到杂草区，它的机载杆式喷雾器立即启动，将化学除草剂准确地喷洒到相应地点。

（3）**施肥机器人**。美国明尼苏达州一家农业机械公司推出了施肥机器人，能够从土壤的实际情况出发，准确计算合理的施肥量，减少了施肥的总量，降低了农业生产成本，并使地下水质得以改善。

3. 畜牧机器人

在畜牧方面，大量的工作也需要智能机器人的参与。

（1）**挤奶机器人**。给奶牛挤奶一天需要做几次，而且要有固定的间隔时间，挤奶的工作量大，而且环境较差，因此挤奶机器人就应运而生。在挤奶过程中，挤奶机器人可以通过红外扫描仪感知奶牛的乳房位置。挤奶前，机器人要对奶牛乳房进行消毒，以确保奶源不被细菌污染；然后，挤奶机器人通过定位将奶嘴固定，并开始挤奶。除了自动挤奶外，挤奶机器人还可以对奶质进行检测，还可以检测奶中各种营养物质的含量。

（2）**放牧机器人**。澳大利亚的放牧机器人如图 12.8 所示，它拥有先进的全球定位系统，可以自动检测牛群的运动速度并且对它们进行管理。

图 12.8　放牧机器人

虽然智能农业机器人具有适应复杂环境的能力，在自主导航、视觉定位等方面已经有比较成熟的解决方案，但总的来说，还不能满足农业生产的需求，特别是高生产成本和运行维护成本问题成为制约智能农业机器人发展的一个重要因素。

12.3.3　服务机器人

> 电影《机器人瓦力》中的虚构角色瓦力(WALL-E)是一台清扫型服务机器人。它的工作是将垃圾变成正方体,并堆放起来。它以太阳能作为能量来源,拥有两个液压操控手臂,"双眼"(数码摄像机)之间还配备了可以切割金属的激光器。瓦力可以在一定程度上进行自我修复。它富有爱心,并对世界充满了好奇,最大的乐趣就是在打扫时收集各种奇特的物品作为收藏,包括灯泡、魔术方块等。他十分喜欢老歌舞片《你好,多莉!》,并用自带的数码录音设备将其片段录制下来,随身聆听。

享有"机器人之父"美誉的恩格尔伯格(J. Engelberger)是世界上最著名的机器人专家之一。1958 年,他建立了 Unimation 公司,并研制了世界上第一台工业机器人 Unimate,他对创建机器人工业作出了杰出的贡献。1983 年,就在工业机器人销售日渐火爆的时候,恩格尔伯格和他的同事们毅然将 Unimation 公司卖给了西屋公司,并创建了 TRC 公司,开始研制服务机器人。

恩格尔伯格认为,服务机器人与人们的生活密切相关,服务机器人的应用将不断改善人们的生活质量,这也正是人们所追求的目标。一旦服务机器人像其他机电产品一样被人们所接受,走进千家万户,其市场将不可限量。

服务机器人是机器人家族中的年轻成员,到目前为止尚没有一个严格的定义。服务机器人一般可以分为专业领域服务机器人和个人/家庭服务机器人,服务机器人的应用范围很广,主要从事维护保养、修理、运输、清洗、保安、救援、监护等工作。随着全球人口老龄化时代的到来,产生了大量的问题,例如老龄人看护以及医疗的问题,这些问题给各国都带来了巨大的财政负担。由于服务机器人所具有的特点,使之能够显著地降低财政负担,因而能够被大量地应用。近年来,全球服务机器人市场保持较快的增长速度。

1. 护士助手机器人

TRC 公司研制的第一个服务机器人是"护士助手"(Nurse's Aide),它于 1985 年开始研制,1990 年开始出售,目前已在世界各国多家医院投入使用。"护士助手"是自主式机器人,随时可以完成以下任务:运送医疗器材和设备,为患者送饭,送病历、报表及信件,运送药品,运送试验样品及试验结果,在医院内部送邮件及包裹,等等。

该机器人由行驶部分、行驶控制器及大量的传感器组成。机器人可以在医院中以 0.7m/s 的速度自由行动。机器人中装有医院的建筑物地图,在确定目的地后,机器人利用航线算法自主地沿走廊导航,利用结构光视觉传感器及全方位超声波传感器探测静止或运动物体,并对路线进行修正。它的全方位触觉传感器保证它不会与人和物相碰。行驶轮上的编码器能够测量它行驶过的距离。在走廊中,机器人利用墙角确定自己的位置;而在病房等较大的空间中,它可利用天花板上的反射带进行定位。它可以呼叫载人电梯,并进入电梯到达目标楼层。通过"护士助手"上的菜单可以选择多个目的地。这种机器人有较大的荧光屏及用户友好的音响装置,用户使用方便、迅捷。

2. 迎宾咨询服务机器人

在许多场合需要人进行迎宾、咨询、接待等服务,因此迎宾咨询服务机器人获得了广泛应用。图 12.9 所示的迎宾咨询服务机器人采用拟人化设计,身高 150cm,体重 50kg,与真人相仿。它能够自主移动,360°原地旋转。它具有激光雷达导航定位、自动规划路径、超声波雷达防撞检测、6 阵列定向麦克风等功能。它内置 5G 路由器方案,进行云管理,具有自动返回充电功能,能够实现无人值守。它内置人脸识别、行人检测、目标跟随、声源定位等算法。这种机器人广泛应用于政务、银行、物业、学校、展厅等各种场所的服务。

迎宾咨询服务机器人的主要功能如下。

(1) 智能迎宾。机器人在大厅入口处迎宾,通过人脸检测与来宾打招呼。它可以识别重要来宾,提供专属问候与服务。它打招呼时可以结合语音引导和肢体动作。

(2) 信息咨询。可点击机器人胸前的触摸屏查询相关信息,也可直接跟机器人对话。咨询内容支持自定义,可根据场景集成专属应用。

(3) 业务办理。机器人可对接第三方系统,提供业务办理服务。在机器人处办理业务时可随时与机器人对话以获取帮助,可定制办理流程,操作便捷。

(4) 导览讲解。机器人具有定位导航功能,可引领人员到达指定地点。可设定路线和点位,由机器人充当讲解员,沿路线对点位进行讲解,多用于参观场景。

(5) 互动娱乐。机器人集成各种互动娱乐功能,如闲聊、查天气、唱歌、讲故事、小游戏等。针对不同的场景,可定制开发相应的娱乐应用,如展会现场的问答互动游戏等。

3. 家用服务机器人

在种类繁多的家用服务机器人中,扫地机器人是大家最熟知的,其主要作用是清扫

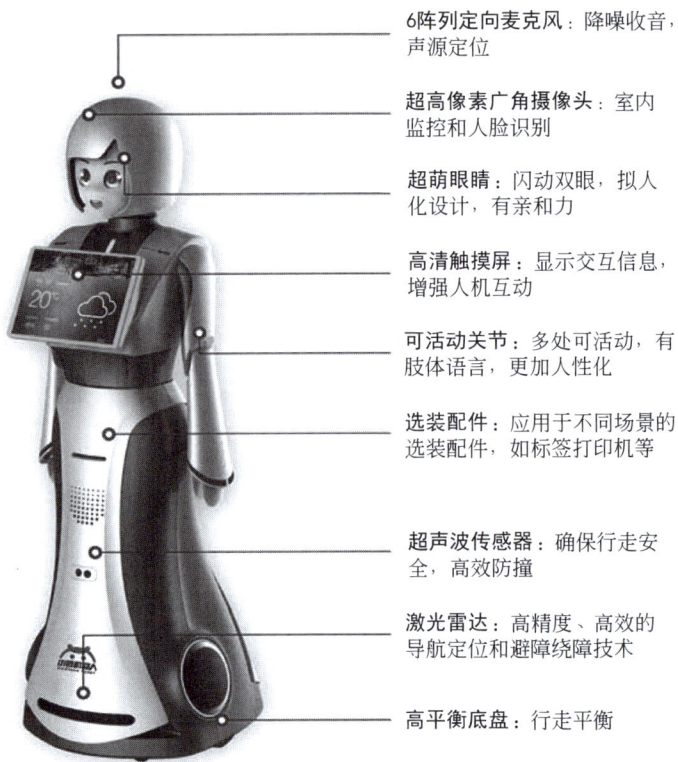

6阵列定向麦克风：降噪收音，声源定位

超高像素广角摄像头：室内监控和人脸识别

超萌眼睛：闪动双眼，拟人化设计，有亲和力

高清触摸屏：显示交互信息，增强人机互动

可活动关节：多处可活动，有肢体语言，更加人性化

选装配件：应用于不同场景的选装配件，如标签打印机等

超声波传感器：确保行走安全，高效防撞

激光雷达：高精度、高效的导航定位和避障绕障技术

高平衡底盘：行走平衡

图 12.9　迎宾咨询服务机器人

地面的灰尘和垃圾，也可以将它看作小型的可以自主移动的吸尘器。它拥有先进的 GPS 导航定位系统，可以像人类一样构建清洁地图，自动地清扫房间。这种机器人一般可实现定时打扫，工作时可以有效地避开障碍物并自动转弯。当它电量不足时，会自动返回充电座进行充电。

　　智能陪护机器人能够陪伴家里的老人和小孩。它既能听懂人的语言，还可以与人进行交流，实现互动娱乐、健康监测等功能。例如，它可以通过照片认识家人，还能通过声音判断对象。如果它发现家里的老人、孩子情况异常，还可以主动发出提醒信号。

12.3.4　医用机器人

　　医用机器人是用于医疗或辅助医疗的智能机器人。医用机器人种类很多，按照其用途不同，有临床医疗用机器人、护理机器人、医用教学机器人和为残疾人服务的机器人等。

　　临床医疗用机器人包括外科手术机器人和诊断与治疗机器人，可以进行精准的外科手术或诊断。目前,由斯坦福研究所研制的达·芬奇手术机器人已经广为应用。它实际上是内窥镜手术器械控制系统,能够在医生操纵下,精确完成心脏瓣膜修复、癌变组织切除等各种手术。

> 达·芬奇(Leonardo da Vinci)是意大利文艺复兴时期的奇才,他被认为是世界上最伟大的画家之一,他还是雕塑家、建筑师、音乐家、数学家、工程师、发明家、解剖学家、地质学家、天文学家、制图师、植物学家和作家。他被称为古生物学、植物学和建筑学之父。他无穷的好奇心与创意使得他成为文艺复兴时期典型的艺术家,与米开朗基罗和拉斐尔并称"文艺复兴三杰"。他基于人体解剖研究成果设计出史上第一个机器人。这个被称作"达·芬奇机器人"(Leonardo's robot)的设计可能是在 1495 年完成的,但直到 20 世纪 50 年代才被发现。

达·芬奇手术机器人是目前世界上最先进的用于外科手术的机器人。它最开始的目的是用于外太空的探索,为宇航员提供医疗保障,实现远程医疗。据说这个机器人是设计者参考了 500 年前意大利文艺复兴时期的伟大艺术家达·芬奇在图纸上画的机器人而设计的。这个机器人从 1996 年的第一代已经发展到 2006 年的第二代、2009 年的第三代、2014 年的第四代。

如图 12.10 所示,达·芬奇手术机器人由 3 部分组成:按人体工程学设计的医生控制台;4 只机械臂;高清晰三维成像系统。与传统人工手术相比,达·芬奇手术机器人有 3 个明显优势:一是突破了人眼的局限,通过三维成像能够使手术视野放大 20 倍,再小的血管、再细的纤维也能看得清楚,可方便医生及时做出判断;二是突破了人手的局限,

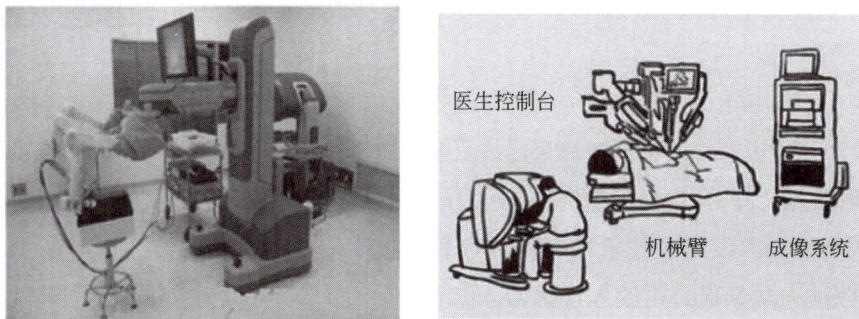

图 12.10　达·芬奇手术机器人

7个维度精密操作,节省医生体力,特别是可防止人手可能出现的抖动现象;三是无须开腹,创口仅1cm,出血少,恢复快,术后存活率和康复率大大提高。截至目前,它已经进行了多例远程手术。随着5G等网络技术的普及,远程诊断、远程手术将越来越普及。

除了手术机器人,还有各种诊断机器人,采用基于深度学习等人工智能技术的医学影像识别技术,针对X光、核磁、CT、超声等二维或三维医疗影像,提取医疗影像隐含的疾病特征。2016年6月30日,神经影像辅助诊断系统"BioMind 天医治"对阵海内外25名神经影像领域资深医生,"BioMind 天医治"与人类医生的诊断准确率分别为87%和66%。

12.3.5 军用机器人

军用机器人是用于军事领域的具有某种仿人功能的自动机器。在军用领域,智能机器人可以完成物资运输、侦察、搜寻勘探以及实战进攻等任务,使用范围广泛。现在,各种各样的军用机器人发展非常迅速,包括地面作战的机器人和空中作战的无人机。

图12.11～图12.13分别是携带火箭的军用机器人、排爆机器人和地面作战机器人。

图12.11　携带火箭的军用机器人

图12.12　排爆机器人

美国波士顿动力学工程公司专门为军队运输而设计的大狗机器人(Bigdog,图12.14)是能够像人一样翻山越岭的山地运输机器人。这种机器人的体型相当于大型犬,能够在交通不便的地区运送弹药和粮食等物资,不仅可以行走、奔跑,还可以跨越一定高度的障碍。

随着智能机器人相关技术的不断创新,新的高水平的智能机器人也不断涌现。例如,波士顿动力学工程公司的人形机器人Atlas(图12.15)可以后空翻,已经成为市面上最符合人体动力学的人形机器人,它的行为动作已经相当接近于人类。

被称为空中机器人的无人机是军用机器人中发展最快的类型。它包括无人侦察机、

图 12.13　地面作战机器人

图 12.14　大狗机器人

图 12.15　人形机器人 Atlas

隐身无人轰炸机(图 12.16)等。

　　现代智能机器人可以完成各种复杂的工作,适应各种复杂的环境,可以完成人类不

图 12.16　隐身无人轰炸机

能完成或不愿意完成的任务。它不仅可以单独工作,还可以和人类配合工作,应用领域非常广泛。

12.4　智能机器人技术展望

1. 基于物联网、大数据、云计算的智能机器人技术

随着云计算与物联网的发展,相应的技术、理念和服务模式正在改变人们的生活。作为全新的技术手段,也正在改变机器人的工作方式。机器人技术可以充分利用云计算与物联网带来的变革,提升机器人的智能与服务水平,扩展机器人的应用领域。

由于无线网络和移动终端的普及,机器人可以接入网络而不用考虑由于其自身运动和复杂任务而带来的网络布线困难的问题,同时多机器人网络互联给机器人协作提供了方便。大数据通过对海量数据的存取和统计、智能化的分析和推理以及深度学习后,可以有效地推动机器人认知技术的发展。云计算让机器人可以在云端随时处理海量数据。可见,大数据和云计算为智能机器人的发展提供了基础和动力。在物联网、大数据和云计算的大潮中,可以大力发展机器人认知技术,使之成为能适应复杂环境,完成复杂任务的新一代机器人。

2. 具有高级智能的智能机器人技术

机器人的发展史犹如人类的文明和进化史,不断地向着更高级发展。机器人的智能得到加强,机器人会更加聪明。智能机器人的智能化程度取决于人工智能技术的发展。为了使机器人更加全面、精准地理解环境,机器人需要采用视觉、声觉、力觉、触觉等多传感器信息融合技术与所处环境进行交互。将人类与机器人相结合的仿生学成为未来发

展的重要方向。通过大数据、云计算技术,增强机器人感知、环境理解和认知决策能力。通过对人和机器人的认知和需求的深入分析和理解,构造人和机器人的共生物理空间。

人类具有非常完美的复杂意识,意识化机器人将成为机器人的高级形态。但现代所谓的意识化机器人只有最简单的意识。未来意识化智能机器人是很重要的发展趋势。

3. 智能机器人的广泛应用

目前,智能机器人种类越来越多,形形色色的机器人不断涌现。例如,能够进入人体的微型机器人已成为一个新方向,它可以小到像一个米粒。同时,智能机器人的应用面越来越宽,由最初的工业应用扩展到更多的非工业应用领域,如做手术、采摘水果、剪枝、巷道掘进、侦察、排雷等。

当前,我国已经进入了机器人产业化加速发展阶段。无论在助老助残、医疗服务等领域,空间、深海、地下等危险作业环境,还是精密装配等高端制造领域,都迫切需要智能机器人。将虚拟现实技术、增强现实技术等先进技术应用于机器人,与各种可穿戴式传感技术结合起来,采集大量数据,并采用人工智能方法处理这些数据,可以实现各种智能系统。例如,汽车智能化是汽车发展的必然方向,无人驾驶技术正使得汽车不断机器人化。

机器人的应用是没有边界的,它既可以完成人能够完成的工作,也可以完成人不能完成的工作。科幻世界正在一步步变为现实。

12.5　智能机器人伦理问题

让机器人成为人类的助手和伙伴,与人类协作完成任务,是新型智能化机器人的重要发展方向,但机器人的广泛应用面临许多伦理问题,特别是随着机器人的智能化程度越来越高和应用越来越广泛,这方面的问题也越来越突出。例如,2009 年,瑞士洛桑联邦理工智能系统实验室开展了一项机器人合作搜寻和避免有害资源的实验,实验过程中机器人为了囤积更多的资源学会了撒谎。随着人工智能的应用,机器人越来越像人,甚至超过了人类的能力。机器人技术潜藏着难以预估的风险,甚至可能威胁人类的主体地位。为了防止出现这类问题,如何设计与对待机器人也进入学者视野,机器人伦理学因此诞生。

人类很早就关注机器人伦理问题。1942 年,美国著名科幻作家艾萨克·阿西莫夫(Isaac Asimov)的短篇小说《转圈圈》(*Run Around*)首次提出著名的"机器人三定律"

(Three Laws of Robotics)。

第一定律：机器人不得伤害人类,且确保人类不受伤害。

第二定律：在不违背第一定律的前提下,机器人必须服从人类的命令。

第三定律：在不违背第一及第二定律的前提下,机器人必须保护自己。

"机器人三定律"虽然只是科幻小说里的创造,但后来成为机械伦理学的基础,机器人学术界一直将这三定律作为机器人开发的准则。

"机器人三定律"看起来完美,但事实上存在许多逻辑漏洞。例如,这 3 条定律对何为"人"、何为"机器人"都没有明确的定义。再如,在避祸时,自动驾驶机器人是救车主一人,还是救路上 3 个行人(无论机器人采取了哪种措施,都违反了第一定律)? 又如,出了车祸,在法律程序层面,责任在于车主还是在于生产厂商? 这些都是值得讨论的问题。

随着机器人越来越复杂,专家及学者越来越重视机器人的伦理、道德及法律问题。

2002 年,国际电气与电子工程师学会(IEEE)在意大利圣雷莫召开了国际机器人伦理学研讨会,首次使用了"机器人伦理学"(robot ethics)这一术语。

机器人伦理学是关于人类设计、建造、使用和对待机器人的伦理问题的新兴学科。机器人伦理学以人类为中心,主要关注人类如何在设计和使用阶段与机器人进行联系和交互。

目前,机器人在医疗、护理、军事等领域的应用已经引发了伦理方面的诸多问题,例如,社会服务机器人在家庭、学校、医院等各种场所广泛应用的利弊问题,儿童看护机器人、助老机器人的安全性问题和如何满足儿童和老人的情感需要的问题。军用机器人作为"杀人机器"与人类的向善本性是冲突的,由此引发的伦理争论可能是目前机器人伦理问题中最受关注的领域之一。军用机器人在设计中应该遵循哪些基本伦理原则? 如何保证军用机器人在战场上不会犯错误滥杀无辜? 一旦军用机器人在战场上出现错误,由谁承担责任?

根据机器人伦理问题的特点,机器人伦理应该重点关注与贯彻安全性原则、主体性原则以及建设性原则这 3 条基本原则。

1. 安全性原则

尽管目前的人工智能技术还处于弱人工智能阶段,远不足以威胁人类安全,但是,人工智能技术在围棋、生命科学等方面的成就在带给人类更多惊奇的同时,也预示着具有自主学习能力的强人工智能、超级人工智能的机器人越来越有可能出现,特别是这些技术不可解释,其结果无法预知,从而给人更多的不安全感,由此引发的关于人工智能安全性问题的讨论越来越激烈。有很多学者对机器人技术的安全性深表忧虑。例如,霍金(Stephen William Hawking)警告人们,人类创造智能机器的努力将威胁人类自身的存在。因此,机器人伦理学需要超前于现有的技术发展,为将来可能出现的问题作好理论准备,防患于未然。

2. 主体性原则

从人与技术的关系角度来看,人是主体,技术是客体;人是目的,技术是手段。但随着人类的体力与脑力劳动越来越多地被机器人取代,人的主体性地位也随之降低。因此,在机器人伦理中需要强调人的主体性地位,也就是强调人与机器人协作中人的主导地位,也就是强调人的能动性、个体差异性与选择性。在使用机器人技术增进人类福祉的同时,也要采取措施防止人类对机器人的过度依赖。

从人类整体来说,主体性原则要求人类能够很好地控制机器人,这也是实现安全性原则的前提。如何在确保人类主体性地位的前提下,规范人类与机器人的行为,使人类与机器人真正地实现和谐相处,是机器人伦理学研究的根本目标。

3. 建设性原则

机器人伦理学研究不仅仅是抽象的理论研究,除了宏观的理论思辨之外,更重要的是进行有针对性的具体情景与案例研究,得出的策略与结论需要有很强的现实性,对机器人的设计、使用应该有建设性的启发和指导意义。

科技伦理学不是要阻碍科技进步,它只是提醒人们要对科技进行反思,以避免其盲目发展导致不良社会后果。正像汽车没有刹车机制就不能行驶一样,科技的发展也必须设置刹车机制。科技伦理学的存在就是为了提供这样的机制。在机器人技术高速发展的时代背景下,为了让机器人更好地为人类服务,尽可能地减少甚至消除负面影响,机器人伦理学研究必须发挥其应有的作用。

12.6　本章小结

本章首先介绍了机器人的产生与发展,讨论了机器人和智能机器人的定义。

随后,介绍了机器人中的人工智能关键技术,包括机器人智能感知、机器人智能导航、机器人智能路径规划、机器人智能运动控制及机器人智能交互。

接下来,着重介绍了智能机器人的一些应用,包括工业机器人、农业机器人、服务机器人、医用机器人和军用机器人等。

最后,简要介绍了智能机器人技术的发展趋势,并讨论了智能机器人伦理问题。

讨论题

12.1　根据自己对智能机器人的理解,给智能机器人下一个定义。

12.2　智能机器人涉及哪些关键技术? 解释一下这些技术的原理。

12.3　智能机器人有哪些控制策略?

12.4　简述智能机器人的应用领域。

12.5　智能机器人与人类会有冲突吗? 智能机器人会不会取代人类?

人工智能实验指导书

实验 1　产生式系统实验

一、实验目的

熟悉产生式表示法，掌握产生式系统的运行机制，以及基于规则推理的基本方法。

二、实验内容

设计并编程实现一个小型产生式系统，如分类、诊断、预测等类型（编程语言不限，如 Python 等）。

三、实验要求

1. 具体应用领域自选，具体系统名称自定。

2. 用产生式规则作为知识表示，利用产生式系统实验程序，建立知识库，分别运行正向、反向推理。

四、实验报告要求

1. 编辑知识库，通过输入规则或修改规则等建立规则库。

2. 建立事实库（综合数据库），输入多条事实或结论。

3. 进行推理，包括正向推理和反向推理，给出相应的推理过程、事实区和规则区。

4. 总结实验心得体会。

实验 2　洗衣机模糊推理系统实验

一、实验目的

理解模糊逻辑推理的原理及特点，掌握模糊推理方法的应用。

二、实验内容

采用 Python 或者 MATLAB 7.0 的 Fuzzy Logic Tool 设计洗衣机洗涤时间的模糊控制。

三、实验要求

已知人工操作经验为:

- 污物越多,油脂越多,洗涤时间越长。
- 污物适中,油脂适中,洗涤时间适中。
- 污物越少,油脂越少,洗涤时间越短。

模糊控制规则如表 A.1 所示。

表 A.1　洗衣机的模糊推理规则表

污物量 x	油脂量 y	洗涤时间 z
SD	SG	VS
SD	MG	M
SD	LG	L
MD	SG	S
MD	MG	M
MD	LG	L
LD	SG	M
LD	MG	L
LD	LG	VL

其中,SD 为污物少,MD 为污物中,LD 为污物多;SG 为油脂少,MG 为油脂适中,LG 为油脂多;VS 为洗涤时间很短,S 为洗涤时间短,M 为洗涤时间中等,L 为洗涤时间长,VL 为洗涤时间很长。

(1) 假设污物量、油脂量、洗涤时间的论域分别为 $[0,100]$、$[0,100]$ 和 $[0,120]$,设计相应的模糊推理系统,给出输入和输出语言变量的隶属函数图和模糊控制规则表。

(2) 假定当前传感器测得的信息为 $x_0=60, y_0=70$,给出模糊推理结果。

四、实验报告要求

1. 按照实验要求,给出相应结果。

2. 分析隶属度、模糊关系和模糊规则的相互关系。

3. 总结实验心得体会。

实验 3 A* 算法求解 N 数码问题实验

一、实验目的

熟悉和掌握启发式搜索的定义、估价函数和算法过程,并利用 A* 算法求解 N 数码问题,理解求解流程和搜索顺序。

二、实验内容

以八数码问题和十五数码问题为例,实现 A* 算法的求解程序(编程语言不限,如 Python 等),要求设计两种不同的估价函数。十五数码问题是由放在一个 4×4 的棋盘中的 15 个数码(数字 1~15)构成,棋盘中的一个单元是空的。移动规则类似于八数码问题。

三、实验要求

1. 设置相同的初始状态和目标状态,针对不同的估价函数,求得问题的解,并比较它们对搜索算法性能的影响,包括扩展节点数、生成节点数等,填入表 A.2。

2. 设置与实验要求 1 相同的初始状态和目标状态,用宽度优先搜索算法(即令估计代价 $h(n)=0$ 的 A* 算法)求得问题的解,以及搜索过程中的扩展节点数、生成节点数,填入表 A.2。

表 A.2 不同启发函数 $h(n)$ 求解八数码问题的结果比较

	启发函数 $h(n)$		
	不在位数		0
初始状态			
目标状态	123804765	123804765	123804765
最优解			
扩展节点数			
生成节点数			
运行时间			

3. 实现 A 算法求解十五数码问题的程序,设计两种不同的估价函数,然后重复实验

要求 1 和 2 的实验内容,把结果填入表 A.3。

表 A.3　不同启发函数 $h(n)$ 求解十五数码问题的结果比较

	启发函数 $h(n)$	
	不在位数	
初始状态		
目标状态	123456789101112131415	123456789101112131415
最优解		
扩展节点数		
生成节点数		
运行时间		

四、实验报告要求

1. 分析不同的估价函数对 A* 算法性能的影响。

2. 根据宽度优先搜索算法和 A* 算法求解八数码问题和十五数码问题的结果,分析启发式搜索的特点。

3. 画出 A* 算法求解 N 数码问题的流程图。

4. 总结实验心得体会。

实验 4　A* 算法求解迷宫寻路问题实验

一、实验目的

熟悉和掌握 A* 算法实现迷宫寻路功能,要求掌握启发式函数的编写以及各类启发式函数效果的比较。

二、实验内容

迷宫寻路问题常见于各类游戏中的角色寻路、三维虚拟场景中运动目标的路径规划、机器人寻路等多个应用领域。迷宫寻路问题是:在以方格表示的地图场景中,对于给定的起点、终点和障碍物(墙),找到一条从起点开始避开障碍物到达终点的最短路径。

假设在一个 $n \times m$ 的迷宫里,入口坐标和出口坐标分别为 $(1,1)$ 和 $(5,5)$,每一个点有两种可能的值:0 或 1,其中 0 表示该点允许通过,1 表示该点不允许通过。

例如,地图如下:

$$0\ 0\ 0\ 0\ 0$$
$$1\ 0\ 1\ 0\ 1$$
$$0\ 0\ 1\ 1\ 1$$
$$0\ 1\ 0\ 0\ 0$$
$$0\ 0\ 0\ 1\ 0$$

最短路径应该是:$(1,1)\to(1,2)\to(2,2)\to(3,2)\to(3,1)\to(4,1)\to(5,1)\to(5,2)\to$
$(5,3)\to(4,3)\to(4,4)\to(4,5)\to(5,5)$。

以迷宫寻路问题为例实现 A* 算法的求解程序(编程语言不限,如 Python 等),要求设计两种不同的估价函数。

三、实验要求

1. 画出用 A* 算法求解迷宫最短路径的流程图。

2. 设置不同的地图,以及不同的初始状态和目标状态,记录 A* 算法的求解结果,包括最短路径、扩展节点数、生成节点数和算法运行时间。

3. 对于相同的初始状态和目标状态,设计不同的启发式函数,比较不同启发式函数对迷宫寻路速度的提升效果,包括扩展节点数、生成节点数和算法运行时间。

四、实验报告要求

1. 画出 A* 算法求解迷宫最短路径问题的流程图。

2. 分析不同启发式函数 $h(n)$ 对迷宫寻路求解的速度提升效果。

3. 分析 A* 算法求解不同规模迷宫最短路径问题的性能。

4. 总结实验心得体会。

实验 5　遗传算法求函数最大值实验

一、实验目的

熟悉和掌握遗传算法的原理、流程和编码策略,并利用遗传求解函数优化问题,理解求解流程并测试主要参数对结果的影响。

二、实验内容

采用 Python 或 MATLAB 7.x 的遗传算法工具箱求解函数最大值的程序。

三、实验要求

1. 用遗传算法求下列函数的最大值,设定求解精度为 15 位小数。

$$f(x,y) = \frac{6.452(x + 0.125y)(\cos x - \cos 2y)^2}{\sqrt{0.8 + (x - 4.2)^2 + 2(y - 7)^2}} + 3.226y$$

$$x \in [0,10], \quad y \in [0.10]$$

(1) 设计及选择上述问题的编码、选择、交叉、变异以及控制参数等填入表 A.4。

(2) 使用相同的初始种群,设置不同的种群规模,例如 5、20 和 100,初始种群的个体取值范围为 [0,1],其他参数同表 A.4,然后求得相应的最佳个体、最佳适应度和平均适应度,填入表 A.5,分析种群规模对算法性能的影响。

(3) 设置种群规模为 20,初始种群的个体取值范围为 [0,10],选取不同的选择操作、交叉操作和变异操作,其他参数同表 A.4,然后独立运行算法 10 次,完成表 A.6,并分析比较采用不同的选择策略、交叉策略和变异策略的算法运行结果。

表 A.4 实验要求 1 的遗传算法参数选择

编　　码	编 码 方 式	
种群参数	种群规模	
	初始种群的个体取值范围	
选择操作	个体选择概率分配策略	
	个体选择方法	
最佳个体保存	优良个体保存数量	
交叉操作	交叉概率	
	交叉方式	
变异操作	变异概率	
	变异方式	
控制参数	最大迭代步数	
	最大运行时间限制	
	最小适应度限制	

表 A.5 不同的种群规模的算法运行结果

种 群 规 模	最佳适应度	平均适应度	最 佳 个 体
5			
20			
100			

表 A.6　不同的选择策略、交叉策略和变异策略的算法运行结果

遗传算法参数设置			1	2	3	4
选择操作	个体选择概率分配	排序 @fitscalingrank	√	√		√
		比率 @fitscalingprop			√	
	个体选择	轮盘选择 @selectionroulette	√	√		√
		竞标赛选择 @selectiontournament			√	
交叉操作		单点交叉 @crossoversinglepoint	√		√	√
		两点交叉 @crossovertwopoint		√		
变异操作		均匀变异@mutationuniform	√	√	√	
		高斯变异@mutationgaussian				√
最好适应度						
最差适应度						
平均适应度						

2. 用遗传算法求下面 Rastrigin 函数的最小值，设定求解精度为 15 位小数。

$$f(x_1,x_2)=20+x_1^2+x_2^2-10(\cos 2\pi x_1+\cos 2\pi x_2)$$

(1) 设计上述问题的编码，填入表 A.7，给出最佳适应度和最佳个体图。

表 A.7　实验要求 2 的遗传算法参数选择

编　　码	编 码 方 式	
种群参数	种群规模	
	初始种群的个体取值范围	
选择操作	个体选择概率分配策略	
	个体选择方法	
最佳个体保存	优良个体保存数量	
交叉操作	交叉概率	
	交叉方式	
变异操作	变异概率	
	变异方式	

续表

编　码	编 码 方 式	
控制参数	最大迭代步数	
	最大运行时间限制	
	最小适应度限制	

（2）设置种群的不同初始取值范围，例如[1,1.1]、[1,100]和[1,2]，画出相应的最佳适应度值和最佳个体图，比较分析初始取值范围及种群多样性对遗传算法性能的影响。

（3）设置不同的交叉概率(0、0.8、1)，画出无变异的交叉(交叉概率为1)、无交叉的变异(交叉概率为0)以及交叉概率为0.8时最佳适应度值和平均适应度值的图，分析交叉和变异操作对算法性能的影响。

四、实验报告要求

1. 画出遗传算法的算法流程图。

2. 根据实验内容，给出相应结果以及结果分析。

3. 总结遗传算法的特点，并说明适应度函数在遗传算法中的作用。

4. 总结实验心得体会。

实验 6　遗传算法求解 TSP 问题实验

一、实验目的

熟悉和掌握遗传算法的原理、流程和编码策略，理解求解 TSP 问题的流程并测试主要参数对结果的影响。

二、实验内容

用遗传算法求解不同规模(例如 10 个城市、20 个城市、100 个城市)的 TSP 问题(编程语言不限，如 Python 等)。

三、实验要求

1. 用遗传算法求解不同规模(例如 10 个城市、20 个城市、100 个城市)的 TSP 问题，把结果填入表 A.8。

表 A.8　遗传算法求解不同规模的 TSP 问题的结果

城市规模	最好适应度	最差适应度	平均适应度	平均运行时间
10				
20				
100				

2. 对于同一个 TSP 问题(例如 10 个城市),设置不同的种群规模(例如 10、20、100)、交叉概率(0、0.5、0.85、1)和变异概率(0、0.15、0.5、1),把结果填入表 A.9。

表 A.9　不同的种群规模、交叉概率和变异概率的求解结果

种群规模	交叉概率	变异概率	最好适应度	最差适应度	平均适应度	平均运行时间
10	0.85	0.15				
20	0.85	0.15				
100	0.85	0.15				
100	0	0.15				
100	0.5	0.15				
100	1	0.15				
100	0.85	0				
100	0.85	0.5				
100	0.85	1				

3. 设置种群规模为 100,交叉概率为 0.85,变异概率为 0.15,然后增加一种变异策略(例如相邻两点互换变异、逆转变异或插入变异等)和一种个体选择概率分配策略(例如按线性排序或者按非线性排序),求解同一 TSP 问题(例如 10 个城市),把结果填入表 A.10。

表 A.10　不同的变异策略和个体选择概率分配策略的求解结果

变异策略	个体选择概率分配	最好适应度	最差适应度	平均适应度	平均运行时间
两点互换	按适应度比例分配				
两点互换	按适应度比例分配				

四、实验报告要求

1. 画出遗传算法求解 TSP 问题的流程图。

2. 分析遗传算法求解不同规模的 TSP 问题的算法性能。

3. 对于同一个 TSP 问题,分析种群规模、交叉概率和变异概率对算法结果的影响。

4. 增加一种变异策略和一种个体选择概率分配策略,比较求解同一 TSP 问题时不同变异策略及不同个体选择概率分配策略对算法结果的影响。

5. 总结实验心得体会。

实验 7 粒子群算法求函数最小值实验

一、实验目的

熟悉和掌握粒子群算法的原理、流程,并利用粒子群算法求解函数优化问题,理解求解流程并测试主要参数对实验结果的影响。

二、实验内容

用粒子群算法求解下列函数的最小值。

$$f(x) = \sum_{i=1}^{D} \frac{x_i^2}{4000} - \prod_{i=1}^{D} \cos \frac{x_i}{\sqrt{i}} + 1$$

其中,D 为变量维度,$x_i \in [-600, 600]$,$i = 1, 2, \cdots, D$。

三、实验要求

(1) 使用 Python 编写粒子群算法代码,并给出适应度函数的定义方法。

(2) 记录每一代种群的全局最优个体 g_best 的适应度值,使用 Matplotlib 可视化 g_best 适应度值随种群迭代的变化曲线。理解并分析种群收敛过程。

(3) 设置不同的加速度常量,求得相应的最佳适应度和平均适应度,填入表 A.11,比较并分析 PSO 社会模型、PSO 认知模型等对算法性能的影响。

表 A.11 不同加速度的 PSO 运行结果

φ_1	φ_2	最佳适应度	平均适应度
2	0		
0	2		

四、实验报告要求

1. 画出粒子群算法的算法流程图。

2. 根据实验内容,给出相应结果以及结果分析。

3. 总结实验心得体会。

实验 8　蚁群算法求解 TSP 问题实验

一、实验目的

熟悉和掌握蚁群算法的原理、流程和算法模型,并利用蚁群算法求解 TSP 问题,理解求解流程并测试主要参数对结果的影响。

二、实验内容

编写基于蚁群算法求解 TSP 问题的程序,分别求出 20 个城市之间和 50 个城市之间的最短路径。

三、实验要求

1. 编写基于蚁群算法求解 TSP 问题的程序,给出 20 个城市的坐标,求解最短路径;将输入数据换为 50 个城市的坐标,求解最短路径。

2. 对于同一个 TSP 问题,设置不同的参数(信息素启发式因子 α、期望启发式因子 β、信息素残留常数 ρ、蚁群规模等),分析不同的参数对蚁群算法的影响。

3. 讨论 3 种不同的 $\Delta\tau_{xy}^{k}(t)$ 模型,分析哪种模型的效果最佳。

四、实验报告要求

1. 画出蚁群算法求解 TSP 问题的流程图。

2. 针对同一个 TSP 问题,分析不同的参数对蚁群算法效果的影响。

3. 分析蚁群算法和遗传算法的区别与联系以及蚁群算法的优缺点。

4. 总结实验心得。

实验 9　BP 神经网络分类实验

一、实验目的

熟悉和掌握 BP 神经网络的定义,了解网络中各层的特点,并利用 BP 神经网络对

MNIST 数据集进行分类。

二、实验内容

编写 BP 神经网络分类软件(编程语言不限,如 Python 等)。实现对 MNIST 数据集分类的操作。该数据集有 10 类,分别为手写数字 0~9。

MNIST 数据集来自美国国家标准与技术研究所。训练集由 250 个不同人手写的数字构成,其中 50% 是高中学生,50% 来自人口普查局的工作人员。测试集也是同样比例的手写数字数据。数据集中的每张图片由 28×28 像素点构成,每个像素点用一个灰度值表示。MNIST 数据集包含 4 部分。

(1) 训练集图片:train-images-idx3-ubyte.gz(9.9MB,解压后为 47MB,含 60 000 个样本)。

(2) 训练集标签:train-labels-idx1-ubyte.gz(29 KB,解压后为 60KB,含 60 000 个标签)。

(3) 测试集图片:t10k-images-idx3-ubyte.gz(1.6MB,解压后为 7.8MB,含 10 000 个样本)。

(4) 测试集标签:t10k-labels-idx1-ubyte.gz(5KB,解压后为 10KB,含 10 000 个标签)。

三、实验要求

1. 用 MNIST 数据集训练编写的 BP 神经网络,要求记录每次迭代的损失值。

2. 改变 BP 神经网络参数,观察分类准确率。

3. 改变 BP 学习算法的步长,观察分类准确率。

四、实验报告要求

1. 按照实验要求,给出相应结果。

2. 分析网络层数对分类准确率的影响。

3. 分析学习步长大小对分类准确率的影响。

4. 总结实验心得体会。

实验 10　卷积神经网络分类实验

一、实验目的

熟悉和掌握卷积神经网络的定义,了解网络中的卷积层、池化层等各层的特点,并利用卷积神经网络对 MNIST 手写数字数据集进行分类。

二、实验内容

编写卷积神经网络分类软件(编程语言不限,如 Python 等),实现对 MNIST 数据集分类的操作。

三、实验要求

1. 利用 MNIST 数据集训练编写的卷积神经网络,要求记录每次迭代的损失值。

2. 改变卷积神经网络的卷积层和池化层的层数,观察分类准确率。

3. 改变卷积神经网络卷积核大小,观察分类准确率。

四、实验报告要求

1. 按照实验要求,给出相应结果。

2. 分析卷积层和池化层的层数对分类准确率的影响。

3. 分析卷积核大小对分类准确率的影响。

4. 总结实验心得体会。

实验 11　胶囊网络分类实验

一、实验目的

熟悉和掌握胶囊网络的定义,了解网络中的胶囊、动态路由等特点,并利用胶囊网络对 MNIST 数据集进行分类。

二、实验内容

编写胶囊网络分类软件(编程语言不限,如 Python 等),实现对 MNIST 数据集分类的操作。

三、实验要求

1. 利用 MNIST 数据集训练编写的胶囊网络,要求记录每次迭代的损失值。

2. 改变胶囊网络的胶囊参数,观察损失值和分类准确率。

3. 去掉重构层以及重构损失,观察损失值和分类准确率。

四、实验报告要求

1. 按照实验要求,给出相应结果。

2. 分析胶囊参数对分类准确率的影响。

3. 分析重构层对训练速度的影响。

4. 总结实验心得体会。

实验 12 用生成对抗网络生成数字图像实验

一、实验目的

熟悉和掌握生成对抗网络的定义、生成器和判别器,并利用生成对抗网络生成数字图像。

二、实验内容

以 MNIST 数据集为训练数据,用生成对抗网络生成手写数字 5 的图像(编程语言不限,如 Python 等)。

三、实验要求

1. 利用 MNIST 数据集训练编写的生成对抗网络,要求记录每次迭代生成器和判别器的损失函数值。

2. 每隔固定迭代次数后生成一次图像,比较不同迭代次数的图像清晰度。思考在一定迭代次数后图像清晰度不再变化的原因。

四、实验报告要求

1. 按照实验要求,给出相应结果。

2. 分析生成对抗网络中生成器和判别器的关系。

3. 总结实验心得体会。